普通高等教育"十三五"规划教材

环境地理信息系统

王 俭 侯 伟 冯永新 主 编

中国环境出版集团·北京

图书在版编目（CIP）数据

环境地理信息系统/王俭，侯伟，冯永新主编. —
北京：中国环境出版集团，2016.11（2018.5 重印）
ISBN 978-7-5111-2793-8

Ⅰ. ①环… Ⅱ. ①王… ②侯… ③冯…
Ⅲ. ①环境地理学—地理信息系统—高等学校—
教材 Ⅳ. ①X144②P208

中国版本图书馆 CIP 数据核字（2016）第 097241 号

出 版 人 武德凯
责任编辑 董蓓蓓 刘 杨
责任校对 尹 芳
封面设计 彭 杉

出版发行 中国环境出版集团
（100062 北京市东城区广渠门内大街 16 号）
网 址：http://www.cesp.com.cn
电子邮箱：bjgl@cesp.com.cn
联系电话：010-67112765（编辑管理部）
010-67113412（第二分社）
发行热线：010-67125803，010-67113405（传真）
印 刷 北京中科印刷有限公司
经 销 各地新华书店
版 次 2016 年 11 月第 1 版
印 次 2018 年 5 月第 2 次印刷
开 本 787×1092 1/16
印 张 20.25
字 数 493 千字
定 价 46.00 元

《环境地理信息系统》编委会

主　编　　王　俭　侯　伟　冯永新
副主编　　于英潭　马安青　黄木易

前　言

环境问题是 21 世纪全球性的问题，对环境问题的研究及解决必然涉及复杂、敞开的地表系统。运用地理信息系统（GIS）技术能有效处理基于环境问题的大量复杂空间信息，为环境问题的研究提供科学、快捷的空间信息管理与空间分析手段。因此，GIS 与环境学科的结合与运用有着巨大的发展潜力。我们在参阅大量文献资料的基础上，编写了《环境地理信息系统》一书。

本书介绍了环境地理信息系统（EGIS）的相关概念、功能与发展趋势；详细阐述了地理信息系统的相关技术，包括空间信息基础、空间数据结构、空间数据采集与处理、空间数据库、空间分析、数字高程模型、WebGIS 和常用地理信息系统软件等内容；对环境遥感技术基础、图像处理、技术应用以及 GPS 技术进行了必要的论述；同时为了满足地方普通本科高校向应用型高校转变的教学需求，本书对环境地理信息系统设计与开发过程进行了较为详细的描述，并在实务篇中增加了大量的应用实例，如 EGIS 在水环境质量管理中的应用实例、EGIS 在大气环境质量管理中的应用实例和 EGIS 在生态环境空间分析与评价中的应用实例。本书理论联系实际，可以作为高等院校资源、环境、GIS、地理、测绘、地质等专业的本科生和研究生教材，也可供从事生态环境保护、城市管理、区域规划等部门的科研工作者阅读和参考。

本书第 1 章由王俭、冯永新编写；第 2 章由侯伟编写；第 3 章由侯伟、王俭编写；第 4 章由王俭、冯永新编写；第 5 章由马安青编写；第 6 章由马安青编写；第 7 章由黄木易编写。全书由王俭统稿。辽宁大学硕士研究生张朝星、刘英华、吴阳、胡悦、马博健、张雪、陆冰，中国海洋大学研究生张小伟、马冰然等参与了本书编写的部分工作，在此一并表示衷心的感谢！

本书的出版获得了"2016 年度辽宁省普通高等教育本科教学改革研究项目"和"辽宁省教育厅支持有关高校和专业向应用型转变试点项目"的经费资助。在编写过程中，有关内容、数据、图片参考或引用了众多学者已出版的论著，也吸收、融合了国内外许多研究成果，在此一并表示深深的谢意！

由于编者水平有限，书中难免有不足或错误之处，敬请专家和广大读者批评指正。

编者
2016 年 10 月

目　录

第二部分　实务篇

第一部分

基础篇

第一章 概 论

环境地理信息系统从本质上讲也是一种信息系统，它是地理信息系统等相关技术和环境专业相结合的产物。环境地理信息系统的开发与应用离不开信息技术和地理信息技术的支持。本章主要介绍环境地理信息系统的相关概念、信息系统的功能、环境信息系统的分类与发展概况，以及环境地理信息系统功能与发展趋势。

本章学习重点：

· 掌握环境信息、信息系统、环境地理信息系统等基本概念
· 理解信息的特点、信息和数据的关系、信息系统的功能与类型
· 掌握地理信息系统的概念与组成、环境信息系统的组成
· 了解环境地理信息系统的发展概况与趋势

第一节 信息与环境信息

一、信息的概念与特点

（一）信息的概念

"信息"一词我国最早出现于唐代。唐代诗人李中在《暮春怀故人》中有"梦断美人沈信息，目穿长路倚楼台"的诗句，其中的信息，就是消息的意思。《辞海》对"信息"的释义：音讯、消息；通信系统传输和处理的对象，泛指消息和信号的具体内容和意义。

"信息"作为一个科学术语被提出和使用，可追溯到 1928 年 R.V Hartly 在《信息传输》一文中的描述。他认为：信息是指有新内容、新知识的消息。而关于信息，就有多种定义。1948 年，C.E.Shannon 博士在《通信的数学理论》中，给出信息的数学定义，认为信息是用以消除随机不确定性的东西（信息是肯定性的确认，确定性的增加），并提出信息量的概念和信息熵的计算方法，从而奠定了信息论的基础。Norbert Wiener 教授在其专著《控制论——动物和机器中的通信和控制问题》中，阐述信息是"我们在适应外部世界、控制外部世界的过程中，同外部世界交换内容的名称"。"信息就是信息，既非物质，也非能量"。信息是物质、能量、信息及其属性的标识。1956 年，英国学者 Ashby 提出"信息是集合的变异度"。认为信息的本性在于事物本身具有变异度。1975 年，意大利学者 G. Longo 在《信息论：心得趋势与未决问题》指出：信息是反映事物构成、关系和差别的东西，它包含在事物的差异之中，而不在事物的本身。

我国学者钟义信指出"信息是事物存在的方式或运动的状态，以及这种方式或状态的直接或间接的表述。"该定义从哲学的本体论层次出发，给出了信息的一种广义定义，具有广泛的适用性。同时，钟义信也指出信息的定义应根据不同的条件，区分不同的层级，只有深入把握信息的本质，才能正确理解信息应用于不同领域、在不同约束条件下的具体含义。

可见，至今为止，信息的概念仍然仁者见仁智者见智。

（二）信息和数据的关系

信息来源于数据，是人们在通过各种技术方法，如统计、解译、编码等对数据进行加工处理的基础上，对客观世界的知识表达，经常用文字、数字、符号、语言、图像等形式来表示。数据（Data）是人类在认识世界和改造世界过程中，定性或定量对客观世界中实体和现象的直接或间接原始记录，是一种未经加工的原始资料，是客观对象的表示。数据是信息的载体，信息是数据的内涵。数据经过加工后才能变成有用的信息。

（三）信息的特点

信息具有如下特点：

1. 客观性

信息是对自然界、人类社会活动和人类思考事物的一种反映。任何信息都是与客观事物紧密联系的，只要有事物存在，只要有事物的运动，就会有其运动的状态和方式，就存在着信息。

2. 共享性

这是信息资源与物质资源根本不同的一个特性。共享性的表现是许多人都可以使用相同的信息，信息资源本身不会因为人们的使用而减少。

3. 可存储性

信息的可存储性是指信息存储的可能程度。用于决策的信息是多种多样的。从表现形式上看，可以是文字、数字、表格、图形、视频、声音等；从内容上看，有数据、知识、模型等。信息的多种样式必然要求多种存储方式。信息的可存储性还表现在能够存储信息的真实内容，在较小的空间存储更多的信息，存储是安全的。

4. 可传输性

信息可以通过多种渠道、采用多种方式传递。如信息可以通过局域网络、Internet 等快速传输和扩展。信息也只有通过传递，才能发挥其潜在的能力，即信息的功能与作用是通过传输能力实现的。

5. 时效性

信息的时效性是指信息是有生命周期的，在信息的生命周期内信息是有效的；超过生命周期，那么信息将是无效的。信息的时效性要求尽快获得所需的信息，这样才可以在该信息的生命周期内最有效地使用所获得的信息。

6. 适用性

是指用来辅助决策、管理、行为的信息资源的利用价值因人而异、因事而异、因地而异、因时而异。例如，空气质量监测信息、大气污染源信息对于环境管理者是最有用的，而对于其他部门如土地管理部门来说是不重要的信息。

7. 可再生性

信息还可以被分析或综合，也可以被扩充或浓缩。一组有价值的信息经过一系列的分析技术、预测技术、挖掘技术等处理可以得到更加有价值的以前没有被发现的信息。如自然信息经过人工处理后，可用语言或图形等方式再生成信息。输入计算机的各种数据文字等信息，可用显示、打印、绘图等方式再生成信息；原始信息经过加工处理后，可以生成更高层次的决策信息。

二、环境信息的概念与分类

（一）环境信息的概念

1998 年 6 月 25 日，联合国欧洲经济委员会在第四次部长级会议上通过了《在环境问题上获得信息公众参与决策和诉诸法律的公约》（即《奥胡斯公约》，下文简称"公约"）。公约于 2001 年 10 月 31 日生效，对环境信息公开制度予以详细的规范。公约首先对"环境信息"、"公共当局"等基本概念进行了定义；其次，对政府环境信息公开的主体、内容、例外以及司法救济机制进行了规定；再次，规定了企业环境信息公开与产品环境信息公开的原则及实施路径；最后，明确了环境信息公开制度的完善与发展机制。作为当时规定环境信息公开制度最为系统的国际法律文件，《奥胡斯公约》对环境信息所作的宽泛界定为：（环境信息）是指包括环境、生物多样性（含转基因生物）的状况和对环境发生或可能发生影响的因子（包括行政措施、环境协议、计划项目及用于环境决策的成本—效益和其他基于经济学的分析及假设）在内的一切信息。这一定义还涵盖了就受到或可能受到环境条件或作用于环境的因子、行为或方法的影响而言的人类健康与安全、人类生活条件、文化景观和建筑物的状况。

可见，环境信息并不简单地等同于单纯的环境数据，环境信息是表征环境问题及其管理过程中各固有要素的数量、质量、分布、联系和规律等的数字、文字和图形等的总称；是经过加工的、能够被环境保护部门、公众及各类企业利用的数据；是人类在环境保护实践中认识环境和解决环境问题所必需的一种共享资源。

环境信息除了具有信息的基本特征外，还具有信息量大、离散程度高、信息源广、各种信息处理方式不一致等特征。人工的方法很难及时、准确、全面地了解和掌握大量的环境信息。近年来迅速发展起来的环境遥感技术具有监测范围广、速度快、成本低且便于进行长期的动态监测等优势，还能发现用常规方法往往难以揭示的污染源及其扩散状态。因此遥感技术正广泛应用于监测水污染、大气污染、生态环境，以及灾害防治等领域，并获得相应的环境信息。环境信息主要包括 4 个方面：环境污染源信息、环境质量及其变化规律信息、与环境质量有关的自然条件（如水文、气象等）信息以及社会经济状况及其发展规划信息。

（二）环境信息的分类

环境信息数据量大，纵横交错，在应用中一般遵循以下几种分类方法：

（1）按照以信息源为基础的分类方法，可以分为环境监测信息、环境统计信息、环境科研信息、环境普查信息、环境管理机构信息、环境法规与标准信息、自然保护信息等。

（2）按照以环境介质为基础的分类方法可以分为水环境信息、大气环境信息、土壤环境信息、生物环境信息、噪声信息等。

（3）按照以环境信息的应用为基础的分类，可以分为各种环境管理信息、环境办公信息、环境决策信息等。其中环境管理信息又可按来源分为 4 类：排污企事业单位填报的污染源基本信息，各级环境监测部门采集的环境质量、污染源监测信息，各级环境管理部门收集的环境管理业务信息，来自其他有关部门的信息等。

（4）按照以学科为基础的分类方法，可以分为环境化学信息、环境物理信息、环境生物信息、环境工程信息、环境医学信息等。

第二节　信息系统与环境信息系统

一、信息系统

（一）系统概念

英文中"系统"（system）一词来源于古代希腊文，原意是指事物中共性部分和每一事物应该占据的位置，也就是部分组成整体。从中文字面上来看，"系"指关系、联系，"统"指有机的统一，"系统"则是有机联系和统一。一般系统论创始人贝塔朗菲（Bertranffy L. V.）把系统定义为：系统是相互联系、相互作用的诸元素的综合体。这个定义强调元素间的相互作用以及系统对元素的整合作用。

系统科学界对系统的定义是：系统是由相互作用和相互依赖的若干组成部分或要素结合而成的、具有特定功能的有机整体。

从以上系统的定义可以看出，系统必须具备 3 个条件：

（1）系统必须由两个或两个以上的要素组成，要素是构成系统的最基本的单位，是系统存在的基础和实际载体。如果系统离开了要素，就不能称为系统。

（2）要素与要素之间，存在着一定的有机联系，从而在系统的内部和外部形成了一定的结构或秩序。任何一个系统又是它所从属的一个更大系统的组成部分或要素。因此，系统整体和要素、要素与要素、整体和环境之间，存在着相互作用和相互联系的机制。

（3）任何系统都有特定的功能，这是整体所具有的不同于各个组成要素的新功能。这种新功能是由系统内部的有机联系和结构所决定的。

系统可以是物理的，也可以是抽象的。抽象系统一般是概念、思想或观念的有序集合。物理系统不仅局限在概念范畴，还表现为活动或行为。一个实际的物理系统的模型从宏观上来看有输入、处理和输出 3 部分，如图 1-1 所示。

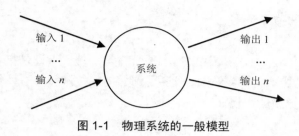

图 1-1　物理系统的一般模型

（二）信息系统的概念

信息系统是一个人造系统，它由人、计算机硬件、软件和数据资源组成，目的是及时和正确地收集、加工、存储、传递和提供决策所需的信息。广义上说，任何系统中信息流的总和都可视为信息系统。它们需要对信息进行获取、传递、加工、存储等处理工作。然而，随着科学技术的进步，信息的处理越来越依赖于通信、计算机等现代化手段，使得以计算机为基础的信息系统得到了快速发展，极大地提高了人类开发利用信息资源的能力。因此，目前普遍认同的信息系统是指基于计算机、通信网络等现代化的工具和手段，服务于管理领域的信息处理系统。

（三）信息系统的功能

信息系统可以实现信息的采集、处理、存储、管理、检索和传输，必要时向有关人员提供有用的信息。这也是信息系统的基本功能。

1. 信息采集

信息采集即信息收集。信息系统必须首先把分布在各部门、各处、各点的有关信息收集起来，记录其数据，并转化为信息系统所需形式。信息采集有多种方式和手段，如人工录入数据、网络获取数据、传感器自动采集等。对于不同时间、地点、类型的数据需要按照信息系统需要的格式进行转换，形成信息系统中可以互相交换和处理的形式，如传感器得到的传感信号需要转换成数字形式才能被计算机接收和识别。

2. 信息处理

信息处理是指对进入信息系统的数据进行加工处理，如对账务数据的统计、结算、预测分析等都需对大批采集录入到系统中的数据做数学运算，从而得到管理所需的各种综合指标。信息处理的数学含义是：排序、分类、归并、查询、统计、预测、模拟以及进行各种数学运算。

3. 信息存储

数据被采集进入系统之后，经过加工处理，形成对管理有用的信息，然后由信息系统负责对这些信息进行存储保管。当组织相当庞大时，需要存储的信息是很大的，就必须依靠先进的存储技术。

4. 信息管理

一个系统中要处理和存储的数据量很大，如果不管重要与否、有无用处，都盲目地采集和存储，信息系统将成为数据垃圾箱。因此，对信息要加强管理。信息管理的主要内容是：规定应采集数据的种类、名称、代码等，规定应存储数据的存储介质、逻辑组织方式，规定数据传输方式、保存时间等。

5. 信息检索

存储在各介质上的庞大数据要让使用者便于查询。便于查询是指查询方法简便，易于掌握，响应速度满足要求。信息检索一般要用到数据库技术和方法，数据库的组织方式和检索方法决定了检索速度的快慢。

6. 信息传输

从采集点采集到的数据要传送到处理中心，经加工处理后的信息要送到使用者手中，各部门要使用存储在数据库中的信息等，这些都涉及信息的传输问题，系统规模越大，传输问题越复杂。

（四）信息系统的类型

从信息系统的发展和系统特点来看，信息系统可分为数据处理系统（Data Processing System，DPS）、管理信息系统（Management Information System，MIS）、决策支持系统（Decision Sustainment System，DSS）、专家系统[人工智能（AI）的一个子集]和办公自动化系统（Office Automation，OA）5种类型。

（1）数据处理系统（DPS）一般指运用计算机处理信息而构成的系统。其主要功能是将输入的数据信息进行加工、整理，计算各种分析指标，变为易于被人们所接受的信息形式，并将处理后的信息进行有序贮存，随时通过外部设备传输给信息使用者。DPS是开发信息系统初级阶段的产物，是建立下述各种信息系统的基础。

（2）管理信息系统（MIS）是为实现系统的整体管理目标，对各类管理信息进行系统、综合处理，并辅助各级管理人员进行管理决策的信息处理系统。MIS主要由信息收集、信息存储、信息加工、人机对话与输出等部分以及信息管理者组成。严格来说，MIS只是一种辅助管理系统，它所提供的信息需要由管理人员分析、判断和决策。

（3）决策支持系统（DSS）是MIS的发展与深化，是以管理科学、运筹学、控制论和行为科学为基础，以计算机技术、仿真技术和信息技术为手段，针对半结构化的决策问题，支持决策活动的具有智能作用的人机系统。该系统能够为决策者提供所需的数据、信息和背景资料，帮助明确决策目标和进行问题的识别，建立或修改决策模型，提供各种备选方案，并且对各种方案进行评价和优选，通过人机交互功能进行分析、比较和判断，为正确的决策提供必要的支持。

（4）专家系统（AI）是一个智能计算机程序系统，其内部含有大量的某个领域专家水平的知识与经验，能够利用人类专家的知识和解决问题的方法来处理该领域问题。也就是说，专家系统是一个具有大量的专门知识与经验的程序系统，它应用人工智能技术和计算机技术，根据某领域一个或多个专家提供的知识和经验，进行推理和判断，模拟人类专家的决策过程，以便解决那些需要人类专家处理的复杂问题。简而言之，专家系统是一种模拟人类专家解决领域问题的计算机程序系统。

（5）办公自动化系统（OA）是20世纪80年代随着微型计算机、网络技术等的发展而产生的，是指利用计算机技术、通信技术、系统科学、管理科学等先进的科学技术，不断使人们的部分办公业务活动物化于人以外的各种现代化的办公设备中，最大限度地提高办公效率和改进办公质量、改善办公环境和条件、缩短办公周期，并利用科学的管理方法，借助于各种先进技术，辅助决策，提高管理和决策的科学化水平，以实现办公活动的科学化和自动化的系统。广义上讲，提高我们日常工作效率的软硬件系统，包括打印机、复印机以及办公软件都可以称为办公自动化系统。狭义上讲，OA 是指处理公司内部的事务性工作、辅助管理、提高办公效率和管理手段的系统。

二、环境信息系统的概念

随着环境问题的日益突出，传统手工式的管理模式已不能满足环境管理工作对信息处理的需要，因而环保工作者越来越认识到科学技术，特别是信息技术对环境保护管理工作的重要性，所以，环境信息系统就自然成为环境管理的有力工具。它结合了计算机技术、数据库技术、网络技术、数学模型、决策支持系统等多种技术，为环境管理及环境科学研究提供一种重要的技术支持手段和信息保障。尽管发展的历程还不长，但已经成为环境科学研究和实践中不可或缺的重要方面。

环境信息系统目前还没有一个公认的定义，一般认为环境信息系统（Environmental Information System，EIS）是指基于现代计算机技术和通信技术，实现环境信息的收集、传递、存储、加工、维护和利用，并为环境问题研究和环境管理服务的计算机技术系统。

EIS 的具体形态各不相同，但其基本构件是一致的。环境信息系统是由计算机硬件系统，计算机软件系统，环境数据库和系统开发、管理和使用人员 4 个部分构成。计算机硬件系统是环境管理信息系统的物理外壳，是计算机软件、环境数据的载体，是系统运转的物质基础。所以整个系统的规模、精度、速度、功能、形式、使用方法甚至软件等，都与硬件有极大的关系，受硬件指标的支持和制约。计算机软件系统是整个系统的灵魂和指挥中心，是连通逻辑层面和物理层面的桥梁。软件系统指挥硬件系统完成对数据的输入、输出和处理。计算机软件系统包括 3 个方面的内容：计算机系统软件、EIS 系统软件或支撑软件、应用分析程序。

三、环境信息系统的分类

环境信息系统广泛应用于环境管理各业务领域，如环境监测、污染源管理、环境应急与预警、环境影响评估、环境规划与决策、环境科学研究等，按照不同的分类方法可以分为不同的类型。如按照具体应用行业划分，环境信息系统可以分为大气环境信息系统、水环境信息系统、固体废弃物监测信息系统和噪声污染信息系统等；按照地域范围，环境信息系统可以分为全球环境信息系统、国家环境信息系统和区域环境信息系统（省级环境信息系统、地市级环境信息系统等）；按系统实现功能与服务目标划分，主要可分为环境业务管理信息系统、环境自动监测监控系统、综合办公系统与门户网站系统等，且各类系统已逐步向一体化融合方向发展。

1. 环境业务管理信息系统

环境业务管理信息系统适应各类环境管理业务需要，主要用于实现环境业务数据的收集、管理、统计和分析等功能。目前，各类环境业务管理系统建设已走向集成化阶段，通过建立环境业务综合管理与决策支持平台，全面支撑环境管理各项业务，为环境管理工作提供全方位的决策支持。

2. 环境自动监测监控系统

环境自动监控网络与系统建设日益完善，适应环境监管实时化、自动化需求。环境质量与污染源数据的采集逐步向自动化、智能化方向发展。环境质量自动监测范围涵盖大气、水、噪声、生物、辐射等各方面要素。污染源自动监控系统建设初具规模，已实现对重点水、气污染源主要污染排放因子的现场自动监测分析、传输、远程控制和实时报警功能，对环保部门增强科学监管能力，提高环境执法效能发挥了积极作用。

3. 综合办公系统

在传统的办公自动化系统建设基础上，为适应环保协同办公、环保行政权力网上公开透明运行等工作需要，开展的集网上日常办公、环境业务管理、网上环保行政审批与电子监察等功能为一体的综合性办公系统建设，通过整合环保行政权力运行和行业监管数据资源，实现了环境管理与行政执法的电子化流程化运转，提升了环保工作效率和行政服务效能。

4. 门户网站系统

随着信息公开化要求的日益迫切，环境信息系统建设同时向网络公开化方向发展、以门户和政府网站为载体，面向公众服务的环境数据中心及信息发布系统纷纷建立。除了实现各类环境状况信息的查询发布外，各种环境管理业务还逐渐实行网上申报和公示。基于互联网的环境信息系统建设日益发展，对推进环境信息公开、增加环保工作透明度等发挥着越来越重要的作用。

四、环境信息系统的发展概况

（一）国外环境信息系统发展概况

西方发达国家的环境信息系统建设始于 20 世纪 60 年代中期。此后，随着环境问题的日益严重和计算机技术的飞速发展，发达国家和许多发展中国家都纷纷建立各种类型的环境信息系统，为信息查询、公开和环境管理服务。

英国早在 20 世纪 60 年代就建成了水质档案系统，目前也已建成了资源和环境信息系统。

美国在 20 世纪 70 年代就有利用 GIS 专业技术软件及 RS 手段进行环境方面的管理及研究的相关报道，环境信息系统发展得较为完善。其显著特点是以数据为核心，即首先考虑数据的系统性和完整性，再由此规划数据的收集系统、传输系统和分析处理系统，并且公开数据库结构和数据，以便在此基础上进一步开发和利用这些数据。据不完全统计，目前美国的环境数据库有 20 多种。

加拿大也在 20 世纪 80 年代开始环境信息系统的研究，其中由加拿大国家的 Envista 公司开发的一个环境信息系统主要用来管理安大略湖沿岸矿产企业所产生的污染对沿岸环境可能产生的影响及周边环境的变化等，该信息有助于各区域的环境例行监测计划的设立及环境管理及规划构建，减少环境监测的重复及资源的浪费，同时系统所提供的环境保护的条例及规定共享制度也有助于相邻区域之间的所产生的环境问题的快速协调。

德国也在 20 世纪 70 年代开始环境信息资源系统的建立,其中环境规划信息系统及综合的公众环境信息系统为公众了解国家的环境监测计划、环境参考文献及环境质量的相关数据信息搭建了一个平台,便于公众及时了解环保信息动态,同时公众也可以将自己的建议通过该平台反馈给政府。

欧洲环保署(EEA)在 1985 年就建立了欧洲共享环境信息系统(SEIS),该系统经过了 3 个阶段的演化:1985—1995 年为"独立"的信息系统阶段;1995—2005 年属于"报告式"的环境信息阶段,即欧盟各成员国向欧洲环保署上报本国的环境信息;2005 年至今逐步形成真正意义的环境信息共享,各成员国所形成的环境信息子系统之间与 EEA 的中央数据库之间可以直接访问、可以共享和互通环境信息,该信息的创建目的是为了非政府组织、研究机构、大学以及对环境感兴趣的公众方便和自由地获取环境信息创造条件,这种信息共享制度也为区域范围内环境质量综合分析提供了良好的数据基础。

印度政府环境信息系统网络已经建立起来,以处理环境数据和信息的收集、校对、存储、分析、交换和发布(印度政府,1995)。在通过卫星图像进行生态系统监测方面,已有一些令人振奋的成就。

(二)国内环境信息系统发展概况

1. 起步阶段(20 世纪 80 年代至"八五"末期)

我国环境信息系统的建设始于 20 世纪 80 年代。为适应日常环境业务工作需要,国家和地方环保部门陆续开发了一些业务应用软件,最初主要以单机 MIS 系统为主,以减少有关数据处理工作量为目的,在环境信息系统建设的理论、方法和技术上做了初步的研究和探索。

自 1994 年起,为提高我国环境管理的现代化水平,原国家环保总局利用世界银行贷款组织实施了"中国省级环境信息系统"(简称 B−1 项目)建设,在全国 27 个省(直辖市、自治区)推广使用,推动了我国省级环境信息系统与应用能力建设。

2. 快速发展阶段("九五"至"十五"期间)

环境信息系统建设在"九五"至"十五"期间得到了快速发展。各级环境保护部门通过环境统计、监测、专业调查和科研等渠道积累了大量的环境信息资源,为提高信息管理和环保工作效率,地理信息系统技术、遥感技术、多媒体技术、Web 技术等信息技术开始广泛应用于环境管理业务;各种环境信息系统得以建立和应用,系统结构也由单机版为主发展为以 B/S 模式或多层体系结构为主;环境信息系统建设的理论、方法和技术得到了逐步充实和完善。

在此期间,国家环境保护总局相继组织开发了大量业务应用系统,如全国环境统计管理信息系统、全国环境质量监测管理系统、全国排放污染物申报登记信息管理系统、全国生态环境状况调查信息管理系统、环境事故应急响应信息管理系统等,并在全国范围内推广使用。各地也自行开发研制了大量适合本地特点和管理需要的环境信息系统,在环境管理和决策中发挥了重要作用。随着环境自动监测技术的发展,"十五"期间,全国各地环境质量与污染源自动监控系统建设得到蓬勃发展,水环境、空气环境、辐射环境及污染源自动监测监控数据通过各种数据传输网络和系统进行收集、存储、处理和加工,环境监督和管理的自动化、网络化水平得到快速提升。

3. 集成、整合阶段（"十一五"以来）

进入"十一五"以来，加强环境信息开发利用的集成化、共享化，强化信息资源整合、集成信息服务平台、建立综合监控中心、健全信息安全体系等逐渐成为环境信息系统建设的发展趋势。各级环境保护部门纷纷利用现有的信息化基础，以信息共享为目标，加强网络及系统资源的整合与利用，建立环境数据中心，探索建设统一的数据管理、交换与服务平台，形成集环境管理应用、信息资源共享与信息服务于一体的环境保护综合服务平台，以求为环境管理和决策提供全方位的技术支持。

在此期间，环保部启动了"国家环境信息与统计能力项目"建设。该项目是全国第一个系统性、整体性的信息化项目，以加强全国环保系统数据传输、共享和应用能力、业务应用支撑能力等信息化能力建设为目标，涵盖标准规范建设、国家—省—市—县四级环境业务专网建设、统一的数据库和应用系统建设等内容，将为推动全国环境信息一体化建设、促进环境信息共建共享奠定坚实的基础。

第三节　环境地理信息系统

一、地理信息系统

（一）地理信息系统的概念

世界上第一个地理信息系统是 1963 年由加拿大测量学家罗杰·汤姆林森（R.F.Tomlinson）提出并建立的，该系统被称为加拿大地理信息系统（CGIS），用于存储，分析和利用加拿大土地统计局收集的数据，并增设了等级分类因素来进行分析。此后，随着计算机技术的发展，地理信息系统相关技术也得到了快速发展，目前已发展成为一门成熟的应用技术，但国内外学者对地理信息系统却没有一个统一的定义。地理信息系统（Geographic Information System，GIS），是一种特定的十分重要的空间信息系统，是在计算机硬、软件系统支持下，对整个或部分地球表层（包括大气层）空间中的有关地理分布数据进行采集、储存、管理、运算、分析、显示和描述的技术系统。从学科发展的角度，可以认为地理信息系统是一门集地理学、地图学、遥感、计算机科学空间科学和管理科学为一体的综合性学科，已经广泛地应用在测绘与地图制图、资源管理、城乡规划、灾害监测预报、环境保护等不同的领域。

与一般的管理信息系统相比，地理信息系统具有以下特征：

（1）GIS 在分析处理问题中使用了空间数据与属性数据，并通过数据库管理系统将两者联系在一起共同管理、分析和应用，实现了空间数据和属性数据的融合管理，从而提供了认识地理现象的一种新的思维方式。

（2）以地理研究和地理决策为目的，以地理模型方法为手段，具有区域空间分析和动态预测的能力。可以快速、精确、综合地进行地理定位和过程的动态分析，完成空间地理数据管理、分析、决策。

（3）以空间分析统计处理、提出决策为主要任务。一般管理信息系统只有属性数据库，及时存储了图形，也往往以文件形式进行存储，不能进行有关空间数据的操作，更无法进行空间分析。而地理信息系统处理的数据是空间数据和属性数据的综合，它不仅管理反映空间属性的一般数字、文字数据，还要管理反映地理分布特征及其之间拓扑关系的空间位置数据。

当前国际上一般根据研究内容的不同将地理信息系统分为 3 类，即综合性地理信息系统、区域地理信息系统和专题地理信息系统。

（1）综合性地理信息系统指按照全国统一的标准存储国家范围内的各种自然和社会经济要素，以提供全国性的咨询地理信息系统。如加拿大的国家地理信息系统。

（2）区域地理信息系统以某种区域，包括自然区、行政区或其他研究区，作为研究和分析的对象，围绕某个主题，或者匹配区域内其他一些有关的要素，为区域研究、管理和规划提供信息。如美国明尼苏达州土地管理信息系统、我国黄土高原信息系统等。

（3）专题地理信息系统指以某专业、任务或现象为主要内容的系统。如美国的水质信息系统等。

（二）地理信息系统的组成

完整的 GIS 主要由 4 个部分构成，即计算机硬件系统、计算机软件系统、地理空间数据和用户。其核心部分是计算机软硬件系统，空间数据反映了 GIS 的地理内容，应用人员则决定系统的工作方式和信息表示方式。

（1）计算机硬件系统是地理信息系统中所有物理装置的总称，用以存储、处理、传输和显示地理信息或空间数据，这些物理装备组合在一起，能够很好地支持 GIS 软件系统。GIS 硬件系统一般由以下 5 部分组成：①计算机主机：包括服务器、工作站等；②输入设备：数字化仪、图像扫描仪、键盘、鼠标、GPS 接收机等；③存储设备：光盘刻录机、移动硬盘、磁盘阵列、磁带机等；④输出设备：笔试绘图仪、喷墨绘图仪、激光打印机等；⑤网络设备：局域网、广域网、无线网络、Internet/Intranet/Extranet。

（2）计算机软件系统是地理信息系统运行所必需的各种程序系统，主要包括：GIS 支撑软件、GIS 平台软件、应用软件。GIS 支撑软件指支撑 GIS 运行所必需的各种软件环境，如操作系统、数据库管理系统、图形处理系统等；GIS 平台软件指完成 GIS 各种功能所必需的各种工具软件，如 ArcGIS 系列软件、MapInfo 系列软件等；应用软件指在 GIS 平台软件基础上，通过二次开发所形成的具体应用软件。

（3）地理空间数据是指以地球表面空间位置为参照的自然、社会和人文景观数据。可以是图形、图像、文字、表格和数字等，是系统程序作用的对象，是地理信息系统表达现实世界的经过抽象的实质性内容。

（4）用户是指 GIS 服务的对象，分为一般用户和从事建立、维护、管理和更新的高级用户。

二、环境地理信息系统概念的提出

环境信息不同于其他信息，它具有信息量大、离散程度高等特征，并且 85%以上的环境信息都和空间位置有关。环境信息的采集、分析、存储与输出都离不开 GIS 等信息技术的支持。所以，地理信息系统就自然成为环境信息获取与处理的有力工具。在地理信息系统的技术支持下，研究者不仅可以方便地获取、存贮、管理和显示各种环境信息，而且可以对环境进行有效的监测、模拟、分析和评价，从而为环境保护提供全面、及时、准确和客观的信息服务和技术支持。环境地理信息系统是以环境问题为研究对象的，其应用范围的广度与深度依赖于其解决问题的能力的提高，即环境问题研究方法的深化并与 GIS 紧密结合的程度。我国地域辽阔、环境问题突出，建设和发展国家环境地理信息系统有着十分明显的必要性和迫切性。它对国家环境保护工作的观念、效率、方式和面貌都会带来深刻的变化和影响。

目前关于环境地理信息系统尚没有统一的定义，一般认为环境地理信息系统（EGIS）是在计算机软硬件的支持下，应用地理信息系统（GIS）、遥感（RS）和其他信息技术对环境数据进行收集、存储、管理、综合分析、输出和显示的一种空间信息系统。它是 GIS 技术在环境领域的延伸，是 GIS 技术与环境监测技术、环境管理技术等各种环境信息分析和处理技术的集成。

三、环境地理信息系统功能

1. 数据采集与编辑

环境相关问题的科学研究、管理与决策需要大量的空间数据与属性数据，这些数据的获取都要通过环境地理信息系统的采集与编辑功能来实现。包括图形数据采集与编辑和属性数据编辑与分析。数据采集与编辑功能能够保证各层实体的地物要素按照一定的格式及规则输入到计算机中。

2. 数据的存储和管理

数据的存储和管理涉及空间数据和属性数据的管理。栅格数据、矢量数据或栅格/矢量混合数据是常用的数据格式，如何在计算机中有效地存储和管理这些数据是环境地理信息系统的基本问题。EGIS 数据库是区域内一定地理要素特征以一定的组织方式存储在一起的相关数据的结合。EGIS 数据库管理功能，除了与属性数据有关的 DBMS 功能之外，对空间数据的管理技术主要包括：空间数据库的定义、数据访问和提取、从空间位置检索空间物体及其属性、从属性条件检索空间物体及其位置、数据更新和维护等。

3. 空间分析和统计

空间分析功能是 GIS 的核心功能，它的主要特点是帮助确定地理要素之间新的空间关系，它不仅是 GIS 区别于其他类型系统的一个重要标志，而且为用户提供了灵活地解决各类专门问题的有效工具。主要包括拓扑空间查询、缓冲区分析、叠置分析、空间集合分析、地学分析、数字高程模型的建立、地形分析等。

4. 图形显示与输出功能

将环境地理数据处理与分析结果通过输出设备直观形象地表现出来，供人们观察、使用与分析。根据 GIS 的数据结构，用户可获得矢量地图或栅格地图。地理信息系统可以为用户提供专业规划或决策人员使用的各种地图、图像、图表或文字说明。也可以根据用户需要分层输出各种专题地图，如行政区划图、土壤利用图、道路交通图、等高线图等。还可以通过空间分析得到一些特殊的地学分析用图，如坡度图、坡向图、剖面图等。

四、环境地理信息系统发展趋势

1. EGIS 网络化

随着计算机网络技术和通信技术的发展，网络地理信息系统（WebGIS）应运而生。WebGIS 是 Web 技术和 GIS 技术相结合的产物，是利用 Web 技术来扩展和完善地理信息系统的一项技术。WebGIS 是 Internet 和 WWW 技术应用于 GIS 开发的产物，是实现 GIS 互操作的一条最佳解决途径。从 Internet 的任意节点，用户都可以浏览 WebGIS 站点中的空间数据、制作专题图、进行各种空间信息检索和空间分析。WebGIS 不但具有大部分乃至全部传统 GIS 软件具有的功能，而且还具有利用 Internet 优势的特有功能，即用户不必在自己的本地计算机上安装 GIS 软件就可以在 Internet 上访问远程的 GIS 数据和应用程序，进行 GIS 分析，在 Internet 上提供交互的地图和数据。

EGIS 作为环境管理和决策支持的重要工具必然要借助于 WebGIS，实现其强大的数据处理、分析及数据发布功能。主要表现在环境数据的查询、分布式数据处理和环境数据发布与共享。世界各地分布着海量的环境数据，架构在 Web 上的 EGIS 可以实现这些数据的查询与分析，并将其充实到自身数据库中，丰富和完善数据库内容。

2. EGIS 标准化

EGIS 标准化是以 GIS 标准化为基础的，人类的很多活动本身在地理信息本质上是分布的，不同地域、不同行业的数据生产部门对应专门的数据服务器，因此具有分布式的特点。并且 GIS 软件大多采用不同的空间数据格式，对地理数据的组织也有很大的差异。目前随着大型跨地区的 GIS 工程的建立及应用，尤其是近期来"数字城市""数字地球""智慧城市"的兴起，解决地理操作的分布与共享问题显得尤为迫切。

GIS 的标准化的真正实现将使人们能在一个共同理解基础上共享信息和资源，将在国际、国家、省、市、县和机构范围内多层次地进行，其内容可能包括到 GIS 的各个组成部分、软件硬件系统、各种数据类型、各个操作过程等。

3. 结构组件化

组建 GIS 的基本思想是把 GIS 的各大功能模块划分为几个控件，每个控件完成不同的功能。各个 GIS 控件之间以及 GIS 控件与其他非 GIS 控件之间，可以方便地通过可视化的软件开发工具集成起来，形成最终的 GIS 应用，它们分别实现不同的功能，根据需要把实现各种功能的控件搭建起来，就构成应用系统。同传统的 GIS 比较，组建 GIS 具有高效无缝的系统集成、无须专门的 GIS 开发语言、开发大众化和成本低等优点。目前几乎所有有实力的 GIS 生产商都推出了相应的 GIS 组建产品，主要有 Intergraph 公司的 GeoMedia Object、ESRI 推出的 MapObjects 和 ArcObject、MapInfo 推出的 MapX、武汉吉奥公司的 GeoObject 以及东方泰坦的 Titan Object OCX。

4. 系统集成化

GPS 是空间实体快速、精密定位的现代化工具；GIS 是空间信息集成、分析、处理的有力武器；RS 是空间信息覆盖面最大最迅速的采集手段，三者的结合简称"3S"集成。"3S"结合应用，取长补短是自然的发展趋势，三者之间的相互作用形成了"一个大脑，两只眼睛"的框架，即可以提供或更新区域信息以及空间定位，进行空间分析，并从提供的大量数据中提取有用信息，并进行综合集成，使之成为科学决策的依据。实际应用中，较为多见的是两两之间的结合。

RS 与 GIS 集成：遥感数据是 GIS 的重要信息来源，GIS 则可作为遥感图像解译的强有力的辅助工具。GIS 作为图像处理工具，可以进行几何纠正和辐射纠正，图像分类和感兴趣区域的选取；遥感数据作为 GIS 的重要信息来源，可以进行线和其他地物要素的提取，DEM 数据的生成，以及土地利用变化和地图更新。

GIS 与 GPS 集成：主要应用于定位（旅游、探险）、测量（土地管理、城市规划）、监控导航（车辆船只的动态监控）等领域。

GPS 与 RS 集成：主要用于遥感影像几何校正、训练区选择以及分类验证，提供定位遥感信息查询等。

思考题

1. 信息的特点有哪些？简述信息与数据的关系。
2. 什么是环境信息？
3. 概括信息系统的功能。
4. 概述环境信息系统的分类。
5. 什么是 GIS？简述 GIS 的组成。
6. 简述 EGIS 的概念及功能。
7. 论述环境地理信息系统的发展趋势。

参考文献

[1] 余国培，邵自强. 地理信息系统的理论与应用[J]. 环境污染与防治，1994，16（5）：467-487.

[2] 李辉，赵卫智. 地理信息系统及其在城市环境管理中的应用[J]. 北京市园林科学研究所，2004，5（1）：23-25.

[3] 赵春峰. 地理信息系统在环境监测中的应用[J]. 太原市环境保护局信息中心，山西电子技术，2006（4）：45-54.

[4] 王桥，魏斌. 地理信息系统在我国环境保护中的应用[J]. 测绘通报，1999（10）：251-263.

[5] 尹萍. 环境地理信息系统简析[J]. 江苏环境科技，12（4）：21-28.

[6] 付红彬，郑灿，胡胜国. 环境地理信息系统的发展思路[J]. 测绘通报，2006（11）：154-176.

[7] 段焕星. 环境地理信息系统的发展思路[J]. 改革与开放，2009（6）：54-60.

[8] 管信林. 环境信息系统运作简介[J]. 中国环境管理，1998，10（5）：33-36.

[9] 饶卫民，章家恩，肖红生，等. 地理信息系统（GIS）在农业上的应用现状概述[J]. 云南地理环境研究，16（2）：25-28.

[10] 张爱军. 浅谈环境信息学[J]. 环境科学动态，1998（2）：60-64.

[11] 黄和. 浅谈信息系统与技术在当今商业社会的应用[J]. 商业营销，2009（1）：5-10.

[12] 陈菁，孙振兰. 城市环境信息系统研究[J]. 延安大学学报（自然科学版），21（14）：43-47.

[13] 段宁. 关于我国环境信息系统建设几个问题的思考[J]. 环境科学研究，10（5）：868-870.

[14] 李崖，张冀强. 国家环境信息系统的开发[J]. 环境科学，12（4）：165-170.

[15] 周明. 环境信息系统及其发展前景[J]. 陕西环境，3（3）：11-17.

[16] 田静毅，王立新，储健，等. 环境信息系统研究[J]. 科学技术与工程，2006，6（4）：125-131.

[17] 刘然，杨东，王红. 环境信息系统在环境管理中的应用[J]. 生态与环境，2001，5（4）：239.

[18] 吴江涛，唐文浩，栾乔林，等. 我国环境信息系统的建设与发展研究[J]. 华南热带农业大学学报，12（3）：154-156.

[19] 郭宏慧. 地理信息系统的应用现状和发展趋势分析[J]. 河北农业科学，2009，13（1）：140-142.

[20] 钟义信. 信息科学原理[M]. 北京：人民邮电出版社，1996.

[21] 钟义信. 信息技术通论[M]. 北京：人民邮电出版社，1994.

[22] 钟义信. 智能理论与技术——人工智能与神经网络[M]. 北京：人民邮电出版社，1992.

[23] 朱云，吴乾钊，等. 从美国加州环保署环境信息系统建设情况思考中国城市环境信息系统的建设[J]. 环境保护科学，2003，119（29）：47-50.

[24] McClarty，D，V，B. Environmental information system assists in tailings management[J]. Canadian Mining Journal，1998，119（2）：28.

[25] Bernd Page；Kristina Voigt. Recent history and development of environmental information systems and databases in Germany[J]. *Online Information Review*，2003，27（1）：14-18.

[26] 张维明，肖卫东，杨强，等. 信息系统工程[M]. 北京：电子工业出版社，2003.

[27] 罗超理，李万红. 管理信息系统原理与应用[M]. 北京：清华大学出版社，2002.

[28] 吴江涛，唐文浩，栾乔林，等. 我国环境信息系统的建设与发展研究[J]. 华南热带农业大学学报，2006，12（3）：59-62.

[29] 沈红军. 浅谈环境信息系统建设[J]. 信息安全与技术，2011，8：23-26.

第二章 地理信息系统

地理信息系统作为一种技术已经应用到国民经济的很多领域，也是环境地理信息系统的技术核心。地理信息系统独特的空间数据结构和空间数据库保证了其对地理信息的准确、高效的表达与存储。空间分析的内涵极为丰富，作为 GIS 的核心部分之一，空间分析在地理数据的应用中发挥着重要作用。本章在空间信息基础、空间数据结构以及空间数据采集与处理等方面介绍的基础上，进一步详细介绍了空间分析技术，并对数字高程模型，WebGIS 技术和常用地理信息系统软件进行了介绍。

本章学习重点：
- 熟悉空间信息的基础知识、GIS 空间数据库的特点
- 掌握 GIS 的空间数据结构
- 掌握常用的空间数据分析方法
- 了解 WebGIS 技术和常用地理信息系统软件

第一节 空间信息基础

一、地理空间及其表达

（一）地理空间的概念

地理信息系统中的空间概念常用"地理空间"（geo-spatial）来表述。地理空间上到大气电离层，下至地幔，是生命过程活跃的场所，也是宇宙过程对地球影响最大的区域。

地理空间一般包括地理空间定位框架及其所联结的特征实体。地理空间定位框架即大地测量控制，包括平面控制网和高程控制网。大地测量控制为建立所有的地理数据的坐标位置提供了一个通用参考系。实际应用中，利用一个通用参考系可以将全国范围使用的平面及高程坐标系与所有的地理要素相连接。大地测量控制信息的主要要素就是大地测量控制点，这些设标点（有时为动态的 GPS 控制点）的平面位置和高程被精确地测量，并用于其他点位的确定。因此，大地测量控制信息在开发所有的框架数据及用户的应用数据中发挥着关键的作用。

根据不同需求，我国现有 3 种大地坐标系并存：①1954 年北京坐标系（局部平差）；②1980 年国家大地坐标系（整体平差）；③地心坐标系。

目前，多采用 1980 年中国国家大地坐标系，该坐标系选用 1975 年国际大地测量协会

推荐的国际椭球。其具体参数为：赤道半径（a）=6 378 140.000 000 000 0 m，极半径（b）=6 356 755.288 157 528 7 m，地球扁率（f）=（$a-b$）/a=1/298.257。1980 年中国国家大地坐标系的大地原点，设在我国中部的陕西省泾阳县永乐镇，简称西安原点。大地原点选在我国中部位置，可以减少坐标传递误差的积累。该坐标系在定向上与我国目前使用的 1968.OJYD（地板原点）的方向相一致，起始大地子午面平行于格林尼治平均天文台子午面；在我国境内，该坐标系相应的地球椭球面和大地水准面最为密合。

对应于每一个坐标系统点的坐标，可以用大地坐标形式，即（L，B，H）表示；也可以用空间大地直角坐标形式，即（x，y，z）表示。不同坐标系统的坐标，通过一定数学模型的转换参数，在一定的精度范围内可以互相转换。其中，1954 年北京坐标系和 1980 年国家大地坐标系中的点的坐标，更多的是将其投影至高斯-克吕格投影平面，以平面坐标（x，y）形式表示，用于控制地形测图。

在高斯-克吕格平面直角坐标中，x 表示纵轴，y 表示横轴。点的高斯-吕格平面直角坐标是通过高斯-克吕格投影计算得到的，我国各个等级大地点成果表中所载的坐标即为高斯-克吕格平面直角坐标。

将椭球面上各点的大地坐标，按照一定的数学法则，变换为平面上相应点的平面直角坐标，通常称之为地图投影。这里所说的一定的数学法则，可以用下面两个方程式表示：

$$x = f_1（L，B）$$
$$y = f_2（L，B）$$

式中：（L，B）是椭球面上某一点的大地坐标；

（x，y）是该点投影在投影平面上的直角坐标。

地理信息系统中特征实体的位置，通常就是指经过投影变换后平面上的直角坐标。高程指空间参考的高于或低于某基准平面的垂直位置，主要用来提供地形信息。我国现在规定的高程起算基准面为"1985 国家高程基准"，该基准比原国务院批准启用的"黄海平均海平面"高 29mm。

（二）空间实体的表达

如前所述，地理空间的特征实体包括点（point）、线（line）、面（polygon）、曲面（surface）和体（volume）等多种类型，如何以有效的形式表达它们，关系到计算识别、存储、处理的可能性和有效性。

在计算机中，现实世界是以各种数字和字符形式来表达和记录的，基于计算机的地理信息系统不能直接识别和处理各种以图形形式表达的特征实体，要使计算机能识别和处理它们，必须对这些特征实体进行数据表达。

当对特征实体进行数据表达时，关键又看如何表达空间的一个点，因为点是构成地理空间特征实体的基本元素。如果采用一个没有大小的点（坐标）来表达基本点元素时，称为矢量表示法；如果采用一个有固定大小的点来表达基本点元素时，称为栅格表示法，它们分别对应矢量数据模型和栅格数据模型，代表着从信息世界观点对现实世界空间目标的两种不同的数据表达方法，其在功能、使用方法及应用对象上都有一定的差异，这在一定程度上反映出 GIS 表示现实世界的不同概念。

二、地理空间模型描述

地球表面的几何模型是定义合适的地理参照系统的依据。根据大地测量学的研究，地球表面几何模型分为4类：地球的自然表面模型、地球的相对抽象表面模型、地球的旋转椭球体模型和地球的数学模型。

1. 地球的自然表面模型

地球的自然表面模型是一个凹凸不平、起伏不规则、难以用简洁的数学表达式表达的一个模型，不适合进行数学建模。

2. 地球的相对抽象表面模型

由大地水准面描述的模型。假设当海水面处于完全静止的平衡状态时，从海平面延伸到所有大陆下部，且与地球重力方向处处正交的一个连续、闭合的水准面构成的地表模型。以大地水准面为基准，就可以利用水准测量对地球自然表面任意一点进行高程测量。

3. 地球的旋转椭球体模型

此模型是为了测量成果计算的需要，选用一个同大地体相近的、可以用数学方法来表达的旋转椭球来代替地球，且这个旋转椭球是由一个椭圆绕其短轴旋转而成的。它是以大地水准面为基础的。与局部地区（一个或几个国家）的大地水准面符合得最好的旋转椭球，称为参考椭球。

4. 地球的数学模型

地球的数学模型，是在解决其他一些大地测量学问题时提出来的，如类地形面、准大地水准面、静态水平衡椭球体等。

地球的自然表面、大地水准面和参考椭球面之间的关系如图2-1所示。

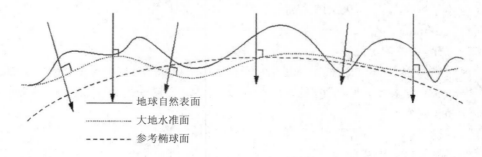

图 2-1　地球自然表面、大地水准面和参考椭球面的关系

三、地图对地理空间的描述

（一）地理空间参照系的建立

地理空间参照系是表示地理实体的空间参照系统。在 GIS 中，所有的空间数据都必须纳入统一的地理空间参照系。地理空间参照系主要包括地理坐标系和投影坐标系。

1. 地理坐标系

地理坐标系是指为确定地面点的位置而定义的空间参照系。首先将地球抽象成一个规则的逼近原始自然地球表面的椭球体，称为参考椭球体，然后在参考椭球体上定义一系列的经线和纬线构成经纬网，从而达到通过经纬度来描述地表点位的目的（图 2-2）。

赤道　　中央经线

纬线　　　经线　　　地理经纬网

图 2-2　地理坐标系

2. 投影坐标系

投影坐标系即平面坐标系，将椭球面上的点，通过投影的方法投影到平面上时，通常使用平面坐标系。平面坐标系分为平面极坐标系和平面直角坐标系。

（二）地图投影的概念

地图投影在 GIS 中是必需的。在计算机显示和地图输出时，需要将地球球面上的实体表示在平面上（图 2-3）。由于要将不可展的地球椭球面展开为平面，且不能有断裂，那么图形必将在某些地方被拉伸，某些地方被压缩，因而投影变形是不可避免的。投影变形通常包括 3 种，即长度变形、角度变形和面积变形。

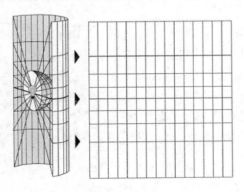

图 2-3　地球投影

（三）地图投影的方法

地图投影的方法主要由圆锥投影、圆柱投影、平面（方位）投影等。它们均包括正轴、斜轴、横轴等投影方式，在此基础上又分为相切、相割方式两种情况（图 2-4）。

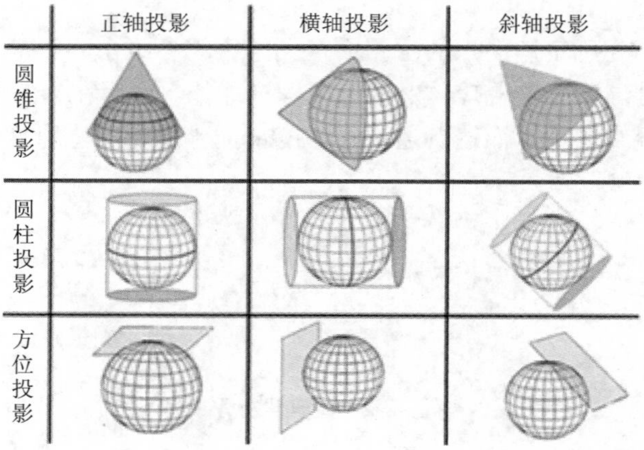

	正轴投影	横轴投影	斜轴投影
圆锥投影			
圆柱投影			
方位投影			

图 2-4　地图投影方法

我国基本比例尺地形图（1∶100 万、1∶50 万、1∶25 万、1∶10 万、1∶5 万、1∶2.5、1∶1 万、1∶5 000）除 1∶100 万外均采用高斯-克吕格投影为地理基础；我国 1∶100 万地形图采用的是 Lambert 投影，其分幅原则与国际地理学会规定的全球统一使用的国际百万分之一地图投影一致。我国大部分省区图以及大多数这一比例尺的地图也多采用 Lambert 投影和属于同一投影系统的 Albers 投影。Lambert 投影中，地球表面上两点间的最短距离（即大圆航线）表现为近于直线，这有利于地理信息系统中和空间分析量度的正确实施。

（四）地图对地理空间的描述

地图是地理空间实体的图形模型。它是按照一定的比例、一定的投影原则，有选择地将复杂的三维地理实体的某些内容投影绘制在二维平面媒体上，并用符号将这些内容要素表现出来。地图上各种要素之间的关系，是按照地图投影建立的数学规则，使地表各点和地图平面上的相应各点保持一定的函数关系，从而在地图上准确表达空间各要素的关系和分布规律，反映它们之间的方向、距离和面积。

在地图学上，把地理空间实体分为点、线、面三种要素，分别用点状、线状、面状符号来表示。

四、GIS 空间数据

（一）空间数据的概念

数据是对客观事物及其属性的抽象描述，是用以表示信息的物理符号，具有数字、文字、公式、模型、表格、图形、影像、声音与动画等多种载体形式（称为多媒体）。数据分空间数据与非空间数据（属性数据）。图形与影像因具有明显的位置概念一般称为空间数据（狭义）；数字、文字、公式、模型、表格等称为非空间数据（属性数据）。数字、文字、公式、模型、表格从形式与直观上不具备空间概念，但在内容与实质上则隐含了空间概念，因此广义的空间数据可包括这些内容。

（二）空间数据的特征

广义的空间数据描述地理实体的空间特性、属性特性和时间特性。空间特性指地理实体的空间位置、形态及图形数据之间的关联性、连通性、邻近性与重叠性等关系，这是分析空间框架与变化过程的基础。属性特性表示地理实体的名称、类型与质量、数量等的描述，时间特性指实体随时间发生的相关变化。时间特性决定了不同数据周期性不同，如地形等数据生命周期长，而土地利用数据周期短，周期短的数据需及时且不断地更新。属性数据具有空间关系与对象描述的两重性。

空间数据有 3 个基本特征：

1. 几何特征

几何特征指确定实体的位置、形状与大小的坐标及实体间的相互关系。地理实体间的拓扑联系可归纳为如下几种：

（1）拓扑关联：空间图形不同元素之间的拓扑关系，具体指两条或更多的线有一共同的端点，如结点与弧线之间的关系，道路的连接性关系等。

（2）拓扑邻接：空间图形同类元素之间的拓扑关系，如两个多边形有一共同的边界线，行政区划的相邻关系等，称该两个多边形的关系为拓扑临近。

（3）拓扑重叠：一个多边形与其他多边形之间线与点的交叉关系，如河流与道路之间的关系等。

（4）拓扑包含：空间图形中同类但不同级元素之间的拓扑关系，如一个多边形包含其他多边形或弧线。分简单包含、多层包含与等价包含：简单包含指一个多边形被包含在另一个多边形内；多层包含指被包含的多边形仍包含其他的多边形；等价包含指在同一级被包含的多边形有若干个，从而构成了等价包含。

上述的几种关系中，关联与临近关系反映了同一层实体间的关系；重叠关系反映了不同层实体间的关系；包含关系既可反映不同层地理实体间的关系，也可反映统一层（等价包含）地理实体间的关系。

2. 属性特征

属性数据常以文本形式出现，一般的数据库管理系统都可对其进行有效管理。属性数据的表示比较简单，规范性强，数据较短，算法标准。

3. 时间特征

由于地理事物受众多偶然性的影响及天体运动作用的制约，现实世界中实体随时间体现出变化性。其变化具有周期性、随机性、区域性等特点。时间特性决定了地理信息系统中的空间数据需要不断地补充、编辑修改与更新，也决定了地理信息系统应具有动态性。

（三）空间数据的不确定性

录入到数据库里的数据一般都不精确，如从地图上采集数据，由于地图本身存在固有误差，此外操作时还有输入误差、存储误差、编辑误差，因此数据都存在不确定性。但目前的全球定位系统直接在现场定位，将数据以数字格式存储，使数据误差变小。属性数据分定性与定量属性值。属性的不确定性由属性的取值与真值的相差程度决定。

　　研究数据不确定性的目的是建立一套空间数据的分析和处理体系，包括误差的确定、误差的鉴别和度量方法、误差传播模型、控制与削弱误差的方法等，其对评定 GIS 的质量、评判算法的优劣、减少 GIS 设计与开发的盲目性都具有重要意义。

五、空间数据获取

　　空间数据包括空间几何特征、属性特征和时间特征。空间几何特征指空间对象的位置、形状、大小、相互关系等，属性特征指空间对象的信息描述，如面积、长度等。由于空间数据来源的多样性与各种输入设备的不断出现，向地理信息系统输入各类数据不存在统一而简单的方法。又由于输入数据受设备的制约，因此数据采集需要根据自己的偏好、技术水平、设备状况选择一种或多种方法进行录入。

　　数据的获取技术包含数据的表示、存储、组织与访问方式。目前数据获取技术已有多种，其中手工数据输入方法（如网格、矢量编码等）是早期使用并一直延续至今的系统定位方法。手工输入矢量数据是将点、线、面实体的地理图形数据通过键盘或鼠标输入数据文件或输入到程序中去，实体坐标可以用地图上的坐标网或其他网格覆盖在地图上量取；手工输入网格数据是将已知网格单元内所观测到的优势特征值予以编码，随后将代码输入自动化文件。

（一）几何数据的获取方式

1. 手扶跟踪数字化仪数据获取方式

　　数字化仪由金属导体组成的栅格板、采点装置（游标或笔）、控制数据处理电路 3 部分组成，它将平面上点的位置数字化并显示坐标，之后送入计算机。这一过程是有选择地复制地图或航片内容的过程。数字化仪的工作原理是游标和笔在栅格板上方的机壳表面自由移动发射电磁波，栅格板根据接收信号的相位与幅度进行处理，得出游标叉丝（笔尖）在板上的坐标值。得出的坐标值以某一数据格式，按用户指定的方式发给地理信息系统。

　　数字化仪输入的操作过程：①输入初始化参数，确定地图坐标系统；②将准备数字化的资料图件固定在数字化仪的有效幅面上，用游标定出图幅四周的 4 个角点，确定出数字化范围；③确定图形比例尺；④移动游标十字叉丝在待数字化的点或线段上，按动游标键进行输入；⑤检查和修改数字化错误；⑥建立拓扑关系和输入属性；⑦检查和修改拓扑与属性错误。

2. 解析摄影数据的获取方式

　　在航空摄影测量中，测图仪的主要工作是读取航空相片上空间地物的二维和三维位置。现在的解析测图仪可实现手工测量结果的自动存储、自动查找、自动计算空间坐标等功能。建立大比例尺地形图，航空摄影测量是不可缺少的手段，也是建立数据库的重要方法。航空相片还可直接扫描输入，利用相关软件对空间地物坐标进行计算。

3. 数字测量数据的获取方式

　　数字摄影测量借助于计算机与数字图像技术等，通过摄影的方式自动提取数字影像，或通过扫描的方式获得数据。数据的处理方式有：计算定向参数，如定位、变换参数、相对定向与绝对定向参数等；进行影像匹配，计算空间坐标；通过内插建立数字地形模型；

测制等高线，通过数字纠正、数字镶嵌叠加产生正射影像地图等。

4. 遥感数据的获取方式

通过传感器系统不接触地物对获得的信号进行记录、量测和解译，获得实体和环境数据即为遥感。航空、航天卫星遥感以全天候、多光谱、多时相、多分辨率、多传感器等特点提供对地观测数据。航空航天获取的图像信息主要有胶片和数字磁带两种形式。胶片是模拟信号，通过 A/D 转换装置将模拟量转换成数字量后，才能送入计算机进行存储、处理和分析。数字磁带（CCT）是一种数字图像记录，根据磁带密度要求将数据读入计算机，然后通过图像处理系统的监视器显示图像供分析使用。

5. GPS 数据的获取方式

GPS 数据的获取方式有机载激光扫描测绘、车载移动测绘和船载测绘等方式。机载激光扫描测绘由装在飞机上的激光扫描仪、导航系统与 GPS 接收机与安置在地面上的 GPS 接收机组成，主要获取常规与摄影测量难以获取的数据，如海岸带、森林覆盖地区的数字地形模型数据等；车载移动测绘是由装在汽车上的导航系统、摄影传感器与 GPS 接收机组成，主要获取公用设施的测绘数据；船载测绘，指通过装有 GPS 接收机的测量船获取港口、河流、湖泊等水下地形数据。

6. DEM 数据的获取方式

DEM 数据的获取方式较多，对不同的数据源，可分别借助摄影测量、遥感、全球定位系统、机助地图制图的图形数字化输入和编辑以及野外数字测图等技术，进行 DEM 原始数据的采集工作。

DEM 包括平面位置和高程数据两种数据，通过离散高程点通过 TIN 构造生成是常用的获取方法，能逼真地反映地形或实体，这种方法虽精度高但费时且更新慢。目前的主要获取途径有两个：①由高分辨影像生成，虽受扫描仪分辨率与测量手段制约精度受影响，但获取速度快；②由机载激光扫描仪扫描并经后续处理后获取，可直接测量地面高程，无须人工干预，自动快速处理，获取速度快，但精度低，且需处理算法。更精确的获取方式是用合成孔径雷达（SAR）获取，该法不受天气与光线等环境条件影响，分辨率高但获取成本也高。

7. 数字格式数据的转换获取方式

一般情况下，初始获取的空间数据还不能满足 GIS 的要求，要进行加工处理，如进行数据清理、检查及建立拓扑关系和数据格式转换，制作成符合要求的 GIS 数据。如从星载或机载传感器得到的数据，它虽然可能是数字式的，但其格式不一定与地理信息系统数据库一致，还需在图像分析系统中进行各种必要的处理才能输入数据库。

从技术角度看，空间数据的处理方法与技术已基本成熟，但缺少效率高、自动化好的空间数据处理的专用软件。

（二）属性数据的获取方式

属性数据一般用关系数据库进行管理，以关系表的形式保存，通过某一关键字与图形连接。数据形式比较灵活。属性数据的获取方式可在程序中的适当位置用键盘输入。还可以用其他方便的形式如文本文件格式进行输入，经编辑、检测后转入到数据库的相应文件或表格中。目前统计工作在向着信息化方向发展，进行统计数据的获取时，除以传统的表格方式提供数据外，各种数据库的建立、传输、汇总开始使用，各类数据可有组织地输入计算机，也可以磁带或外存设备为介质将数据送入计算机。属性数据类别较多，在处理属性数据时，通常把同一实体的数据放在同一个记录中，记录的顺序号或某一特征数据项作为该记录的识别符或关键字，以便在与空间数据链接时起到纽带作用。

六、空间对象实体模型

（一）空间维数

空间维数有零维、一维、二维、三维之分，对应着点、线、面、体等不同的空间特征类型。在地图中实体维数的表示可以改变，如一条河流在小比例尺地图上是一条线，在大比例尺图上是一个面。

（二）空间实体类型

（1）点状实体即点或节点。点是有特定位置，维数为 0 的物体。具体包括实体点、注记点、内点和节点等不同类型。

（2）线状实体是具有相同属性的点的轨迹，线或折线，由一系列的有序坐标表示，并具有长度、弯曲度、方向性等特性。线状实体包括线段，边界、链、弧段、网络等。

（3）面状实体（多边形）是对湖泊、岛屿、地块等一类现象的描述，在数据库中由一封闭曲线加内点来表示。具有面积、范围、周长、独立性或与其他地物相邻、内岛屿或锯齿状外形、重叠性与非重叠性等特性。

（4）立体状实体用于描述三维空间中的现象与物体，它具有长度、宽度及高度等属性。立体状实体一般具有体积、每个二维平面的面积、内岛、断面图与剖面图等空间特征。

（三）实体类型组合

现实世界的各种现象比较复杂，往往由上述不同的空间类型组合而成，复杂实体由简单实体组合表达。通过几种空间类型的组合可将空间问题表达出来。

七、地理信息数字化描述方法

在 GIS 中，地理信息是以数字化的形式存在的。表达地理信息的地理数据的几何空间数据主要有 3 种类型，即矢量数据、栅格数据和数字高程模型数据。

（一）矢量数据

矢量数据是用坐标对、坐标串和封闭的坐标串表示实体点、线、面的位置及其空间关系的一种数据格式。

矢量本身是数学上的概念，运用到 GIS 中，则不同的空间特征具有不同的矢量维数（图2-5）。

（1）零维矢量表示空间中的一个点，点在二维欧氏空间中用唯一的实数对（x，y）来表示，在三维空间中用唯一的实数组（x，y，z）来表示。在数学上，点没有大小和方向。在 GIS 中，点的类型包括实体点、标记点、面标识点、结点和节点等。

（2）一维矢量表示空间中的一个线状要素，或者空间实体对象之间的边界，包括线段、弦列、拓扑连线、弧段、链、环等。线段是两个结点之间的连线。弦列是点的序列，表示一串互相联结无分支的线段，但连接点为结点或节点。弧段是形成一曲线点的轨迹，该曲线可由数学函数定义。在不支持曲线的 GIS 中，弧段是由弦列近似表达的。拓扑连线是两个结点或节点的连线，其方向可由结点或节点的顺序确定。

（3）二维矢量表示地理空间的一个面状要素，在二维欧氏平面上是指由一组闭合弧段包围的空间区域。由于面状要素是由闭合分弧段决定的，故二维矢量又称为多边形。

（二）栅格数据

栅格数据表达中，栅格由一系列的栅格坐标或像元所处栅格矩阵的行列号（i，j）定义其位置，每个像元独立编码，并载有属性。栅格单元的大小代表空间分辨率，表示表达的精度。在影像中，栅格单元的值是栅格内的平均灰度（图 2-6，图 2-7）。

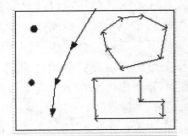
图 2-5　矢量数据表示

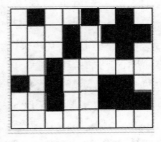
图 2-6　栅格数据灰度表示

0	4	0	0	1	0	2	0
0	0	0	1	0	2	2	2
0	0	0	1	0	0	2	0
0	0	1	0	0	0	0	0
5	0	1	0	0	3	3	0
0	0	1	0	0	3	3	3
0	0	0	0	0	0	0	0

图 2-7　栅格数据值表示

（三）数字高程模型数据

数字高程模型是 GIS 表示 2.5 维地形数据的重要格式。是由平面坐标和高程数据共同定义的地形表面模型。

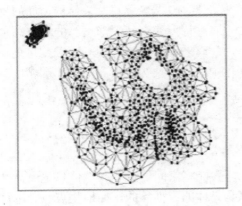
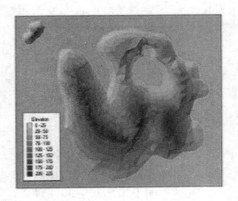

图 2-8　不规则三角网的表示

第二节　空间数据结构

一、矢量数据结构及其编码

（一）定义

矢量结构，即通过记录坐标的方式尽可能精确地表示点、线、多边形等地理实体，坐标空间设为连续，允许任意位置、长度和面积的精确定义。事实上，其精度仅受数字化设备的精度和数值记录字长的限制，在一般情况下，比栅格结构精度高得多（二者优缺点见本节第三部分）。

①对于点实体，矢量结构中只记录其在特定坐标系下的坐标和属性代码。②对于线实体，在数字化时即进行量化，就是用一系列足够短的直线首尾相接表示一条曲线，当曲线被分割成多而短的线段后，这些小线段可以近似地看成直线段，而这条曲线也可以足够精确地由这些小直线段序列表示，矢量结构中只记录这些小线段的端点坐标，将曲线表示为一个坐标序列，坐标之间认为是以直线段相连，在一定精度范围内可以逼真地表示各种形状的线状地物。③"多边形"在地理信息系统中是指一个任意形状、边界完全闭合的空间区域。其边界将整个空间划分为两个部分：包含无穷远点的部分称为外部，另一部分称为多边形内部。把这样的闭合区域称为多边形是由于区域的边界线同前面介绍的线实体一样，可以被看作是由一系列多而短的直线段组成，每个小线段作为这个区域的一条边，因此这种区域就可以看作是由这些边组成的多边形了。

跟踪式数字化仪对地图数字化产生矢量结构的数字地图，适合于矢量绘图仪绘出。矢量结构允许最复杂的数据以最小的数据冗余进行存储，相对栅格结构来说，数据精度高，所占空间小，是高效的空间数据结构。

（二）特点

矢量结构的特点是：定位明显、属性隐含。其定位是根据坐标直接存储的，而属性则一般存于文件头或数据结构中某些特定的位置上，这种特点使得其图形运算的算法总体上比栅格数据结构复杂得多，有些甚至难以实现，当然有些地方也有所便利和独到之处，在计算长度、面积、形状和图形编辑、几何变换操作中，矢量结构有很高的效率和精度，而在叠加运算、邻域搜索等操作时则比较困难。

（三）编码方法

1. 点实体

对于点实体和线实体的矢量编码比较直接，只要能将空间信息和属性信息记录完全就可以了。点是空间上不能再分的地理实体，可以是具体的或抽象的，如地物点、文本位置点或线段网络的结点等，由一对 x、y 坐标表示。图 2-9 表示了点的矢量编码的基本内容。

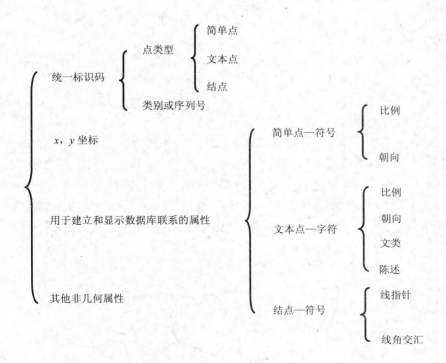

图 2-9 点实体的编码

2. 线实体

线实体主要用来表示线状地物（如公路、水系、山脊线等）符号线和多边形边界，有时也称为"弧""链""串"等，其矢量编码一般包括图 2-10 所示的基本内容。线实体中唯一标识码是系统排列序号；线标识码可以反映标识线的类型；起始点和终止点号可直接用坐标表示；显示信息是显示时的文本或符号等；与线相联系的非几何属性可以直接存储于线文件中，也可单独存储，而由标识码联接查找。

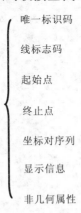

唯一标识码

线标志码

起始点

终止点

坐标对序列

显示信息

非几何属性

图 2-10 线实体的编码

3. 多边形

多边形数据是描述地理信息的最重要的一类数据。在区域实体中，具有名称属性和分类属性的多用多边形表示，如植被分布、土地类型、行政区等；具有标量属性的，有时也用等值线描述，如地形、降雨量等。

多边形矢量编码不但要表示位置和属性，更为重要的是要能表达区域的拓扑性质，如形状、邻域和层次等，以便使这些基本的空间单元可以作为专题图资料进行显示和操作。由于要表达的信息十分丰富，基于多边形的运算多而复杂，因此多边形矢量编码比点和线实体的矢量编码要复杂得多，也更为重要。

多边形矢量编码除有存储效率的要求外，一般还要求所表示的各多边形有各自独立的形状，可以计算各自的周长和面积等几何指标；各多边形拓扑关系的记录方式要一致，以便进行空间分析；要明确表示区域的层次，如岛—湖—岛的关系等。

（1）坐标序列法（Spaghetti 方式）。由多边形边界的 x、y 坐标对集合及说明信息组成，是最简单的一种多边形矢量编码，记为以下坐标文件：

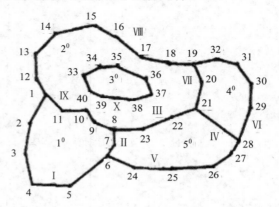

图 2-11   坐标序列法表示的多边形

1^0：x_1, y_1；x_2, y_2；x_3, y_3；x_4, y_4；x_5, y_5；x_6, y_6；x_7, y_7；x_8, y_8；x_9, y_9；x_{10}, y_{10}；x_{11}, y_{11}；

2^0：x_1, y_1；x_{12}, y_{12}；x_{13}, y_{13}；x_{14}, y_{14}；x_{15}, y_{15}；x_{16}, y_{16}；x_{17}, y_{17}；x_{18}, y_{18}；x_{19}, y_{19}；x_{20}, y_{20}；x_{21}, y_{21}；x_{22}, y_{22}；x_{23}, y_{23}；x_8, y_8；x_9, y_9；x_{10}, y_{10}；x_{11}, y_{11}；

3^0：x_{33}, y_{33}；x_{34}, y_{34}；x_{35}, y_{35}；x_{36}, y_{36}；x_{37}, y_{37}；x_{38}, y_{38}；x_{39}, y_{39}；x_{40}, y_{40}；

4^0：x_{19}, y_{19}；x_{20}, y_{20}；x_{21}, y_{21}；x_{28}, y_{28}；x_{29}, y_{29}；x_{30}, y_{30}；x_{31}, y_{31}；x_{32}, y_{32}；

5^0：x_{21}, y_{21}；x_{22}, y_{22}；x_{23}, y_{23}；x_8, y_8；x_7, y_7；x_6, y_6；x_{24}, y_{24}；x_{25}, y_{25}；x_{26}, y_{26}；x_{27}, y_{27}；x_{28}, y_{28}。

坐标序列法文件结构简单，易于实现以多边形为单位的运算和显示。这种方法的缺点是：①多边形之间的公共边界被数字化和存储两次，由此产生冗余以及碎屑多边形；②每个多边形自成体系而缺少邻域信息，难以进行邻域处理，如消除某两个多边形之间的共同边界；③岛只作为一个单个的图形建造，没有与外包多边形的联系；④不易检查拓扑错误。

（2）树状索引编码法。该法采用树状索引以减少数据冗余并间接增加邻域信息，方法是对所有边界点进行数字化，将坐标对以顺序方式存储，由点索引与边界线号相联系，以线索引与各多边形相联系，形成树状索引结构。

图 2-12 和图 2-13 分别为图 2-11 的多边形文件和线文件树状索引示意图。

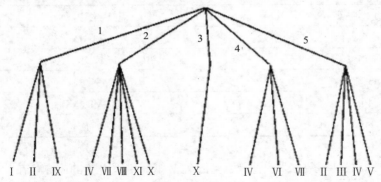

图 2-12　线与多边形之间的树状索引

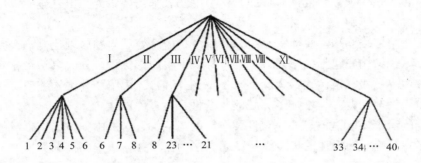

图 2-13　点与边界线之间的树状索引

采用上述的树状结构，图 2-11 的多边形数据记录如表 2-1、表 2-2、表 2-3 所示。

表 2-1　点文件数据记录

点号	坐标
1	x_1，y_1
2	x_2，y_2
...	...
40	x_{40}，y_{40}

表 2-2　线文件数据记录

线号	起点	终点	点号
I	1	6	1，2，3，4，5，6
II	6	8	6，7，8
...	...	...	...
X	33	33	33，34，35，36，37，38，39，40，33

表 2-3 多边形文件数据记录

多边形编号	多边形边界
10	I，II，IX
20	III，VII，VIII，IX，X
30	X
40	IV，VI，VII
50	II，III，IV，V

树状索引编码消除了相邻多边形边界的数据冗余和不一致的问题，在简化过于复杂的边界线或合并相邻多边形时可不必改造索引表，邻域信息和岛状信息可以通过对多边形文件的线索引处理得到；但是比较繁琐，因而给相邻函数运算，消除无用边，处理岛状信息以及检查拓扑关系带来一定的困难，而且两个编码表都需要以人工方式建立，工作量大且容易出错。

（3）拓扑结构编码法。要彻底解决邻域和岛状信息处理问题必须建立一个完整的拓扑关系结构。这种结构应包括以下内容：唯一标识，多边形标识，外包多边形指针，邻接多边形指针，边界链接，范围（最大和最小 x、y 坐标值）。采用拓扑结构编码可以较好地解决空间关系查询等问题，但增加了算法的复杂性和数据库的大小。

矢量编码最重要的是信息的完整性和运算的灵活性，这是由矢量结构自身的特点所决定的，目前并无统一的最佳的矢量结构编码方法，在具体工作中应根据数据的特点和任务的要求而灵活设计。

DIME（双重独立坐标地图编码）编码系统：DIME 是美国人口调查局在人口调查的基础上发展起来的，它通过有向编码建立了多边形、边界、节点之间的拓扑关系，DIME 编码成为其他拓扑编码结构的基础。

二、栅格数据结构

栅格数据结构是以栅格数据模型或格网模型为基础的，其表达形式十分简单，即空间对象是通过规则、相邻、连续分布的栅格单元或像元表达的。对栅格单元的坐标，可以通过如下方式进行处理：

（1）直接记录栅格单元的行列号；

（2）根据规则（如按行或列顺序）记录栅格单元，利用分辨率参数（指行数和列数）计算当前栅格单元的行列号。假设当前栅格单元行列号为 (i, j)，一个栅格单元所代表的空间区域大小为 dlt_x，dlt_y，栅格区域的原点坐标为 (x_0, y_0)，那么，当前栅格单元的平面坐标 (x, y) 为：

$$x = x_0 + j * \text{dlt\_}x$$
$$y = y_0 - i * \text{dlt\_}y$$

各变量所表达的物理含义如图 2-14 所示。

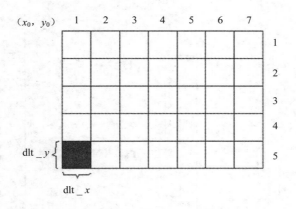

图 2-14 栅格坐标计算示意图

在日常应用中，常限制一个栅格数据层只存储栅格的一种属性，而且采用完全栅格数据结构。在完全栅格结构里，栅格单元顺序一般以行为序，以左上角为起点，按从左到右从上到下的顺序扫描（图 2-15）。

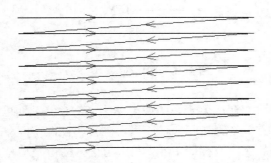

图 2-15 完全栅格结构扫描顺序示意图

如果同一研究区域的同一栅格单元具有多个属性，那么，其数据组织方法主要有以下 3 种：

（1）以栅格单元为基础。待记录完不同层上同一栅格单元位置上的各属性值后，再顺序处理其他栅格单元[图 2-16（a）]；

（2）以层为基础，每一层又以栅格单元顺序记录它的坐标和属性值，一层记录完后再记录第二层[图 2-16（b）]；

（3）同样以层为基础，但每一层内则以多边形为序记录多边形的属性值和充满多边形的各栅格单元的坐标[图 2-16（c）]。

方法（1）比方法（2）占用的存储空间多，因为，无论同一栅格单元的属性有多少，它的坐标只记录一次，而方法（2）则要存储多次（与属性个数相同）。一般情况下，方法（3）节省的存储空间较多，因为同一属性的制图单元中几个栅格单元只记录一次属性值。

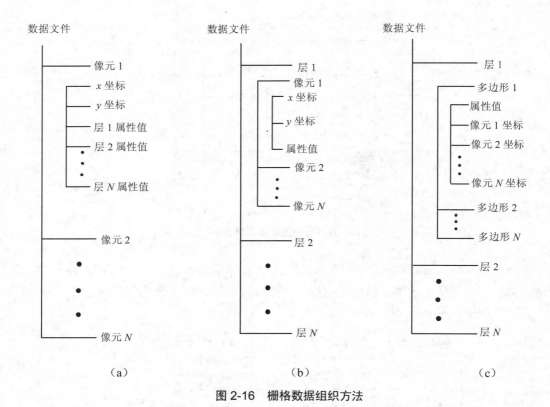

图 2-16   栅格数据组织方法

　　栅格文件一般都很大，在高分辨率的情况下所需的存储空间可能达数兆（图 2-17）。由于栅格模型的表达与分辨率密切相关，所以，同样属性的空间对象（如公路）在高分辨率的情况下将占据更多的像元或存储单元；另一方面，栅格模型是通过同样颜色或灰度像元来表达具有相同属性的面状区域的。显然，上述两种情况将可能造成许多栅格单元或像元与其邻近的若干像元都具有相同的属性值。为了节省存储空间，就必须对栅格数据进行压缩。下面介绍 3 种常用的数据压缩方法。

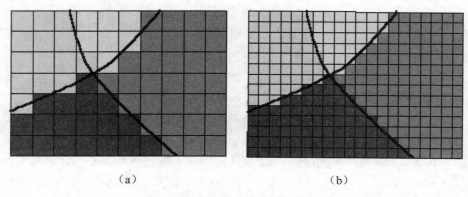

图 2-17   分辨率与存储单元示意图

（1）游程编码。把具有相同属性值的邻近栅格单元合并在一起，合并一次称为一个游程。游程用一对数字表达，其中，第一个值表示游程长度，第二个值表示游程属性值。每一个新行都以一个新的游程开始（图 2-18）。表达游程长度的位数取决于栅格区域的列数，游程属性值则取决于栅格区域属性的最大类别数（分类的级别数）。通常用两个字节表示游程长度（行数可达 65 536），一个字节表示游程属性值（256 级）。

	1	2	3	4	5	6	7	8	9	10	游程编码
1	A	A	A	A	B	B	B	A	A	A	(4，A)，(3，B)，(3，A)
2	A	A	B	B	B	B	A	A	A	C	(3，A)，(3，B)，(3，A)，(1，C)
3	A	A	B	B	B	A	A	A	C	C	(2，A)，(3，B)，(3，A)，(2，C)
4	A	B	B	B	A	A	A	C	C	C	(1，A)，(3，B)，(2，A)，(4，C)
5	A	A	A	A	A	A	C	C	C	C	(6，A)，(4，C)

图 2-18　游程编码示意图

（2）常规四叉树。常规四叉树的基本思想是：首先把一幅图像或一幅栅格地图等分成 4 部分，如果检查到某个子区的所有格网都含有相同的值（灰度或属性值），那么，这个子区域就不再往下分割；否则，把这个区域再分割成四个子区域，这样递归地分割，直至每个子块都只含有相同的灰度或属性值为止。图 2-19（a）是一个二值图像的区域，图 2-19（b）表明了常规四叉树的分解过程及其关系，图 2-19（c）是它的编码。

常规四叉树的特点如下：①运算量较大。因为，大量数据需要重复检查才能确定划分；②占用的存储空间较大。从图 2-19（b）可以看出，每个结点需要 6 个变量才能加以表达：一个变量表示父结点指针，4 个变量代表 4 个子结点指针，一个变量代表本结点的灰度或属性值。

在常规四叉树中，栅格单元或像元总数为 $2^{n-1} \times 2^{n-1}$。这里，$n>1$，为数的高度或层次。图 2-19（b）中，$n=4$。

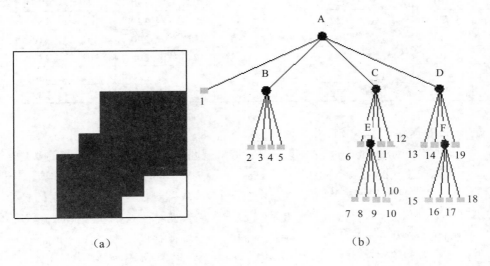

（a）　　　　　　　　　　　　　（b）

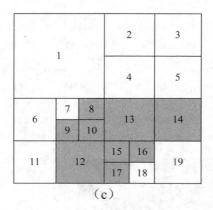

（c）

图 2-19   四叉树分割

（3）线性四叉树编码。线性四叉树的算法是为了克服常规四叉树占用存储空间大的缺点而提出。线性四叉树只存储最后叶结点的信息，即结点的位置、灰度和大小。叶结点位置采用基于四进制的 Morton 码表示（加拿大学者 Morton 于 1966 年提出）；叶结点的大小用结点的深度或层次表示。Morton 码又称为 M 码。

M 码的计算公式如下：

$$M = 2 \times I_b + J_b$$

I_b、J_b 为栅格单元行列号的二进制数。表 2-4 为 8 行 8 列研究区域的 M 码计算成果。

表 2-4   基于四进制的 Morton 码

	JJ	0	1	2	3	4	5	6	7
	J_b	000	001	010	011	100	101	110	111
II	I_b								
0	000	000	001	010	011	100	101	110	111
1	001	002	003	012	013	102	103	112	113
2	010	020	021	030	031	120	121	130	131
3	011	022	023	032	033	122	123	132	133
4	100	200	201	210	211	300	301	310	311
5	101	202	203	212	213	302	303	312	313
6	110	220	221	230	231	320	321	330	331
7	111	222	223	232	233	322	323	332	333

在 M 码的基础上生成线性四叉树的方法有两种：

（1）自顶向下（top-down）的分割方法：按常规四叉树的方法进行，并直接生成 M 码；

（2）从底向上（down-top）的合并方法：首先按 M 码的升序排列方式依次检查四个相邻 M 码对应的属性值，如果相同，则合并为一个大块，否则，存储四个格网的参数值（M 码、深度、属性值）。第一轮合并完成后，再依次检查四个大块的值（此时，仅需检查每个大块中的第一个值），若其中有一个值不同或某子块已存储，则不作合并而记盘。通过上述方法，直到没有能够合并的子块为止。合并过程的扫描顺序如图 2-20 所示。

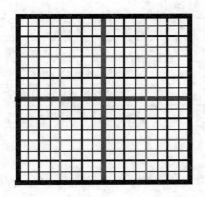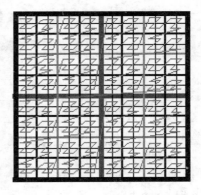

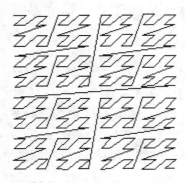

图 2-20 Morton 码的扫描顺序

三、矢量与栅格数据结构的优缺点及其转换

（一）栅格和矢量数据结构的比较与选择

空间数据的栅格结构和矢量结构是地理信息系统中记录空间数据的两种重要方法，栅格结构和矢量结构各有其优点和局限性，具体比较见表 2-5 和表 2-6。

表 2-5 栅格数据结构的优缺点

优点	缺点
数据结构简单	数据量大
空间数据的叠置和组合方便	降低分辨率时，信息缺失严重
便于实现各种空间分析	地图输出不够精美
数字模拟方便	难以建立网络连接关系
技术开发费用低	投影变换比较费时

表 2-6　矢量数据结构的优缺点

优点	缺点
表现地理数据的精度较高	数据结构复杂
数据结构严密，数据量小	叠置分析时难以与栅格图组合
能够完整描述拓扑关系	数学模拟比较困难
图形输出美观	空间分析技术上比较复杂
图形数据的恢复、更新、综合能够实现	

大多数地理信息系统平台都能够支持这两种数据结构，在应用过程中，根据具体目的的不同选用不同的数据结构。例如，在集成遥感数据以及进行空间模拟运算（如污染扩散）等应用中，一般采用栅格数据为主要数据结构；而在网络分析、规划选址等应用中，通常采用矢量结构。

（二）栅格和矢量数据结构的数据转换

目前矢栅转换的算法已经成熟，包括矢量转栅格算法和栅格转矢量算法。对于点实体，每个实体由一个坐标对表示，其矢栅转换主要是坐标精度问题。线实体在由矢量结构转换为栅格结构时，除了计算曲线上结点外，还要通过直线方程计算相邻两点间的栅格点坐标。线实体的由栅格向矢量的转换类同于多边形，因此下面着重讨论多边形（面实体）的矢栅转换。

1. 矢量数据向栅格数据转换

多边形的矢量向栅格的转换又称为多边形填充，就是在矢量表示的多边形内部的所有格点上赋予正确的多边形编号，形成栅格数据阵列。多边形填充算法有内部扩散算法、复数积分算法、射线算法、扫描算法等，但这些算法一般速度较慢，效率不高。目前大多数 GIS 软件都采用了边界代数算法。使用边界代数算法进行多边形填充时，需要建立完整的拓扑结构，并且没有一条弧段能涵盖其相邻多边形的编码数值（左右码），其算法流程如图 2-21 所示。该算法速度较快，占用计算机资源少，是一个比较优秀的多边形填充算法。

2. 栅格数据向矢量数据转换

多边形栅格格式向矢量格式的转换，是指提取以相同编码的栅格集合表示的多边形区域的边界，并且建立拓扑关系。

一般栅格格式向矢量格式的转换包括以下 4 个基本步骤：

（1）多边形边界提取。将栅格图像二值化或者以特殊数值表示边界点和结点。

（2）边界线追踪。对每个边界弧段从一个结点向下一个结点搜索，直到连接成为边界弧段。

（3）拓扑关系生成。对于矢量边界弧段，判断与原图上各多边形空间关系，形成完整的拓扑结构。

（4）去除冗余点和曲线平滑，以去除由栅格数据引起的锯齿效果。

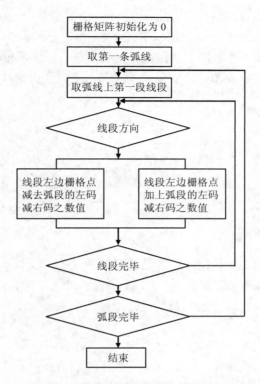

图 2-21　矢量数据向栅格数据转换过程

第三节　空间数据的采集与处理

一、空间数据源的种类

空间数据源是指为了建立空间数据库所需要的各种类型数据的来源。空间数据源可以大致分为原始数据（第一手数据）或处理加工后的数据（第二手数据）。第二手数据就是原始数据或第一手数据经过解译、编辑和处理后的数据，这类数据包括地图、表格、书籍中的地理编码数据，大多数 GIS 中的数据为第二手数据。地理信息系统的空间数据来源丰富、种类多样，包括地图数据、遥感（RS）数据、GPS 等野外实测数据、统计数据、数字高程数据、多媒体数据、已有系统数据等。

（一）地图数据

地图是指根据一定的数学法则，运用制图的综合方法，在一定的载体上以专门的图示符号系统表现地球表面的自然现象和社会经济现象。它一般用具有共同坐标系统的点、线、面来表示，具有十分丰富的信息。地图一般分为普通地图和专题地图。

普通地图是一般性的参考图，它主要用来表达 6 方面内容：居民地、道路、行政边界、地形、地表覆盖、水系和典型目标物。

专题地图则着重反映一种或少数几种专题要素。反映自然条件的专题地图有：地质图、土壤图、气候图、植被图、洋流图、潮汐图、太阳能分布图、风能分布图等；反映经济状况的专题图有：工业图、农业图、商业图、贸易图、交通图、水利图、电力图、渔业图、林业图、牧业图等。

（二）自然资源数据

自然资源数据包括各种矿产资源的空间分布、储量、品位；城市用地、农业用地、山地、林地、湿地、贫瘠地、冻土地、公园、旅游地、海洋等的分布范围、类型和性质等数据。

（三）遥感（RS）数据

遥感数据具有多平台、多角度、多视场、多时相、多波段等多源性的特征，具有增大观测范围、提供大范围的瞬间静态图像、大面积重复性观测、大大加宽可观测的光谱范围、空间详细程度高等优点。因此，遥感数据也是地理信息系统空间数据的一个重要来源。

（四）实测数据

实测数据是指经过实地测量、野外试验所获得的数据，它们是地理信息系统空间数据的重要来源。其中 GPS 数据和地籍数据等具有较高的准确性和现势性。

（五）统计数据

统计数据是统计工作活动过程中所获得的反映国民经济和社会现象的数据及其他相关资料。许多机构和部门都拥有来自不同领域的各种统计资料。例如，人口统计调查数据具体指地址、收入、职业、年龄、文化水平、住房特征等统计数据。

（六）数字高程数据

这里主要指 DEM 提供的数据。数字高程数据可以从已有的等高线图上获取，也可以利用摄影测量的方法得到。第一个被广泛使用的 DEM 数据是美国国防制图局开发的美国北美地区的 DEM 数据，我国国家基础地理信息中心也有类似的 DEM 数据。

（七）文本资料数据

文本说明资料也常常是 GIS 属性数据的重要来源，在环境保护、土地利用管理等专题信息系统中，各种文字的说明资料对确定个专题内容的属性特征具有十分重要的作用。各种文字报告和立法文件在一些管理类的 GIS 系统中有很广泛的应用。一些法律文档作为地理信息系统数据的一部分进行存储，可以在系统数据的采集许可、数据的有效性以及数据的合法性等诸多方面起保护和监督的作用。

（八）多媒体数据

图形、声音、录像、动画等多媒体数据也是 GIS 数据的来源，可用来辅助 GIS 的分析和查询，并且，引用多媒体数据，也使得 GIS 具有更灵活、更丰富、更友好的表现力。多媒体数据在 GIS 的数据中也属于属性数据。

（九）已有系统数据

随着国际化、规范化标准的流行和推广，系统之间数据的可交换性越来越强。这在一方面拓宽了数据的可使用性，增加了数据的潜在价值；另一方面也使得数据的流通性、共享性大大增强。随着 WebGIS、GIS 数据集成、数字地球等技术的不断发展，GIS 系统间的数据共享将更加广泛。

二、属性数据的采集

（一）属性数据定义

GIS 的数据源分为两种，即图形数据和属性数据。属性数据是用来描述空间实体特征的数据，其表达方式是字符串、各种代码或统计数值等。如果道路（线实体）可以数字化为一组连续的像素或者矢量，那么道路的名称、建造的日期、道路等级、宽度、车流量等信息就是与道路这一空间实体相关的属性数据，这些数据可以有效地与道路这一空间线实体联系起来。同样，点实体和面实体也可以用栅格或者矢量表示出来，再用属性数据表示与它们相关联的各种特征。

（二）属性数据的来源

国家地理信息中心"资源环境"分库中，将数据分为社会环境、自然环境和资源与能源三大类共 14 小项，并规定了每项数据的内容及基本数据来源。

1. 社会环境数据

包括城市与人口、交通网、行政区划、地名、文化和通信设施 5 类。这几类数据可通过人口普查办公室、外交部、民政部、国家测绘局等相关部门获取。

2. 自然环境数据

包括地形数据、水系及流域数据、海岸及海域数据、基础地质数据等 4 类。这些数据可以从国家测绘局、国家海洋局、水利部以及地质、矿产、石油等相关部门获取。

3. 资源与能源数据

包括气候和水热资源数据、生物资源数据、矿产资源数据、海洋资源数据、土地资源数据 5 类。这几类数据可从中国科学院、国家测绘局、国家气象局、农业部、林业部、石油部、水电部等相关部门获取。

（三）属性数据的编码

属性数据的输入一般采用键盘输入，还有通过字符识别输入、从其他系统导入等方式。它们有时可以直接记录在栅格或者矢量数据文件中，当数据量较大时也单独输入数据库存储为属性数据文件，通过关键字与图形数据相联系。如果属性数据需要记录在栅格或者矢量文件中，则需要对数据进行编码，而代码则是编码的直接产物，它是一个易于被人和计算机识别的符号。

1. 属性数据的编码原则

（1）系统性和科学性；

（2）标准化和通用性；

（3）一致性；

（4）简捷性；

（5）可扩展性。

2. 属性数据的编码内容

属性数据的编码内容包括登记部分、分类部分和控制部分。登记部分就是用来标识属性数据的序号，可以是简单的连续编号，也可以是划分为不同层次的顺序编码；分类部分就是用来标识属性的地理特征，可用多位代码反映多种特征；控制部分是用来通过一定的查错算法，检查在编码、输入和传输中的错误。

3. 属性数据的编码方法

较为常用的属性数据编码方法有层次分类编码法与多源分类编码法两种类型。

（1）层次分类编码法是按照分类对象的从属关系分层排序的一种编码方法。这种方法有层次，逐级展开，同级的类别间是并列的关系，不重复，不交叉，下级类与上级类之间存在严格的隶属关系。它的优点是能够明确表示出分类对象的类别。

（2）多源分类编码法又称为独立分类编码法，是指对于一个特定的分类目标，根据不同的分类依据分别进行编码，但各位数字代码之间没有隶属关系。

三、图形数据的采集

（一）地图数字化

地图数字化是指根据现有纸质地图，通过手扶跟踪数字化或扫描仪扫描的方法，生产出可在计算机上进行存储、处理和分析的数字化数据。GIS 是地图信息的一种新的载体形式，它具有存储、分析、显示和传输空间信息的功能，为地理信息系统的图形输出设计提供了技术支持。

1. 手扶跟踪数字化

手扶跟踪数字化仪是一种用来记录和跟踪地图点、线位置的手工数字化设备。按照其数字化版面的大小可分为 A0、A1、A2、A3、A4 等。手扶数字化仪由感应板、定标器和底座组成。手扶跟踪数字化仪的工作方式有点方式、开关流方式、连续流方式、增量方式。但是这种方式数字化速度慢、工作量大、自动化程度低、数字化精度与作业员的操作关系很大，所以目前基本不采用这种方式。

2. 扫描仪输入

扫描仪输入是目前地图数字化输入采用的一般方法。用扫描仪将图形（如地形图）和图像（如遥感图像）扫描输入到计算机中，扫描仪扫描得到的是栅格数据，从栅格图像中提取点、线、面及文字信息，这一过程包括条带噪声去除、线的细化等。对得到的数据经过几何纠正后，还可以矢量化。栅格扫描输入因其输入速度快、人为因素影响小、操作简单，再加上计算机运算速度、存储容量的提高和矢量化软件的竞相出现，使得栅格扫描输入成为图形数据输入的主要方法。

（二）野外数据采集

1．平板仪测量采集

用平板仪对图形数据进行采集，一般是在野外测量绘制铅笔草图，然后用小笔尖转绘在聚酯薄膜上，之后可以晒成蓝图提供给用户使用，一般用于大比例尺的地形图生产。

2．全站仪测量采集

全站仪测量是利用全站仪和电子手簿采集图形数据的方法。数据采集是在野外利用全站仪测量特征点，并计算其坐标，赋予代码，明确点的连接关系和符号化信息。再经编辑、符号化、地图整饰等操作成图，通过绘图仪输出或直接存储成电子数据。

3．GPS 测量采集

GPS 即全球定位系统，它具有定位精度高、观测时间短、携带和操作简便、能够提供三维坐标、全天候作业等优点，已经成为 GIS 数据采集的重要手段。距离交会法是 GPS 定位测量的基本原理，利用 3 个以上卫星的已知空间位置即可交会出地面未知点（用户接收机）的位置。

（三）遥感数据采集

地表接收太阳辐射，由于不同地物的反射情况不同，反射到传感器的辐射信息也就不同。传感器捕捉这些信息，将它们向地面传输。对于成像的数据，经过降噪、辐射纠正、几何校正、图像镶嵌、图像变换、地物分类、信息提取、数据压缩、矢量化等操作，转换为所需要的空间数据。遥感图像的种类很多，具有不同的空间分辨率、光谱分辨率、时间分辨率和辐射分辨率，而高、中、低分辨率的遥感数据又有着各自不同的应用。目前，遥感影像的应用越来越广泛，其采集范围广、获取速度快、周期短、信息量大等特点，使得遥感和地理信息系统的集成成为发展趋势和潮流。

（四）摄影测量数据采集

摄影测量法包括传统摄影测量和现代数字摄影测量。传统的摄影测量利用光学摄影机获取相片，经过处理后得到被摄物体的形状、大小、位置及其相互关系。数字摄影测量是摄影测量发展的一个全新阶段，它所处理的影像是数字影像。现代化的摄影测量技术利用计算机和相应的摄影外部设备，它所处理的原始信息主要是数字影像。数字摄影测量法可直接形成数字地形模型等数字化产品（传统的产品只是该数字产品的模拟输出）供 GIS 使用。

四、空间数据的编辑与处理

（一）空间数据的编辑

通过各种方式采集得到的图形数据和属性数据，都不可避免地存在着误差或错误，所以，为了修正错误数据、保证数据的完整性和一致性，对图形数据和属性数据进行检查和编辑是十分必要的。

图形数据和属性数据的误差或错误主要包括以下几个方面：①空间数据完整性，包括点、线、面数据的丢失或重复、区域中心点的遗漏、栅格数据转换成矢量数据时引起的断线等问题。②空间位置不正确，主要包括线段过长、过短、断裂、空间点位的不准确、相邻多边形结点不重合等。③比例尺不准确。④图形数据变形。⑤图形数据和属性数据的连接有误。⑥属性数据不完整。

检查错误或者误差一般有以下 3 种方法：

1．叠合比较法

用与原图相同比例尺把数字化的内容绘在透明的材料上，然后与原图叠合在一起，在透光桌上进行观察和比较，称为叠合比较法。这种方法是检查空间数据数字化的最佳方法，一般对于空间数据的位置不正确、空间数据的不完整、比例尺不准确和图形变形等问题很快就可以观察出来。如果数字化的范围比较大，分块数字化时，除检查一幅图内的差错外，还需要对已存入计算机的其他图幅的接边情况进行检查。

2．目视检查法

在屏幕上用目视检查的方法检查一些明显的数字化误差与错误，如线段过长或过短、多边形的重叠和断裂、线段的断裂等。

3．逻辑检查法

如根据数据拓扑一致性检验数据，将弧段连成多边形，进行数字化误差的检查。对属性数据的检查一般也最先使用逻辑检查法，检查属性数据的值是否超过其取值范围、属性数据与图形数据之间或属性数据之间是否有不当的组合。

（二）空间数据处理

数据处理是对采集得到的各种数据，按照不同的方式方法对数据进行编辑运算，清除数据冗余，弥补数据缺失，形成符合用户要求的数据文件格式。处理的方法主要有以下几种：

1．变形纠正

扫描得到的地形图数据和遥感影像由于多种原因而存在变形，为了保证数据的准确性，必须进行纠正。导致地形图数据和遥感影像变形的原因有：

（1）对于地形图来说，可能受介质及存放条件等因素的影响导致地形图的实际尺寸发生变形。

（2）在扫描过程中，工作人员的操作如扫描时可能未压紧图像、斜置等引起的误差。

（3）对于遥感影像来说，其本身就存在着几何变形。

（4）由于所需地图图幅的投影与资料的投影不同，或需将遥感影像的中心投影或多中心投影转换为正射投影等。

（5）扫描过程中，由于扫描仪幅面大小的影响，有时需将一幅地形图或遥感影像分块扫描，这样会使地形图或遥感影像在拼接时的精度难以保证。

地形图的纠正主要是四点纠正法和逐网格纠正法。

（1）四点纠正法：根据选定的数学变换函数，输入需纠正地形图的图幅行列号、比例尺、图幅名称等，生成标准图廓，分别采集四个图廓控制点坐标来完成。

（2）逐网格纠正法：这种方法和四点纠正法的不同点在于采样点数目的不同，它是逐方里网进行的，每一个方里网都要采点。

遥感影像纠正一般以和遥感影像比例尺相近的地形图或正射影像图为标准，选取合适的变换函数，分别在需要纠正的遥感影像和标准地形图或正射影像图上采集同名地物点。遥感影像的纠正参见第三章第二节内容。

2. 空间数据的坐标变换

空间数据坐标变换是建立两个平面点之间的一一对应关系，主要包括平移变换、旋转变换、比例变换（图形缩放）、仿射变换、橡皮拉伸、地图投影变换等。

（1）平移变换：就是将图形的一部分或者整体移动到坐标系内的另一位置，表达式为$x'=x+\Delta x$，$y'=y+\Delta y$，如图 2-22 所示。

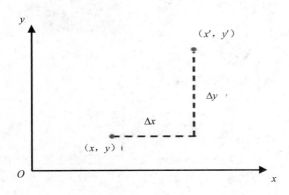

图 2-22　平移变换

（2）旋转变换：即使图形在坐标系内旋转一定的角度，假设旋转角度为θ，表达式为$x'=x\cos\theta-y\sin\theta$，$y'=x\sin\theta+y\cos\theta$，如图 2-23 所示。

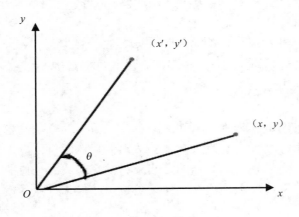

图 2-23　旋转变换

（3）图形缩放：缩放是使图形大小改变的操作，可以通过对其坐标分别乘以各自的比例因子 S_x 和 S_y 来改变它们到坐标原点的距离。表达式为 $x'=S_x x$，$y'=S_y y$。

（4）仿射变换：同时考虑平移、旋转和缩放，变换后直线仍为直线，平行线仍平行，但不同方向上的长度比会发生变化。

（5）橡皮拉伸：数字化时产生各个方向不均匀的伸缩变形需要用橡皮拉伸的方法来校正。在整个地图总体变形最小的前提下，通过设置控点并比较地图上的对应点，移动对应的控点及附近要素，校正原始数据的空间坐标，如图 2-24 所示。

图 2-24   橡皮拉伸

（6）地图投影变换：当系统使用的数据取自不同地图投影的图幅时，需要将一种投影的数字化数据转换为所需要投影的坐标数据。投影转换的方式有正解变换、反解变换、数值变换等。

①正解变换：通过建立两投影的解析关系式，直接由一种投影的坐标 (x, y) 变换到另一种投影的坐标 (x', y')。②反解变换：即通过一种投影的坐标反解出地理坐标 $(x, y \to \alpha, \beta)$，然后再将地理坐标代入另一种投影的坐标公式中解出新的坐标 $(\alpha, \beta \to x', y')$。③数值变换：根据两种投影在变换区内的若干同名数字化点，采用插值法、有限差分法，最小二乘法、待定系数法等，从而实现由一种投影的坐标到另一种投影坐标的变换。

3. 栅格数据重采样

栅格数据原数据的栅格大小不符合需求，或者在进行栅格数据配准后，像元发生倾斜，需要重采样操作让栅格数据的像元重新变得规则。重采样的方法包括最邻近像元法、双线性内插法和双三次卷积法等。

4. 空间数据插值

以已知点或者分区的数据来推求未知点或者分区数据的方法，称为空间数据插值。进行空间插值的目的有：估计不足或者缺失的数据；数据网格化，以更好地反映连续分布现象；获取等值线，直观地显示数据的空间分布。空间数据插值的方法包括反距离权重法、克里格插值法、双线性多项式法、样条函数法、最邻近点插值法、自然临近点插值法等。

5. 数据结构转换

数据结构的转换包括矢量转栅格和栅格转矢量两种。矢量向栅格数据转化的方法如扫描线法、直线插补法等，栅格向矢量数据的转换的步骤主要有多边形边界提取、边界线追踪、拓扑关系生成、去除多余点和曲线圆滑等。

6. 数据格式转换

数据格式转换的内容有空间数据、属性数据、拓扑信息、元数据和数据描述信息。数据转换可以分为 3 类：①分层和编码原则都不同的数据转换；②分层不同，编码原则相同的数据转换；③分层相同，编码方案完全一致的数据转换。数据转换的方法有：外部数据交换方式、直接数据访问方式、标准空间数据标准交换方式和空间数据的互操作方式。

7. 图幅拼接

图幅拼接就是在两幅相邻地图的边界上，由于某种原因造成跨图幅同一要素几何位置偏差，在编辑修改时，用手工或自动的方法将相邻图幅的同名要素拼接在一起，从而达到修正误差的目的。图幅拼接的步骤包括：①逻辑一致性的处理，即使两相邻图斑的属性相同，取得逻辑一致性。②识别和检索相邻图幅，将待拼接的图幅数据按图幅进行编号，编号有 2 位，其十位数指示图幅的横向顺序，个位数指示纵向顺序，并记录图幅的长宽标准尺寸。③相邻图幅边界点坐标数据的匹配，其方法为追踪拼接法，当相邻图幅边界两条线段或弧段的左右多边形码各自相同或相反，或者相邻图幅同名边界点坐标在某一允许值范围内（如±0.5 mm）即可进行匹配衔接；④相同属性多边形公共边界的删除，即相邻图斑组合成一个图斑，消除公共边界。

8. 拓扑关系建立

图形修改完毕后，需要建立起图形之间正确的拓扑关系。拓扑关系的建立包括：点线拓扑关系的建立、多边形拓扑关系的建立和网络拓扑关系的建立。点的拓扑关系建立有两种方式，一种是在图形采集和编辑时实时建立，另一种是图形采集和编辑后系统自动建立。多边形有 4 种情况：独立多边形、具有公共边界的简单多边形、嵌套的多边形和复合多边形。多边形生成的步骤有节点匹配、建立节点-弧段拓扑关系、多边形自动生成、建立多边形拓扑关系的算法等。网络拓扑关系的建立主要是确定结点—弧段之间的拓扑关系。

9. 数据压缩

为了节省空间数据的存贮的空间和处理时间，需要对数据进行压缩。数据压缩可以通过压缩软件、数据消冗处理和子集替代全集等过程来实现。利用压缩软件可以在节省空间的同时基本不丢失数据信息，但是压缩后的文件必须再经过解压缩才能使用；数据消冗处理的原数据信息不会丢失，得到的文件可以直接使用，但其技术要求高，工作量大，对冗余度低的数据集合效用小；用数据子集代替数据全集是指在规定的精度范围内，从原数据集合中抽取一个子集，但其缺点是以信息损失来换取空间数据容量的缩小。

栅格数据的压缩是指栅格数据量的减少，其压缩技术有游程长度编码、块状编码、四叉树法等。矢量数据压缩的目的是删除冗余数据，减少数据的存储量，加快后继处理的速度。压缩的主要任务是根据线性要素中心轴线和面状要素的边界线的特征，减少弧段矢量坐标串中顶点的个数。矢量数据的压缩包括间隔取点法、垂直法和偏角法、分裂法等。

第四节　空间数据库

一、GIS 空间数据管理方法

（一）基于文件与关系式数据库的空间数据混合管理

此方法的属性数据建立在 RDBMS 上，数据存储和检索比较可靠、有效。但几何数据采用图形文件管理，功能较弱，特别是在数据的安全性、一致性、完整性、并发控制方面，不如商用数据库。空间数据分开存储，数据的完整性有可能遭到破坏。

（二）基于关系式数据库的空间数据管理

此方法的属性数据和几何数据同时采用关系式数据库进行管理，空间数据和属性数据不必进行烦琐的连接，数据存取较快；但属间接存取，效率比 DBMS 的直接存取慢，特别是涉及空间查询、对象嵌套等复杂的空间操作。

（三）基于对象—关系式数据库的空间数据管理

此方法对现有的关系数据库进行扩展，增加空间数据类型。解决了空间数据变长记录的存储问题，由数据库软件商开发，效率较高，但用户不能根据 GIS 要求进行空间对象的再定义，因而不能将设计的拓扑结构进行存储，没有解决数据的嵌套记录问题。

二、空间数据库的设计步骤

空间数据库的设计是指在现在数据库管理系统的基础上建立空间数据库的整个过程。主要包括需求分析、结构设计和数据层设计 3 部分。

（一）需求分析

需求分析是空间数据库设计与建立的基础，主要包括以下内容：

1. 调查用户需求

了解用户特点和要求，取得设计者与用户对需求的一致看法。

2. 需求数据的收集和分析

包括信息需求（信息内容、特征、需要存储的数据）、信息加工处理要求（如响应时间）、完整性与安全性要求等。

3. 编制用户需求说明书

包括需求分析的目标、任务、具体需求说明、系统功能与性能、运行环境等，编制用户需求说明书是需求分析的最终成果。

需求分析应该由有经验的专业技术人员完成，同时用户的积极参与也是十分重要的。

在需求分析阶段还需完成数据源的选择和对各种数据集的评价。

(二)结构设计

空间数据结构设计是空间数据库设计的关键,结果是得到一个合理的空间数据模型,空间数据模型越能反映现实世界,在此基础上生成的应用系统就越能满足用户对数据处理的要求。

空间数据库设计的实质是将地理空间实体以一定的组织形式在数据库系统中加以表达,也就是地理信息系统中空间实体的模型化问题。主要过程见图 2-25。

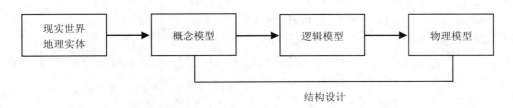

结构设计

图 2-25 空间数据库设计的结构设计

1. 概念设计

概念设计是通过对错综复杂的现实世界的认识与抽象,最终形成空间数据库系统及其应用系统所需的模型。

具体来说,概念设计是对需求分析阶段所收集的信息和数据进行分析和整理,确定地理实体、属性及它们之间的联系,将各用户的局部视图合并成一个总的全局视图,形成独立于计算机的反映用户观点的概念模式。概念模式与具体的 DBMS 无关,结构稳定,能较好地反映用户的信息需求。

表示概念模型最有力的工具是实体-联系模型(E-R 模型),包括实体、联系和属性 3 个基本成分。用它来描述现实地理世界,不必考虑信息的存储结构、存取路径及存取效率等与计算机有关的问题,比一般的数据模型更接近于现实地理世界,具有直观、自然、语义较丰富等特点,在地理数据库设计中广泛应用。空间数据库设计之概念设计见图 2-26。

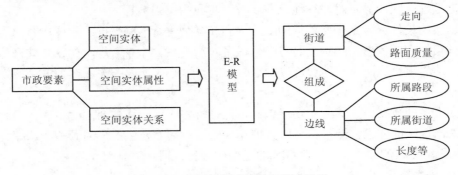

图 2-26 空间数据库设计的概念设计

2. 逻辑设计

在概念设计的基础上,按照不同的转换规则将概念模型转换为具体 DBMS 支持的数据模型的过程，即导出具体 DBMS 可处理的地理数据库的逻辑结构（或外模式），包括确定数据项、记录及记录间的联系、安全性、完整性和一致性约束等。导出的逻辑结构是否与概念模式一致，能否满足用户要求，还要对其功能和性能进行评价，并予以优化。

从 E-R 模型向关系模型转换的主要过程为：

（1）确定各实体的主关键字；

（2）确定并写出实体内部属性之间的数据关系表达式，即某一数据项决定另外的数据项；

（3）把经过消冗处理的数据关系表达式中的实体作为相应的主关键字；

（4）根据（2）、（3）形成新的关系；

（5）完成转换后，进行分析、评价和优化。

3. 物理设计

物理设计是指有效地将空间数据库的逻辑结构在物理存储器上实现，确定数据在介质上的物理存储结构，其结果是导出地理数据库的存储模式（内模式）。主要内容包括确定记录存储格式，选择文件存储结构，决定存取路径，分配存储空间。

物理设计对地理数据库的性能影响很大，一个好的物理存储结构必须满足两个条件：地理数据占有较小的存储空间；对数据库的操作具有尽可能高的处理速度。在完成物理设计后，要进行性能分析和测试。

数据的物理表示分两类：数值数据和字符数据。数值数据可用十进制或二进制形式表示。通常二进制形式所占用的存贮空间较少。字符数据可以用字符串的方式表示，有时也可利用代码值的存储来代替字符串的存储。为了节约存贮空间，常常采用数据压缩技术。

物理设计在很大程度上与选用的数据库管理系统有关。设计中应根据需要，选用系统所提供的功能。

4. 数据层设计

大多数 GIS 都将数据按逻辑类型分成不同的数据层进行组织。数据层是 GIS 中的一个重要概念。GIS 的数据可以按照空间数据的逻辑关系或专业属性分为各种逻辑数据层或专业数据层，原理上类似于图片的叠置。例如，地形图数据可分为地貌、植被、水系、道路、控制点、居民地等诸层分别存储。将各层叠加起来就合成了地形图的数据。在进行空间分析、数据处理、图形显示时，往往只需要若干相应图层的数据。

数据层的设计一般是按照数据的专业内容和类型进行的。数据的专业内容的类型通常是数据分层的主要依据，同时也要考虑数据之间的关系。如需考虑两类物体共享边界（道路与行政边界重合、河流与地块边界的重合）等，这些数据间的关系在数据分层设计时应体现出来。

不同类型的数据由于其应用功能相同，在分析和应用时往往会同时用到，因此在设计时应反映出这样的需求，即可将这些数据作为一层。例如，多边形的湖泊、水库，线状的河流、沟渠，点状的井、泉等，在 GIS 的运用中往往同时用到，因此，可作为一个数据层。

5. 数据字典设计

数据字典用于描述数据库的整体结构、数据内容和定义等。数据字典的内容包括：

（1）数据库总体的组织结构和设计的框架。

（2）各数据层详细内容的定义及结构、数据命名的定义。

（3）元数据（有关数据的数据，是对一个数据集的内容、质量条件及操作过程等的描述）。

第五节 空间分析

GIS 的一个重要特征就是具有较强的空间分析能力，是 GIS 区别于其他制图系统的主要标志。郭仁忠在《空间分析》中对其的定义是：空间分析是基于地理对象的位置形态特征的空间数据分析技术，其目的在于提取和传输空间信息。空间分析的主要内容有叠合分析、缓冲区分析、数字地面模型分析、空间网络分析、空间统计分析、空间集合分析、空间数据查询等。

一、叠合分析

（一）叠合分析的概念

叠合分析是指在同一空间参照系统条件下，将同一地区两个地理对象的图层进行叠合，以产生空间区域的多重属性特征或建立地理对象之间的空间对立关系。前者一般用于搜索同时具有几种地理属性的分布区域，或对叠合后产生的多重属性进行新的分类或分级，称为空间合成叠合（图 2-27）；后者一般用于获取某个区域范围内某些专题内容的数量特征，称为空间统计叠合（图 2-28）。根据所采用的数据结构的不同，叠合分析包括基于矢量数据的叠合分析和基于栅格数据的叠合分析。

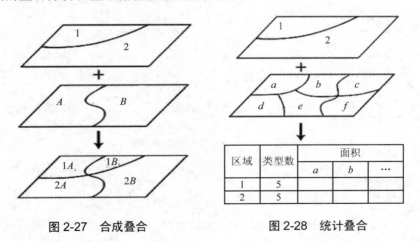

图 2-27 合成叠合 　　　　　　　图 2-28 统计叠合

（二）基于矢量数据的叠合分析

基于矢量数据的叠合分析是参与分析的两个图层的要素均为矢量数据。设参与叠合的两个图层均为多边形，其中被叠合的多边形为本底多边形，用来叠合的多边形为上覆多边形，叠合后产生具有多重属性的新多边形。按照叠合对象图形特征的不同，主要可以分为点与多边形的叠合、线与多边形的叠合和多边形与多边形的叠合三种类型。

1. 点与多边形的叠合

点与多边形的叠合是确定一图层上的点落在另一图层的哪个多边形内，以便为图层的每个点建立新的属性。例如污染源点位与规划区的多边形相叠合，可确定其所属的规划区范围，它实质是点与面之间的包含分析（图 2-29）。

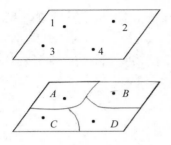

点号	属性1	属性2	多边形号	…
1			A	
2			B	
3			C	
4			D	

图 2-29　点与多边形叠合分析

2. 线与多边形的叠合

线与多边形的叠合是确立一图层上的弧段落在另一图层的哪个多边形内，以便为图层的每条弧段建立新的属性。例如当确定某一行政区内不同等级道路的里程数时，就需要将道路的线图层和行政区的面图层相叠合，计算线段与多边形边界的交点，在交点处截断线段，并对线段进行重新编号，建立线段与多边形的归属关系，如图 2-30 所示。

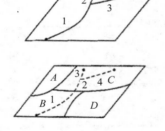

线号	原线号	多边形号
1	1	B
1	2	C
2	3	C
3	4	C

图 2-30　线与多边形叠合分析

3. 多边形与多边形的叠合

多边形与多边形的叠合是指将两个不同图层的多边形要素相叠合，产生新多边形要素作为输出层，用以进行地理变量的多准则分析、区域多重属性的模拟分析、地理特征的动态变化分析，以及图幅要素更新、相邻图幅拼接、区域信息提取等。因此，多边形与多边形的叠合分析具有广泛的应用功能，它是空间叠合分析的主要类型，一般基础 GIS 软件都提供该类型的叠合分析功能，包括以下 6 种操作命令：

（1）联合（Union）。进行多边形联合操作，图层联合后将原来的多边形分割成新的要素，新要素综合了原来两个或两个以上图层共有的属性（图 2-31）。

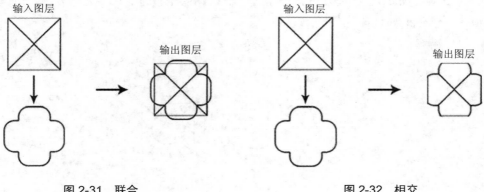

图 2-31 联合　　　　　　　　　　　　　图 2-32 相交

（2）相交（Intersect）。相交操作使得输出层为保留原来两个输入图层的交集部分（图 2-32）。

（3）标识叠加（Identity）。进行标识叠加后，标识图层的属性将赋给输入图层在该区域内的要素（图 2-33）。

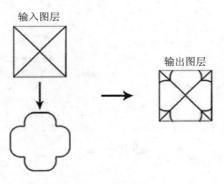

图 2-33　标识叠加

（4）擦除（Erase）。进行擦除操作后，根据参照图层的大小，将输入图层内被参照图层所覆盖的要素擦除（图 2-34）。

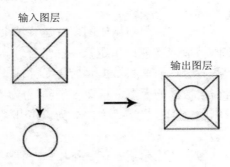

图 2-34　擦除

（5）更新（Update）。进行更新操作后，输入图层中被修正图层覆盖的那一部分的属性将被修正图形的属性所代替（图 2-35）。

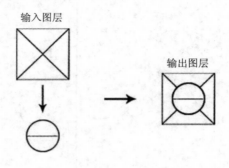

图 2-35　更新

（6）剪切（Clip）。进行剪切操作后，按参照图层的边界，将输入图层的内容要素进行截取（图 2-36）。

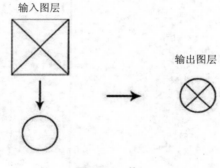

图 2-36　剪切

（三）基于栅格数据的叠合分析

基于栅格数据的叠合分析要求参与分析的两个图层的要素均为栅格数据。栅格数据的叠合算法，虽然数据存储比较大，但是运算的过程比较简单。在栅格数据中，叠加运算是通过像元之间的各种运算来实现。

叠加操作的输出结果可能是：①常数与栅格图层的运算结果；②各层属性数据的算术运算结果；③各层属性数据的极值或均值；④逻辑条件组合等。

相对于矢量数据多边形叠置分析，栅格数据具有更易处理、简单而有效、不存在破碎多边形的问题等优点，使得栅格数据的叠置分析在各类领域应用非常广泛。根据栅格数据叠加层面的不同，将栅格数据的叠置分析运算方法分为以下几类。

1. 布尔逻辑运算

栅格数据一般可以按属性数据的布尔逻辑运算来检索，是一个逻辑选择的过程。设有A、B、C 3 个层面的栅格数据系统，一般可以用布尔逻辑算子以及运算结果的文氏图表示其一般的运算思路和关系。布尔逻辑为 AND、OR、XOR、NOT（图 2-37）。

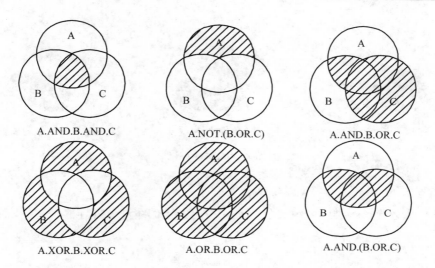

图 2-37　布尔逻辑算子文氏图

2. 重分类

重分类是将原来数据中的多种属性类型按照一定的原则进行重新分类或转换成新类，以便进行分析。重分类时必须保证多个相邻接的同一类别的图形单元获得相同的名称，并将图形单元合并，从而形成新的图形单元。

3. 数学运算复合

将不同层面的栅格数据逐网格按一定的数学法则进行运算，从而得到新的栅格数据系统的方法。其主要类型有算术运算，即两个以上图层的对应网格值经加、减运算后得到新的栅格数据系统；函数运算，即两个以上层面的栅格数据系统以某种函数关系作为复合分析的依据进行逐网格运算而得到新的栅格数据系统。

二、缓冲区分析

缓冲区分析是指根据数据库的点、线、面实体，自动建立其周围一定宽度范围内的缓冲区多边形实体，从而确定地物近邻影响的一种空间分析方法。例如在铁路线的一定范围内，不允许建造任何建筑；在林业规划中，河流周围不允许砍伐树木，需要按照距河流一定纵深的范围来规划森林的砍伐区，以防止水土流失等。

（一）缓冲区的类型

从缓冲区对象方面来看，缓冲区可分为点缓冲区、线缓冲区和面缓冲区。根据缓冲区建立的条件，对于点状要素有圆形、三角形、矩形和环形缓冲区等；对于线状要素有双侧对称、双侧不对称或单侧缓冲区；对于面状要素有内侧和外侧缓冲区。

1. 点缓冲区

点缓冲区是通过选择单个点、一组点或一类点状要素，按照给定的缓冲条件建立缓冲区。在不同的缓冲条件下，单个或多个点状要素建立的缓冲区不同，如图 2-38 所示。

（a）单个点缓冲区   （b）相同缓冲距离缓冲区   （c）属性值做距离参数缓冲区

图 2-38　点缓冲区

2. 线缓冲区

线缓冲区是选择一类或一组线状要素，按照给定的缓冲条件建立缓冲区，如图 2-39 所示。

（a）单个线缓冲区   （b）多个线缓冲区   （c）属性值做距离参数缓冲区

图 2-39　线缓冲区

3. 面缓冲区

面缓冲区是选择一类或一组面状要素，按照给定的缓冲条件建立缓冲区。由于自身缓冲区建立的原因，可分为内缓冲区和外缓冲区。外缓冲区是仅仅在面状地物的外围形成缓冲区，内缓冲区则在面状地物的内侧形成缓冲区，当然也可以在面状地物的边界两侧形成缓冲区，如图 2-40 所示。

（a）外缓冲区   （b）内缓冲区   （c）内外缓冲区

图 2-40　面缓冲区

（二）缓冲区的建立

对点状要素直接以其为圆心，以要求的缓冲区距离大小为半径绘圆，所包容的区域即为所要求的区域，对点状要素因为是在一维区域里所以较为简单；而线状要素和面状要素则比较复杂，它们缓冲区的建立是以线状要素或面状要素的边线为参考线作其平行线，并在拐点处生成顶点作为界点，从而建立缓冲区。最常见的两种方法为角平分线法和凸角圆弧法，其他的方法包括如拓扑生成法、基于网络距离的缓冲区生成、递归方法等。在建立缓冲区之后，缓冲区是一些新的多边形，而不包含原有的点、线、面要素。一般来说在建立缓冲区的时候应注意以下问题：

1. 缓冲区叠置处理

缓冲区的重叠包括同一特征缓冲区图形的重叠和多个特征缓冲区之间的重叠。前者可通过缓冲区边界曲线逐条线段求交；后者可以通过拓扑分析的方法自动识别在缓冲区内部的弧段或线段，得到最后的缓冲区。

2. 缓冲区宽度不同处理

当不同级别的同一类要素建立缓冲区时，需要根据级别的不同而产生不同大小范围的缓冲区，如主要街道和次要街道，这时应首先建立要素属性表，根据不同的属性确定不同的缓冲区宽度，然后再产生缓冲区。

三、数字地面模型分析

（一）数字地形分析

数字地形分析（Digital Terrain Analysis，DTA），是指在数字高程模型（DEM）的基础上进行地形属性计算和特征提取的数字信息处理技术。

地形属性根据地形要素的关系特征和计算特征，可以归纳为地形曲面参数（Parameters）、地形形态特征（Features）、地形统计特征（Statistics）和复合地形属性（Compound Attributes）。地形曲面参数如坡度、坡向、曲率等，具有明确的数学表达式和物理定义，可在 DEM 上直接计算；地形形态特征可在 DEM 上直接提取，是地表形态和特征的定性表达，其定义明确，但边界条件有一定的模糊性，难以用数学表达式表达；地形统计特征是指给定地表区域的统计学上的特征；复合地形属性是在地形曲面参数和地形形态特征的基础上，利用应用科学（如水文学、地貌学和土壤学）的应用模型而建立的环境变量，通常以指数形式表达。

数字地形分析的主要内容有两方面，一是提取描述地形属性和特征因子，并利用各种相关技术分析解释地貌形态、规划地貌形态等；二是 DTM 的可视化分析，其重点在于地形特征的可视化表达和信息增强，以帮助传达地形曲面参数、地表形态特征和复合地形属性的信息。

常用的数字地形分析有以下几种：

1. 提取坡面地形因子

地形定量因子是为有效地研究与表达地貌形态特征所设定的具有一定意义的参数或指标。从地形地貌的角度考虑，地表是由不同的坡面组成的，常用的坡面地形因子有坡度、坡向、坡面曲线、底线起伏度、粗糙度、切割深度等。

2. 提取特征地形要素

（1）水文分析：主要是根据地表物质运动的特性，特别是水流运动的特点，利用水流模拟的方法来提取水系、山脊线、谷底线等地形特征线，并通过先装信息分析其面域特征。

（2）可视域分析：包括两方面内容，一个是两点之间的通视性（intervisibility），即判断两点之间的连线是否被物体遮挡。另一个是可视域（view shed），即对于给定的观察点所覆盖的区域。

3. 地形统计特征分析

地形统计特征分析是应用统计方法，对描述地形特征的各种可量化的因子或参数进行相关、回归、趋势面、聚类等统计分析，找出各个因子或参数的变化规律和内在联系，并选择合适的因子或建立地学模型，从更深层次讨论地形演化及其空间变异规律。

四、空间网络分析

网络是一个由点、线互相连接构成的二元关系系统，通常用来描述某种资源或物质在空间上的运动。城市的道路系统、各类地下管网系统、流域的水网等，都可以用网络来表示。

（一）网络组成

1. 点状要素

（1）中心。是接受或分配资源的位置。其状态属性包括资源容量、阻力限额、中心与链之间的最大距离或时间限制。

（2）障碍。禁止网络中链上流动或起阻断作用的点。

（3）拐角点。出现在网络链中所有的分割点上状态属性的阻力，如拐弯的限制，不允许左拐等。

（4）站点。在路径选择中资源增减的结点。如库房、车站等，其状态属性有要被运输的资源需求。

2. 线状要素

构成网络的线性实体，是构成网络的骨架，如街道、水管、无线电通信网络等。其状态属性包括阻力和需求。

（二）网络的应用

网络分析的根本目的是研究、筹划一项工程如何进行安排，并获得最佳效果，它将交通网络、电力线、电话线、各种网线、给排水管线等进行地理分析和模型化，再从模型中获取结果指导现实。网络分析可分为路径分析、最佳选址、资源分配和地址分配。

1. 路径分析

在一个网络中给定了两点的位置，在计算两点间的距离时，必须考虑与之相关联的路径。因为确定路径相对复杂，无法直接计算。这就是为什么"计算机网络上两点的距离"在大多数的情况下，都称为"最短路径"。在这里，"路径"比"距离"更为重要。在路径分析中有以下几类的分析处理方向：

（1）最短路径：确定起点、终点、所要经过的中间点和中间连线，求最短路径。

（2）静态最佳路径：由用户给定每条弧段的属性，确定权值关系，当需求最佳路径时，读出路径的相关属性，求最佳路径。

（3）动态最佳路径分析：在实际网络分析中，权值是随着权值关系式变化的，而且可能会临时出现一些障碍点，往往需要动态地计算最佳路径。

（4）动态分段技术：给定一条路径由多段联系组成，要求标注出这条路上的千米点或要求定位某一公路上的某一点，标注出某条路上从某千米数到另一千米数的路段。

（5）N 条最佳路径分析：确定起点、终点，求代价较小的几条路径，因为在实践中往往仅求出最佳路径并不能满足要求，可能因为某种因素不走最佳路径，而走近似最佳路径。

下面介绍最短路径分析的方法——标号法：

设 G 是一个有向图的网络（图 2-41），对于它的每条边或每一对顶点都可以用一个数 $M(V_i, V_j)$。在实际应用过程中，对于 $M(V_i, V_j)$ 的取值是这样规定的：

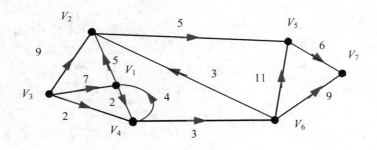

图 2-41　有向图 G 及其长度

如果边以 V_i 为起点，V_j 为终点，则取这个边的长度；

如果顶点不是某一条边的起点和终点，那么取值为 $+\infty$；

如果 $V_i = V_j$，取值为 0。

显然，$M(V_i, V_j)$ 是一个非负的数。

设 G 是一个有向图，并且每一对顶点 V_i，V_j 都已赋值 $M(V_i, V_j)$，在 G 中指定两个顶点，即起点 V_i，终点 V_j，现需找出以 V_i 为起点，V_j 为终点的有向路经和长度。

标号法的整个过程是若干次循环，在每一个循环过程中，将求出 V_i 到某一顶点 V_j 的最短有向路径以及其长度 $M(j)$。这时，就把 $M(j)$ 作为 V_j 的标号。从这里可以看出，所谓 V_j 点的标号 $M(j)$ 就是起点到 V_j 的最短有向路径的长度。

下面详细介绍算法的步骤：

开始，给起点 V_1 以标号 $M(1) = 0$，然后开始做循环，每次循环可以分为若干步：

①设 V_1 为已标号顶点，求出所有 $M(V_1, V_j)$，如果未标号点已没有，计算结束；

②计算 $M(j) = \min\{M(j), M(i) + M(V_i, V_j)\}$；

③计算出 $\min[M(j)] = M(j_0)$，返回第一步。

以图 2-42 为例说明标号法的具体计算过程，计算 V_1 到 V_7 的最短有向路径及其长度。首先按图得到原始数据矩阵 M（图 2-42）。

0	9	7	2	∞	∞	∞
∞	0	∞	∞	5	∞	∞
∞	5	0	2	∞	∞	∞
∞	∞	4	0	∞	3	∞
∞	∞	∞	∞	0	∞	6
∞	3	∞	∞	11	0	9
∞	∞	∞	∞	∞	∞	0

图 2-42　原始数据矩阵 M

式中，第 i 行、第 j 列的元素为 $M(V_i, V_j)$ 的值。

$M(1)=0$，$M(i)=\infty$，$j \in T$，$T=\{2, 3, 4, 5, 6, 7\}$ 表示未标号点的集合。

第一次循环，$i=1$，$T=\{2, 3, 4, 5, 6, 7\}$，算出 $M(2)=9$，$M(3)=7$，$M(4)=2$，$M(5)=\infty$，$M(6)=\infty$，$M(7)=\infty$，$j_0=4$，$T=\{2, 3, 5, 6, 7\}$

第二次循环，$i=4$，$T=\{2, 3, 5, 6, 7\}$，算出 $M(2)=9$，$M(3)=6$，$M(5)=\infty$，$M(6)=5$，$M(7)=\infty$，$j_0=6$，$T=\{2, 3, 5, 7\}$

第三次循环，$i=6$，$T=\{2, 3, 5, 7\}$，算出 $M(2)=8$，$M(3)=6$，$M(5)=16$，$M(7)=14$，$j_0=3$，$T=\{2, 5, 7\}$

第四次循环，$i=3$，$T=\{2, 5, 7\}$，算出 $M(2)=8$，$M(5)=16$，$M(7)=14$，$j_0=2$，$T=\{5, 7\}$

第五次循环，$i=2$，$T=\{5, 7\}$，算出 $M(5)=13$，$M(7)=14$，$j_0=5$，$T=\{7\}$

第六次循环，$i=5$，$T=\{7\}$，算出：$M(7)=14$，$j_0=7$

每次循环中，看 $M(7)$ 的值，如果 $M(7)$ 的值取 ∞，就把这次的 j_0 记下来，如果 $M(7)$ 取有限数，把它与上一次循环中的 $M(7)$ 比较，如有改变，则把 $M(7)$ 记下来，否则不记。这样记下的一串 j_0 就可以确定最短路经所经过的点。本例中是 4，6，故最短路径为 1—4—6—7。

标号法是目前解决最短路径问题最好的方法。这个方法的优点是它不仅求出了起点到终点的最短路径及其长度，而且求出了起点到图中其他各顶点的最短路径和长度。

2. 连通性分析

连通性分析主要用于明确从某一个点或线出发，是否能够到达全部点或线。如当发生洪灾时，救灾部门需要确定救灾物资能够从集散点发放到每个受灾的居民点处。

3. 资源分配

资源分配的目的是对若干服务中心，优化划定每个中心的服务范围，把所有连通链都分配到某一中心，并把中心的资源分配给这些链以满足要求，即满足覆盖范围和服务对象数量，筛选出最佳布局和布局中心的位置。如资源分配可为城市中每一条街道上的学生确定校区，以选择最近距离的学校。

资源分配通常有两种方式，一种是由四周向中心的集中分配，另一种是由分配中心向四周的输出分配。这种分配功能可以解决资源的有效流动和合理分配。分配是沿着最佳路径进行的，根据中心容量以及网络网线和节点的需求，并依据阻强大小，将网线和节点分配给中心。当网络元素被分配给某个中心点时，该中心拥有的资源量就依据网络元素的需求而缩减，中心资源耗尽，分配亦停止。

4. 最佳选址

选址功能是指在一定约束条件下、在某一指定区域内选择设施的最佳位置。它本质上是资源分配分析的延伸。在网络分析中的选址问题一般限定设施必须位于某个节点或某条链上，或者限定在若干候选地点中选择位置。

服务中心选址的步骤具体如下：

（1）将待规划建设的服务中心与现有的中心合在一起进行资源分配分析，划分服务区，获得不同的选址方案。

（2）分别计算这些方案中所有参与运行的链的网络运行花费的总和或平均值。

（3）比较获得的计算结果，选择花费的总和或平均值最小的方案作为满足约束条件的最佳选址选择。

下面给出最佳选址的计算方法：

方法一：首先计算出 G 的距离表（图 2-43）。

0	3	6	3	6	4
3	0	3	4	5	7
6	3	0	3	2	4
3	4	3	0	5	7
6	5	2	5	0	2
4	3	4	7	2	0

图 2-43　G 的距离表

其次，计算出每一行的最大值，得：$e(V_1)=6$，$e(V_2)=7$，$e(V_3)=6$，$e(V_4)=7$，$e(V_5)=6$，$e(V_6)=7$。最后求最小值为 6，定出 V_1，V_3，V_5 均是 G 的中心。

方法二：设 G 是一个有 n 个顶点（$V=\{V_1, V_2, \cdots, V_n\}$），$m$ 条边（$E=\{e_1, e_2, \cdots, e_m\}$）的无向连通图（图 2-44），那么对于每一个顶点 V_i，它与各顶点间的最短路径的长度为 $d_{i1}, d_{i2}, \cdots, d_{in}$。再设每个顶点有一个正负荷 $a(V_i)$，求出一个顶点 V_i 使得 $S(V_i)$ 为最小，此点被认为是图 G 的中央点。

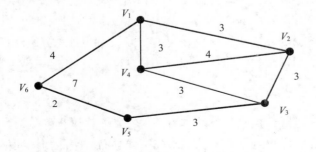

图 2-44　无向图 G 及其长度

五、空间统计分析

空间统计分析可包括空间数据的统计分析及数据的空间统计分析。前者着重于对空间物体和现象的非空间特性进行统计分析，解决的一个中心问题是如何用数学统计模型来描述和模拟空间现象及过程；数据的空间统计分析则是直接从空间物体的空间位置、联系等方面出发，研究内容包括既具有随机性又具有结构性，或具有空间相关性和依赖性的自然现象，以及对这些数据进行最优无偏内插估计，或模拟这些数据的离散性、波动性等。

空间统计分析与经典统计学的内容往往是交叉的。空间统计分析使用统计方法解释空间数据，分析数据在统计上是否是"典型"的，或"期望"的。同时，它又具有自己独有的空间自相关分析。主要分析内容包含基本统计量、探索性数据分析、分级统计分析、空间插值、空间回归和空间分类等。

（一）基本统计量

常用的基本统计量包括：表示集中趋势的平均数、中位数、众数、分位数等；表示离散程度的极值、极差、离差、方差、标准差等；表示分布性状的如偏度、峰度等。统计量是数据特征的反映，也是统计分析的基础。

（二）探索性数据分析

探索性数据分析能让用户更深入了解数据，认识研究对象，从而对与其数据相关的问题做出更好的决策。进行探索性数据分析首先需分析数据的模式和特点，再根据数据特点选择合适的模型。探索性数据分析主要包括确定统计数据属性、检验数据分布、寻找全局和局部异常值（过大值或过小值）、寻求全局的变化趋势、研究空间自相关和理解多种数据集之间相关性。其基本的分析工具包括直方图、QQplot 分布图、Voronoi 图以及方差变异分析工具等。

（三）分级统计分析

分级统计是对数据的进一步处理分析。它根据一定的方法或标准把数据分成不同的级别，也就是把一个数据集划分成不同的子集，在此过程中，还可设置分级精度和分级数目等。以便于更好地揭示数据规律或获得更好的制图效果。其分级的原则包括科学性、完整性、适用性和美观性等，分级统计的主要方法有：按级差是否相等可分为等值分级法和不等值分级法；按使用分级方法的多少可分为单一分级法和复合分级法；按确定级差的方法可分为自定义分级法和模式分级法。

（四）空间插值

空间数据插值是进行数据外推的基本方法。它基于探索性数据分析结果，选择合适的数据内插模型，由已知样点来创建表面，研究空间分布。空间内插的根本是对空间曲面特征的认识和理解，在方法上，则是内插点邻域范围的确定、权值确定方法（自相关程度）、内插函数的选择等 3 方面的问题。常用的插值方法有很多，也没有统一的分类标准，下面从按内插点的分布范围分类出发,介绍整体内插、局部内插和逐点内插法。

1. 整体内插法

就是在整个区域用一个数学函数来表达地形曲面。整体内插函数通常使用高次多项式,要求地形采样点的个数大于或等于多项式系数的个数。当地形采样点的个数与多项式的系数相等时,能得到一个唯一的解,多项式通过所有的地形采样点,属纯二维插值;而当采样点个数多于多项式系数时,没有唯一解,这时一般采用最小二乘法求解,即要求多项式曲面与地形采样点之间差值的平方和为最小,属曲面拟合插值或趋势面插值。从数学角度讲,任何复杂的曲面都可用多项式在任意精度上逼近,但由于整体内插函数保凸性较差、不易得到稳定的数值解、多项式系数物理意义不明显、解算速度慢且对计算机容量要求较高、不能提供内插区域的局部地形特征等原因,在空间内插中整体内插并不常用。

2. 局部分块内插

将地形区域按一定的方法进行分块,对每一块根据地形曲面特征单独进行曲面拟合和高程内插,称为空间分块内插。一般的可按地形结构线或规则区域进行分块,而分块大小取决于地形的复杂程度、地形采样点的密度和分布;为保证相邻分块之间的平滑连接,相邻分块之间要有一定宽度的重叠,另外一种分块之间的平滑连接是对内插曲面补充一定的连续性条件。不同的分块单元可用不同的内插函数,常用的内插数函数有线性内插、双线性内插、样条函数、多项式内插法等。

(1)线性内插和双线性内插:形如 $H=ax+by+c$ 的多项式称为线性平面,它将分块单元内部的地形曲面视为平面。如果在线性多项式中增加了交叉项 xy,线性内插则变成双线性内插函数:$H=ax+by+cxy+d$,之所以称为双线性内插,是因为当 y 为常数时,表达的是 x 方向的线性函数,而当 x 为常数时,则为 y 方向的线性函数。

(2)二元样条函数内插:二元样条函数首先对采样区域进行分块,对每一块用一个多项式进行拟合,为保证各个分块之间的平滑过渡,按照弹性力学条件设立分块之间的连续性条件,即公共边界上的导数连续条件。虽然样条函数可适合的任意形状的分块单元,但一般还是将其应用在规则格网分布的采样数据中。

(3)最小二乘配置:最小二乘配置是一种基于统计的内插和测量数据处理方法,它认为一个测量数据一般由三部分构成,即趋势(整体变化走势)、信号(数据间的局部联系)和误差(不确定因素的影响)。一般对分块的表面通过多项式来确定整体趋势,去掉趋势后的表面数据仅包含信号和随机误差,信号反映局部数据点之间的相关性,一般用数据点间的协方差函数表达。最后通过误差平方和为最小的原则求解各个参数。最小二乘配置的核心问题是如何建立数据之间的协方差矩阵,即如何解决信号的相关性规律问题。在连续表面内插中,最小二乘配置认为,数据点之间的相关规律仅与距离有关,也就是说,距离越近,协方差越大,超过一定的距离,协方差趋于零。

(4)克里金法:克里金法在配置上和最小二乘配置比较相似,求解过程也类似。不同之处在于克里金法在计算上采用半方差,最小二乘采用协方差矩阵。克里金法的内蕴假设条件是区域变量的可变性和稳定性,也就是说,一旦趋势确定后,变量在一定范围内的随机变化是同性变化,位置之间的差异仅仅是位置间距离的函数。通过不同数据点之间半方差的计算,可作出半方差随距离的变化的半方差图,从而用来估计未采样点和采样点之间的相关系数,进而取出内差点的高程。

（5）有限元内插：有限元法是以离散方式处理连续变化量的数学方法，其基本思路是将地形曲面分割成有限个单元的集合，单元形状可为三角形、正方形等。相邻单元边界的端点称为结点，通过解求各个结点处的物理量来描述对象的整体分布。有限元通常采用分片光滑的奇次样条函数作为单元的内插函数（也称为基函数）。

3．逐点内插

逐点内插是以内插点为中心，确定一个邻域范围，用落在邻域范围内的采样点计算内插点的高程值。逐点内插本质上是局部内插，但与局部分块内插有所不同，局部内插中的分块范围一经确定，在整个内插过程中其大小、形状和位置是不变的，凡是落在该块中的内插点，都用该块中的内插函数进行计算，而逐点内插法的邻域范围大小、形状、位置乃至采样点个数随内插点的位置而变动，一套数据只用来进行一个内插点的计算。逐点内插法的基本步骤为：①定义内差点的邻域范围；②确定落在邻域内的采样点；③选定内插数学模型；④通过邻域内的采样点和内插计算模型计算内插点的高程。

（五）空间回归

回归分析是研究两个或两个以上的变量之间统计关系。在分析、建模时，常选用其中一个为因变量，其余的作为解释变量，然后根据样本资料研究解释变量和空间变量之间的关系。通过空间关系（包括考虑空间的自相关性），把属性数据与空间位置关系结合起来，更好地解释地理事物的空间关系。

（六）空间分类

基于地图表达，采用与变量聚类分析相类似的方法来产生新的具有综合性或者简洁性的专题地图。分析方法包括多变量统计分析，如主成分分析、层次分析，以及空间分类统计分析，如系统聚类分析、判别分析等。

六、空间数据的集合分析和查询

（一）空间集合分析

空间集合分析是按照两个逻辑子集给定的条件进行逻辑运算，其基本原理是布尔代数，它的运算符号或算子包括 AND、OR、XOR、NOT 及其组合等，逻辑运算的结果为"真"或"假"。空间集合分析虽然都可以在基于矢量的 GIS 和基于栅格的 GIS 中完成，但基于栅格的系统要容易和快捷得多。

（二）空间数据的查询

空间查询是空间分析的基础，任何空间分析都始于空间查询。空间数据查询属于空间数据库的范畴，为从空间数据库中找出所有满足属性约束条件和空间约束条件的地理对象。查询大致可以分为 3 类：①直接获取数据库中的数据及所含信息，来回答人们提出的一些比较"简单"的问题；②通过一些逻辑运算完成一定约束条件下的查询；③根据数据库中现有的数据模型，进行有机组合构造出复合模型，模拟现实世界的一些系统和现象的结构、功能，来回答一些"复杂"的问题，预测事物的发生、发展的动态趋势。

空间数据查询的方式主要有两大类，即"属性查图形"和"图形查属性"。属性查图形，主要是用 SQL 语句来进行简单和复杂的条件查询。图形查属性则包括图形查询、拓扑查询等。可以查询的内容包括空间对象的属性、几何特征、空间位置、空间分布、与其他空间对象的空间关系等。查询的结果可以通过多种方式显示给用户，如高亮度显示、属性列表和统计图表等。图 2-45 给出了空间数据查询的方式、内容和结果的关系图。

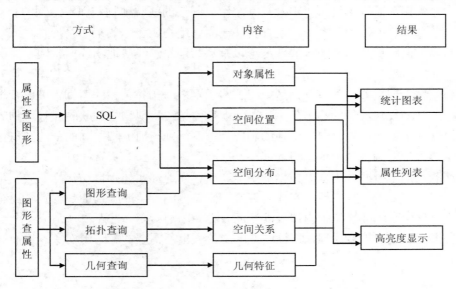

图 2-45　空间数据查询的方式、内容与结果

1. 属性查询

（1）简单属性查询。最简单的属性查询是查找。查找不需要构造复杂的 SQL 命令，只要选择一个属性值，就可以找到对应的空间图形。

（2）SQL 查询。SQL（结构化查询语言，Structured Query Language）是一种数据库和程序设计语言，由于其允许用户在高层的数据结构上工作，无须用户了解数据的存储方式、存放方法且具有可嵌套的灵活的查询功能。其基本语法为：

Select　＜属性清单＞
From　　＜关系＞
Where　＜条件＞

2. 图形查询

图形查询是另一种常用的空间数据查询。用户只需利用光标，用点选、画线、矩形、圆或其他不规则工具选中需要查询的地物，就可以得到查询对象的属性、空间位置、空间分布以及与其他空间对象的空间关系。

（1）点查询：用鼠标点击图中的任意一点，可以得到该点所代表空间对象的相关属性。

（2）矩形或圆查询：给定一个矩形或圆形窗口，可以得到该窗口内所有对象的属性列表。但是这种方法也需要考虑是仅仅检索包含在窗口内的空间对象，还是该窗口涉及的无论是包含还是穿过都要查询出来。

（3）多边形查询：给定一个多边形，检索出该多边形内的空间对象。这一操作的工作原理与按矩形查询相似，但又涉及点在多边形内、线在多边形内以及多边形在多边形内的判别计算。

3. 拓扑关系查询

（1）邻接关系查询：邻接关系查询是检索与查询单元相邻接的地物单元的相关信息，如查询某污染源周围的居民区分布。可以是点与点的邻接查询，线与线的邻接查询，面与面的邻接查询。邻接关系查询还可以涉及与某个结点邻接的线状地物和面状地物的查询。

（2）包含关系查询：包含关系查询是查询某一面状地物所包含的某一类地物，或者查询包含某一地物的面状地物。被包含的地物可以是点状地物、线状地物或面状地物，例如某一区域内商业网点的分布。

（3）关联关系查询：关联关系查询是空间不同元素之间拓扑关系的查询，可以查询与某点状地物相关联的线状地物的相关信息，也可以查询与线状地物相关联的面状地物的相关信息，例如查询某一河流所经过的土地的利用类型，得到与河流相关联的土地图斑，然后可以利用图形查询得到各个土地图斑的属性。

（4）缓冲区查询：缓冲区是根据数据库中点、线、面地理实体，自动建立其周围一定宽度范围的多边形，来表征特定地理实体对邻域的影响范围。缓冲区查询是不破坏原有空间目标的关系，只检索缓冲区范围内涉及的空间目标。用户给定缓冲距离，形成一个缓冲区多边形，再根据多边形检索原理，从该缓冲区中检索出所需要的多边形对象，进而获得他们的相关信息。

第六节　数字高程模型

一、DEM 的定义及特点

（一）DEM 的定义

DEM（Digital Elevation Model）即数字地面模型，在讨论 DEM 的定义之前，需要先介绍 DTM。最初是 Miller 在试图解决道路计算机辅助设计课题而提出的概念，用来描述地面起伏情况。在当时，DTM 的定义是利用一个任意坐标场中大量选择的已知 (X, Y, Z) 的坐标点对连续地面的一个简单的统计表示，或者说，DTM 是用数字简单地表示地形起伏。此后，许多学者在不同时期都对 DTM 的概念进行过描述，虽然各种定义在表述上有所差异，但其基本的思想内涵是一致的。数字地面模型一般可以定义为一种用数字形式表示地表形态及相关信息的模型。地面数字模型包含了空间点位 (X, Y, Z) 的信息，其中，X 值与 Y 值表示的是空间点位的平面坐标，Z 值表示的是第三维坐标。而 Z 值的含义广泛，它可以表示如高程、大气温度、岩层深度等。因此，数字地面模型所能够包含的信息非常丰富。数字地面模型所包含的信息有：地形信息，如高程、坡度、坡向、形态等；地物信息，如道路、建筑、水系、植被等；人文信息，如人口数量、经济状况、发展情况等；环境信息，如污染物浓度、植被覆盖、水文、气象等。

DEM 则是将 DTM 中的 Z 值表示为高程时的模型。DEM 中的"E"即高程（Elevation），其定义为某点沿铅垂线方向到绝对基面的距离。通俗地说，高程就是海拔高度。从测量学的角度来说，高程是某地表点在地球引力方向上的高度。可见，DEM 是 DTM 的子集。DEM 是地理信息系统中关注的重点概念，也是 DTM 中最基础、最重要的组成部分。

（二）DEM 的数学表达形式

设地面上有限个点（X_i，Y_i），其中 i=1，2，3…n，n 为地面点个数，每个点都具有高程信息 Z_i，则其数学表达式为：

$$Z_i=f（X_i，Y_i），i=1，2，3…n$$

上面的表达式也是数字高程模型的曲面表达形式，数字高程模型的表达式还包括点表达形式和矩阵表达形式。

点表达形式为：

$$P_i（X_i，Y_i，Z_i），i=1，2，3…n$$

矩阵表达式：地面上有限个点可以呈规则格网分布或不规则格网分布。当有限个点呈正方形格网分布时，这时的 DEM 称为基于格网的 DEM（Grid based DEM）。由于正方形格网的规则性，表示平面位置的（X，Y）则隐含在格网的行列号中而不记录，此时的 DEM 就相当于一个 m 行 n 列的矩阵：

$$DEM = \begin{Bmatrix} Z_{11} & Z_{12} & \cdots & Z_{1n} \\ Z_{21} & Z_{22} & \cdots & Z_{2n} \\ \vdots & & & \vdots \\ Z_{m1} & Z_{m2} & \cdots & Z_{mn} \end{Bmatrix}$$

（三）DEM 的分类

DEM 可以按照结构、连续性和覆盖范围进行分类。

1. 按照结构分类

DEM 按照结构分类可以分为：①基于点单元的 DEM，即采样离散点的集合，点和点之间没有建立任何联系；②基于线单元的 DEM，即将采样点按某种规则用线组织在一起的 DEM，如等高线 DEM、断面 DEM；③基于面单元的 DEM，即将采样点按照某种规则分成一系列规则或不规则的格网，规则的如正方形格网 DEM，不规则的如三角形 DEM、四边形 DEM 等，如图 2-46 所示。

散点 DEM　　　　等高线 DEM　　　规则格网 DEM　不规则三角网（TIN）

图 2-46　DEM 按结构分类

2. 按照连续性分类

DEM 按照连续性可以分为不连续型的 DEM 和连续型的 DEM。不连续型的 DEM 是用一个点的高程代表其周围一个邻域的高程，一般用来表示不具备渐变特征的地理对象，如植被、土壤等。连续型 DEM 又分为连续不光滑型 DEM 和连续光滑型 DEM。其中，连续不光滑型 DEM 是由各个格网面相互连接而成的连续表面，格网面内部是连续光滑的，而连接处则是连续不光滑的，如规则格网 DEM 和不规则三角网 DEM。而连续光滑型格网则是通过插值而形成的 DEM，不仅格网内部连续光滑，其边界处也为光滑连接。

3. 按照范围分类

DEM 按照范围分类可以分为：①局部 DEM，如为某个工程建立的 DEM 模型；②全局 DEM，如为某个城市、省乃至国家建立的 DEM；③地区 DEM，是介于局部 DEM 和全局 DEM 之间的类型。

4. DEM 的特点

（1）精度的恒定性。采用人工方式制作的地形图，本身存在着精度损失，并且由于时间、环境等原因而使得图纸产生变形，其原有精度又会发生损失，而 DEM 采用的是数字媒介，使得原有精度得以保存。

（2）表达的多样性。地形数据经过计算机处理，可以产生多种比例尺的地形图、剖面图、立体图等，与遥感数据叠加和纹理映射，可以再现三维地形景观，而常规的地形图制作完成后，其比例尺不易改变，若需要改变比例尺或者显示方式，则需要大量的人工处理。

（3）更新的实时性。DEM 由于是数字化的信息，对其进行增补、修改、删除只要在局部完成即可，结合计算机的自动化功能，可以长期保证数据的实时性，而常规的地形图若需要进行数据的修改，必须进行大量的重复劳动，费时费力，不利于长期进行数据的更新。

（4）尺度的综合性。大比例尺、高分辨率的 DEM 包含相对较小比例尺、较低分辨率的 DEM 所包含的信息，可覆盖其中内容。如 1 m 分辨率的 DEM 种自动包含 10 m、100 m 等较低分辨率的 DEM 的信息。

二、DEM 的建立

（一）数据的获取

1. DEM 数据的来源

数字高程模型的数据来源有地形图、影像图和实地现场数据采集。

地形图一般更新周期比较长，制作工艺复杂，对于经济发达地区，由于其地形地貌变化相对较快，一般不易及时反映地貌的变化情况。而对于其他地貌变化较小的地区，地形图仍是较好的 DEM 数据源。另外，地形图的精度也是一个重要的问题，地形图的比例尺越小，地形的综合程度就越高，近似性也就越大，反之亦然。

影像图也是产生 DEM 的有效数据源。其获得的数据范围大、采集速度快、信息丰富多样。尤其是如 1 m 分辨率的 IKONOS 图像、合成孔径雷达技术和激光扫描仪等传感器数据是获取高精度、高分辨率 DEM 最有希望的数据源。

　　实地现场数据采集需要运用先进的测绘仪器和技术，一般可以获得较高精度的 DEM 数据，但是由于其工作量大、周期长、效率低，一般只适合小规模的数据采集任务。

　　2. DEM 数据采样需要考虑的因素

　　（1）地表的复杂程度。如果地表复杂程度高、破碎、沟壑众多，宜多布置采样点，反之如果地形变化均匀或较为平坦，可适当减少采样点。表达地形复杂度，有光谱频率法、地形曲率、相似性、坡度等方法，而坡度是其中比较有效的方法。

　　（2）地形表面的曲面特征。复杂的地表由单一形态的几何表面所组成，分布在地形表面的点和线具有不同的特征信息，可分为特征要素和非特征要素两类。特征要素包括特征点和特征线。特征点如山顶、洼地、鞍部、山脊点等，特征线如山脊线、谷底线等。非特征要素用于辅助地形重建。

　　（3）地形表面的地貌类型。地貌类型对采样数据点的分布和精度也有一定影响。地貌学中根据成因可将地貌分为黄土地貌、风成地貌、喀斯特地貌、丹霞地貌、雅丹地貌等；地理学中根据高程将地形分为高原、平原、丘陵等；测绘学中一般是根据坡度和高差对地形进行分类。

　　3. 数据采样的方法

　　数据采样的方法主要有沿等高线采样、规则格网采样、剖面法采样、渐进采样、选择性采样、混合采样等。

（二）DEM 的建立

1. DEM 建模的一般步骤

　　DEM 的建立就是将源数据（采样点）转换为 DEM 结构的过程。其建模的一般步骤是：首先，采用合适的空间模型构建空间结构，如选择规则格网或不规则三角网（TIN）；其次，确定合适的属性域函数，即内插函数；再次，在空间结构中进行采样，构建空间域函数；最后，利用空间域函数进行分析，即求得指定点上的函数值。

2. 基于不规则采样点的 DEM 建立

　　基于不规则采样点的 DEM 的建立，实质上是离散数据规则化的过程。建模方案是利用不规则的采样点，通过内插方法建立 DEM。内插的方法包括整体内插、局部分块内插、逐点内插等。而应用较多的是逐点内插法中的反距离权重法和移动曲面拟合法。逐点内插法需要选取与插值点距离最近的若干点来进行计算，一般选取点的方法是用一定的邻域搜索范围，根据逐点内插法要求的采样点数量（如移动曲面拟合法需要大于 8 个点），不断调整搜索范围，直至满足要求。如图 2-47 的搜索圆法，左侧的采样点密度最大，因此采样邻域半径最小；而右侧采样点密度最小，采样邻域半径最大；中间采样地密度适中，采样邻域半径位于前两者之间。

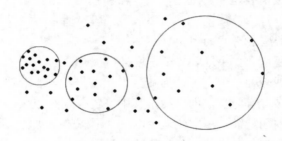

图 2-47   搜索圆法

3. 基于规则格网采样点的 DEM 建立

相对于不规则分布的采样点，基于规则格网采样点的 DEM 建立，只需要通过简单的几何关系即可，而不需要搜索内插点的范围。其建立的方案是，首先判断内插点所处的格网确定周围的采样点，然后根据内插函数对采样点数量要求，确定所需的采样点个数，若内插函数为线性或双线性函数时，一般需要 4 个点，而内插函数为三次样条函数时一般需要 16 个点。

在规则格网上进行线性内插时，将内插点所处的格网单元分割成两个三角形，每个三角形形成一个内插平面 $z=ax+by+c$，系数通过内插点所在的三角形定点确定，内插点的高程值则通过所在三角形的线性平面计算得到。若进行双线性内插，则应将格网单元视为一个整体，并通过 $z=ax+bxy+cy+d$ 来拟合地形表面，通过格网单元的四个定点可唯一确定双线性多项式的系数。

4. 基于等高线采样点的 DEM 建立

（1）等高线的离散画法。这种画法不考虑等高线的特性，而是将按等高线分布的数据看成是不规则分布的数据。整体内插、局部内插和逐点内插都可以用来生成 DEM。这种方法比较简单，但内插中并没有考虑采样点沿等高线分布特性，可能导致生成 DEM 发生异常。

（2）等高线内插法。这种方法的实现步骤是，首先，过内插点做 4 条直线，分别为东西（HH）、南北（VV）、东北-西南（GG）和西北-东南（UU），找到每条直线与最近等高线的交点，如图 2-48 的 8 个点；其次，计算每条直线上两交点间的距离差，求出交点之间的坡度值；再次，在 4 条直线中选出坡度最大的直线如图 2-48 中的 UU；最后，在坡度最大的直线上，按线性内插法求出内插点的高程值。这种方法的原理也比较简单，但是容易出现同高程异等高线、登高线不完整、计算大量规则格网效率低等问题。

（3）等高线构建 TIN 法。首先建立 TIN，然后通过内插 TIN 形成 DEM。相对于前面两种方法，登高线构筑 TIN 法在效率和精度上都是最优的。但是，由于采样点沿登高线分布的特性，利用等高线构筑 TIN 需要注意要将等高线作为 TIN 的特征约束条件，处理平坦三角形问题（平坦三角形是指三角形的三个顶点高程相等，可能会导致填平较低地势）等。

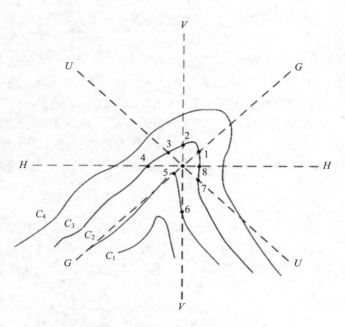

图 2-48　登高线内插

5. TIN 的建立

不规则三角网（Triangulated Irregular Network，TIN）是指用一系列互不交叉、互不重叠的连接在一起的三角形来表示地形表面（图 2-49）。连接三角网的基本要求是：三角网是由一系列空间三角平面无缝隙、无重叠地拼接而成，并使用相互临近的采样点连接成三角形。

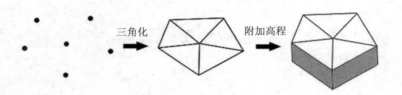

图 2-49　不规则三角网的形成

TIN 模型的优化标准有许多种类，其中最常用的是 Delaunay 优化标准、Lawson 优化标准、夹角最大优化标准等。Delaunay 优化标准也称空外接圆标准，它要求任何一个三角形的外接圆内不应有其他采样点，否则这三个点就不是最邻近的，不能连接成三角形。Lawson 优化标准是在两个相邻的三角形所构成的凸四边形中，交换两对对角线后，使得两三角形内角的最小角值达到最大。夹角最大优化标准是点到基线边的夹角最大。

三、DEM 的应用

DEM 的出现，实现了区域地形表面从纸质地形向数字化地形表达的转变，实现了地形从二维向三位表达的转变。数字高程模型已经不仅仅限于测绘科学领域，与其相关的各个学科 DEM 都得到了广泛的应用，如自然科学、商业、管理、工程、军事等诸多方面。

DEM 在环境科学上的应用也较为广泛，在环境研究方面，可应用于调查污染物的分布、土地利用现状、温度情况、生物分布、全球气候变化等。在环境灾害方面，如将洪水遥感信息和 DEM 结合，估算淹没面积和淹没深度；对于滑坡、崩塌、泥石流等环境灾害，结合 DEM 等相关信息进行动态模拟，可实现灾害的预测预报。在环境管理方面，利用 DEM 分析森林资源的水平分布和垂直分布，研究地形变化对森林影响、过度砍伐与土壤侵蚀情况等。环境工程方面，可应用于矿山土地复垦与生态修复、矿山边坡监测、地表沉陷监测等。

（一）基本地形因子计算

坡度是过地面上任意一点的切平面与水平面的夹角。如图 2-50 所示，面 POR 与面 POS 是两个互相垂直的平面，其与水平面 ROS 的夹角分别为 θ_x、θ_y，为求坡度 θ。

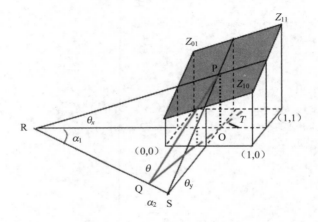

图 2-50　坡度计算

$$
\begin{cases}
\tan\theta_x = \dfrac{\dfrac{Z_{10}+Z_{11}}{2} - \dfrac{Z_{00}+Z_{01}}{2}}{\Delta X} \\[4mm]
\tan\theta_y = \dfrac{\dfrac{Z_{01}+Z_{11}}{2} - \dfrac{Z_{00}+Z_{10}}{2}}{\Delta Y}
\end{cases}
$$

又有：

$$
\tan\theta_x = \frac{PO}{RO} = \frac{PO}{QO} = \frac{QO}{RO} = \tan\theta\sin\alpha_1
$$

$$
\tan\theta_y = \frac{PO}{SO} = \frac{PO}{QO} = \frac{QO}{SO} = \tan\theta\sin\alpha_2 = \tan\theta\cos\alpha_1
$$

所以有：

$$\tan^2 \theta_x + \tan^2 \theta_y = \tan^2 \theta$$

坡向为地表面上一点的切平面的法线矢量在水平面的投影与过该点的正北方向的夹角。坡度需要根据 x 方向和 y 方向的高程变化率来提取。

$$\tan T = \tan \alpha_2 = \frac{RO}{SO} = \frac{PO}{SO} / \frac{PO}{RO} = \tan \theta_x / \tan \theta_y$$

曲率是对地形表面一点扭曲变化程度的定量化度量因子，地面曲率在垂直和水平两个方向上的分量分别称为平面曲率和剖面曲率。地形表面曲率反映了地形结构和形态，同时也影响着土壤有机物含量的分布，在地表过程模拟、水文、土壤等领域有着重要意义。

（二）图形制作

利用 DEM 可以自动绘制等高线图，等高线是由一系列不同高程的水平面与地形表面相切而成的切割线，同一条等高线上的高程相等。可以利用 TIN 模型，按指定的间距生成等高线，即可绘制出新的等高线图。利用 DEM 还可以生成三维立体图，在二维平面下表达三维现实，是 DEM 特有的制图功能。

（三）DEM 与遥感影像结合

首先，规则格网模式的 DEM 数据与遥感专题图具有类似的数据结构，将 DEM 与遥感图像数据进行复合在数据格式方面十分方便；其次，DEM 与 TM 影像复合，可以减少或消除地形起伏所造成的象元位移，校正 TM 数据时减小误差；最后，可将地形高程信息作为 TM 数据分类的辅助参考，提高分类精度。

（四）地形特征分析

地表形态虽然多种多样，但地形点、地形线和地形面是构成地形的基础，因此，一般地形的提取主要是针对地形特征点、线、面来进行提取的，进而进行地表形态分析和制图等。特征点一般包括山顶点、凹陷点、脊点、谷点等；特征线一般包括山脊线、山谷线等。

（五）可视性分析

两点间可视性分析，即计算两点之间的连线是否被物体遮挡。判断两点之间可视性的方法是：连接观察点 A 和目标点 B，过观察点 A 和目标点 B 所在直线做 XY 平面的垂直平面，这个垂直平面与格网 DEM 单元边界相交于一系列点的集合 $\{x_i, y_i, z_i\}$。直线 AB 的方程可求。对于任意一个 (x_i, y_i)，在直线 AB 上都有一点 z_i' 与之相对应。当 $z_i' > z_i$ 时，则 AB 两点可视，否则不可视。可视域计算建立在两点间可视性分析的基础上，观察点可视的点的集合构成可视域。其实际计算方法是视线扫描的方法，使一被观察点沿网格 DEM 数据边界顺时针移动，被观察点每移动一个单元，就记下观察点和被观察点之间每一点的可视性，直到被观察点回到原来的位置时，标记出所有可视的点，即可得到可视域。

第七节　WebGIS

一、WebGIS 的概念及特征

（一）WebGIS 概念

WebGIS 指在 Internet/Intranet 网络环境下，基于 TCP/IP 和 WWW 协议，以支持标准 Html 的浏览器为统一的客户端，通过 Web Server 向 GisServer 提供 GIS 服务请求的一种技术。WebGIS 是基于 Web 的 GIS，不需要购买 GIS 软件，即 WebGIS=GIS+ Web–GISSoftware。

（二）WebGIS 基本特征

1. 集成的全球化的客户/服务器网络系统

客户/服务器就是把应用分析为服务器和客户两者间的任务，一个客户/服务器应用包括 3 个部分：客户、服务器和网络，各个部分都由特定的软硬件平台支持。服务器处理客户发送的请求，并把结果返回给客户。

WebGIS 应用客户/服务器来执行 GIS 的分析任务，把任务分为服务器端和客户端两部分，客户可以从服务器请求数据、分析工具和模块，服务器可以执行客户的请求并把结果通过网络送回给客户，也可以把数据和分析工具发送给客户以供客户端使用。

2. 交互系统

通过超链接（Hyperlink），WWW 可以在 Internet 上提供最自然的交互性，这样用户通过超链接，就可以浏览 Web 页面。但是，每个 Web 页面都是由 WWW 开发者组织的静态图形和文本组成的。而且这些图形大部分是 GIF 和 JPG 格式的文件，因而用户无法操作地图，甚至一些简单的分析功能都无法正常执行。而 WebGIS 却可以使用户在 Internet 上操作 GIS 地图和数据，并能够用 Web 浏览器执行如 Zoom、Pan、Query 和 Label 这样基本的 GIS 功能，甚至可以执行一定的空间查询，或者更为先进的空间分析，如缓冲分析和网络分析等，在 Web 上运用 WebGIS 就如同在本地计算机上使用桌面上的 GIS 软件一样方便。

3. 分布式系统

Internet 的一个特点是能够访问分布式数据库以及执行分布式处理，即信息和应用能够跨越整个 Internet 部署在不同的计算机上。WebGIS 利用了 Internet 这种分布式系统，把 GIS 数据和分析工具部署在网络不同的计算机上面。由于 GIS 数据和分析工具都是独立的组件和模块，因此用户可以从网络的任何地方随意地访问这些数据和应用程序。

4. 动态系统

因为 WebGIS 是分布式系统，这些数据和应用程序一旦由其管理员进行更新，则它们对于 Internet 上的每一个用户来将都将是最新的数据和应用。即 WebGIS 和数据源是动态链接的，数据源发生变化，WebGIS 将随之更新。

5. 跨平台系统

WebGIS 可以访问不同的平台，而且不用关心用户运行的操作系统是什么。WebGIS 对任何计算机和操作系统都没有限制。只要用户能够访问 Internet，就可以访问和使用 WebGIS。并且伴随着 Java、Net 等语言技术的发展，将来 WebGIS 可以做到"一次编写，到处运行"，从而使 WebGIS 的跨平台特性走向更高的层次。

6. 能访问 Internet 异构环境

在 GIS 用户组间访问和共享 GIS 的数据、功能和应用程序时，需要相当高的互操作性。开放式地理数据互操作规范（Open Geodata Interoperablity Specification）为 GIS 互操作性提出了基本的规则。其中有很多问题亟待解决，比如数据交换和访问的标准、数据格式的标准、GIS 分析组件的标准规范等。随着 Internet 技术和标准化的快速发展，完全互操作的 WebGIS 终将成为现实。

7. 图形化的超媒体信息系统

使用 Web 上超媒体系统技术，WebGIS 可以通过超媒体热链接链接不同的地图页面。比如，用户可以在浏览全国地图的同时，通过单击地图上的热链接，进入相应的省地图进行浏览。此外，WWW 为 WebGIS 提供了集成多媒体信息的能力，可以把视频、音频、文本、地图等都集中到相同的 Web 页面，极大地丰富了 GIS 的内容及其表现能力。

8. WebGIS 的不足

WebGIS 数据传输量（网络带宽限制），复杂地理信息的查询、分析和处理，图形信息的表达等方面存在不足。

二、WebGIS 组成

客户端：浏览器。

服务器端：Web 服务器、Map 服务器、GIS 服务器和空间数据库。

Web 浏览器是用户和 WebGIS 的交互接口，是用来显示地图和实现客户端的在线查询和分析的功能；Web 服务器响应来自 Web 浏览器的请求，通过 CGI、Servlet，将请求传递给 Map 服务器，在 Map 服务器得到请求的结果后发还给浏览器；Map 服务器是 WebGIS 的核心，负责将 Web 服务器转发过来的用户请求分配给相应的 GIS 服务器或空间数据库，并能实现网络的负载平衡；GIS 服务器是 WebGIS 的底层 GIS 软件，提供了空间数据的存取、查询、分析、处理等各项功能；空间数据库用来存储和管理空间的数据；浏览器和服务器之间，通过超文本传输协议—HTTP 发送请求和结果数据，数据传输的格式有基于栅格的，也有基于矢量的和基于 XML 的。以上不同的服务器都可以部署在不同的计算机上。

三、WebGIS 相关技术

（一）空间数据库管理技术

关系型数据库管理系统的发展已经相当的成熟,商业化的 RDBMS 不仅支持 C/S 模式，还支持数据分布，通过 SQL 语言和 ODBC，几乎所有的 GIS 软件通过公共标识号都能够和其协同运行。对象—关系数据库技术和面向对象的数据库技术也逐步成熟起来，今后必成为未来 GIS 空间数据管理的主要技术。

（二）面向对象方法

面向对象，是一种认识方法。OOA（面向对象分析）、OOD（面向对象设计）、OOL（面向对象语言）和 OODBM（面向对象数据管理）贯穿整个信息系统的生命周期。面向对象控件数据库技术日趋成熟，空间对象查询语言（SOQL）、空间对象关系分析、面向对象数据库管理、对象化软件技术等，都和 GIS 紧密相关。从面向对象技术的发展来看，是描述地理问题非常理想的方法。

（三）客户/服务器模式

客户/服务器的含义非常的广泛，数据库技术和分布处理技术都和它紧密相关。通过平衡客户/服务器间的数据通信和地理运算，不仅能够利用服务器的高性能来处理复杂的关键性业务，而且还能够降低网络数据流量；通过规划客户/服务器模式的 GIS 系统，用户能够最大限度地利用网络上的各种资源。

（四）组件技术

为了避免系统的重复编码，浪费软件的资源，WebGIS 使用插件（Plug-in）、组件（ActiveX）和中间件（Middleware）技术组装软件产品，即各软件生产商制作自己最佳的组件，而其他的软件开发人员和系统集成的人员，可以直接使用该部件提供的功能，不须再重新编码，提高了软件的生产效率（MO）。

（五）分布计算平台

分布计算平台（Distributed Computing Platform）技术，目前已有 OMG 的 CORBA/Java 标准和微软的 DCOM/ActiveX 标准。CORBA/java 的最大优势在于它的跨平台能力，适用于 Window、Macintosh、Unix 等。DCOM/ActiveX 目前只能够运行于 32 位 Windows 平台，但是其市场占有率达到了 80%以上。具体选择哪种标准，应该根据设计目标权衡各方面的因素。

此外，和 WebGIS 相关的技术还包括多媒体数据操作标准 ISO SQL/MM、地理数据目录服务技术、数据仓库技术以及地理信息高速公路设施等。

第八节 常用地理信息系统软件

一、MapInfo 软件

（一）MapInfo 简介

MapInfo 是美国 MapInfo 公司的桌面地理信息系统软件，是一种数据可视化、信息地图化的桌面解决方案。MapInfo 的含义是"Mapping + Information（地图+信息）"即地图对象+属性数据。MapInfo 依据地图及其应用的概念，采用办公自动化操作，集成多种数据库数据，融合计算机地图方法，使用地理数据库技术，加入了地理信息系统分析功能，形成了具实用价值的、能够为各行各业所使用的大众化小型软件系统。

（二）功能介绍

MapInfo 是个功能强大、操作简便的桌面地图信息系统，具有图形输入和编辑、图形查询和显示、数据库操作、空间分析及图形输出等基本操作。该系统采用菜单驱动图形用户界面的方式，为用户提供了 5 种工具条，分别为主工具条、绘图工具条、常用工具条、ODBC 工具条及 MapBasic 工具条。用户通过菜单条上的命令或工具条上的铵钮进入对话状态。系统所提供的查看表窗口为：地图窗口、浏览窗口、统计窗口和帮助输出设计的布局窗口，并且能够将输出结果方便地输出到打印机或绘图仪上。

二、ESRI 平台

1981 年，Esri 开发出了 ARC/INFO 1.0，这是世界上第一个具有现代意义的 GIS 软件，第一个商品化的 GIS 软件。2010 年，Esri 推出 ArcGIS10。这是全球第一款支持云架构的 GIS 平台，在 Web2.0 时代实现了 GIS 由共享向协同的飞跃；同时 ArcGIS10 具备了真正的 3D 建模、编辑和分析能力，并且实现了由三维空间向四维时空的飞跃。

ArcGIS 产品线为用户提供了一个可伸缩的、全面的 GIS 平台。ArcObjects 包含了大量可编程组件，从细粒度的对象（比如，单个的几何对象）到粗粒度的对象（比如和现有的 ArcMap 文档交互的地图对象）涉及面极广，这些对象为开发者集成了全面的 GIS 功能。每一个使用 ArcObjects 建成的 ArcGIS 产品都为开发者提供了一个应用开发的容器，包括桌面 GIS（ArcGISDesktop），嵌入式 GIS（ArcGISEngine）以及服务端 GIS（ArcGISServer）。

（一）桌面 GIS

桌面 GIS 对于那些利用 GIS 信息进行编辑、设计的 GIS 专业人士来讲，占有主导的地位。GIS 专业人士使用标准桌面作为工具来设计，共享，管理和发布地理信息。

（二）嵌入式 GIS

用户可以使用嵌入式的 GIS，在其所关注的应用中增加其选择的 GIS 组件，进而为任何部门提供 GIS 的功能，这使许多在日常工作中把 GIS 作为一种工具的用户，能够通过较为简单的、集中于某些方面的界面来获取 GIS 的功能。比如，嵌入式的 GIS 应用能够帮助用户支持远程数据采集的工作，在管理者的桌面上实现 GIS，为系统操作人员实现定制界面和面向数据编辑的应用等。

（三）服务端 GIS

GIS 用户通过部署一个集中式的 GIS 服务器在大型组织之内以及 Internet 的用户之间发布和共享地理信息。服务端 GIS 软件适用于任何集中执行 GIS 计算，并计划扩展支持

GIS 数据管理和空间处理的场合。不仅能为客户端提供地图和数据服务，还能在一个共享的中心服务器上支持 GIS 工作站的所有的功能，包括制图、空间分析、查询复杂空间、编辑高级数据、管理分布式数据、处理批量空间、实施空间几何完整性规则等。

三、GeoStar 软件

GeoStar 是大型国产自主知识产权的地理信息系统基础软件平台，是吉奥之星系列软件的核心，在吉奥之星系列软件中负责矢量、影像、数字高程模型等空间数据的建库、管理、应用和维护。

（一）GeoStar 平台

GeoStar 基于组件开发，支持多种数据库引擎，提供数据管理、图形编辑、空间分析、空间查询、制图、数据转换、元数据管理等各项功能，能够适用于多种用户、多种应用的需求，在测绘、规划、国土、电力、国防、房产、水利、市政、公安等各种领域中得到了广泛的应用。

（二）GeoStar 组成部分

GeoStar 分为 3 个部分，分别是桌面应用系统 GeoStar Desktop、独立处理工具和组件开发平台 GeoStar Objects。主要功能包括：数据建库、数据表现、数据分发、图形编辑、空间分析、空间查询、普通图制图、专题图制图、符号设计、数据转换、打印输出。

GeoStar 的体系结构是典型的 C/S 结构，大型关系数据库管理系统或者文件系统管理空间数据构成了服务器端（Server），其主要目的是存储和管理各类空间数据和属性数据。客户端（Client）是由桌面地理信息系统 GeoStar Desktop 和全组件式的 GIS 二次开发平台 GeoStar Objects、数据转换开发套件 GDC Objects、三维开发套件 GeoLOD 构成，其中桌面地理信息系统 GeoStar Desktop 是基于二次开发套件基础上搭建而成的。

（三）GeoStar 功能

（1）多比例尺、多数据源的特性、三库一体化的影像和数字高程模型的管理与表现，支持多种关系数据库；

（2）数据具有多个投影带、不同空间坐标基准的无缝组织；

（3）分布式异构海量数据管理：其管理的数据量达到 TB 级；

（4）支持用户控制权限，锁定到对象一级的多用户并发操作，支持处理长事务和版本管理机制；

（5）地形数据库实现二维/三维互动方式的浏览，叠加矢量和影像库实现三维浏览；

（6）可实现图形属性双向查询、空间关系查询、SQL 复杂语句查询、多次连续查询，查询结果逻辑操作适应报表生成；

（7）丰富的图形编辑、拓扑编辑、数据提取；

（8）分析包括缓冲区、叠置、最佳路径、资源分配及地形分析；

（9）制图包括国家标准分幅地图模板制图、拉框制图，支持用户自定义模板制图及设计常用的专题图；

（10）提供空间数据转换、矢量变换、地图综合、影像处理、DEM 处理、符号编制等全系列工具；

（11）提供全组件式 GIS 二次开发套件，支持开发空间查询、分析、编辑、制图等各项功能。

四、MapGIS 软件

（一）MapGIS 软件简介

MapGIS 是中地数码集团的产品名称，是中国具有完全自主知识版权的地理信息系统，是全球唯一的搭建式 GIS 数据中心集成开发平台，实现了遥感处理与 GIS 完全融合，支持空中、地上、地表、地下全空间真三维一体化的 GIS 开发平台。

系统采用的设计思想是面向服务、多层体系结构，实现了面向空间实体及其关系的数据组织，能够存储和索引高效海量的空间数据、大尺度多维动态空间信息数据库，建模和分析三维实体，具有 TB 级空间数据处理能力，能够在局域和广域网络环境下，支持空间数据的分布式计算，分发与共享分布式空间信息，支持网络化空间信息服务及支持海量、分布式的国家空间基础设施的建设。

（二）MapGIS 功能

1. 无缝的图库管理

图库的操作：支持图库建立、修改、删除及图库漫游等各项操作。

图幅的操作：提供图幅输入、显示、修改、删除等各项功能，用户能够随时调用、存取、显示、查询任一图幅。

图幅的剪取：用户可以任意构造剪取框，系统自动剪取框内的各幅图件，并且生成新的图件。

小比例尺图库和非矩形图幅建库的管理：提供拼接图幅、建库及跨带拼接等功能。

图幅的配准：提供平移变换、旋转变换、比例变换及控制点变换。

图幅的接边：能够实现图幅帧的分幅、合幅，并且能够实现图幅的自动、半自动及手动接边操作，自动清除接合误差。

图幅的提取：把分层、分类存放的图形数据，按照不同的层号或类别，根据用户相应的图幅信息，合并生成新的图件。

2. 数据库管理

客户机/服务器结构：空间数据库引擎的使用在标准关系数据库环境中实现了客户机/服务器结构，支持多用户同时访问，支持多硬件网络服务器平台，支持超大型关系数据库管理空间和属性数据，支持分布式级服务器网络体系结构。

动态外挂数据库的连接：能够实现一图对多库，多图对一库的应用要求。

多媒体属性库的管理：能够把图像、录像、文字、声音等多媒体数据作为图元的属性存放，以适应各种应用的需要。

开放式系统的标准：支持运用 TCP/IP 协议的 LAN 和 WAN 环境的访问，支持 LNUIX 和 PC 平台混合配置。

完善的安全机制：保证用户对数据库的访问权限，支持在单个图元记录及空间范围层面上的共享和独占的锁定机制。

3. 完备的空间分析工具

空间叠加的分析：提供区对区叠加分析、线对区叠加分析、点对区叠加分析、区对点叠加分析、点对线叠加分析、BUFFER 分析等。

属性数据的分析：单属性累计频率直方图和分类统计，双属性累计直方图，累计频率直方图和四则运算等各种操作。

地表模型和地形分析：可以进行坡度、坡向分析，分水岭分析，流域分析，土方填挖计算，地表长度计算，剖面图制作及根据地形提取水系，自动确定山脊线、等高线等。

网格化的功能：对离散的、网格化随机采样的高程数据点，加密内插处理规则网高程数据。

TIN 模型的分析：能够对平面任意域内的离散点构建三角网，并且提供三角网的约束边界，优化处理特征约束线。

三维绘制的功能：能够实现 Gird、Tin 模型数据的三维光照绘制，对三维景观进行多角度观察，实现三维地表模型模拟飞行功能，并且提供三维彩色立体图绘制的功能。

4. 使用的网络分析功能

网络分析功能如最短路径求解，即指定若干地点，求顺序经过这些地点的最短路径；游历方案求解，即求取遍历网线集合或结点集合的最佳方案；上下游追踪，即查找网络中与某一地点联系的上游部分或下游部分；最佳路径，即任意指定网线和结点处的权值，求取权值最小的路径；定位空间，即为用户规划各类服务设置的最佳位置；分配资源，即模拟资源在网络中的流动，求取最佳的分配方案。

5. 多元图像的分析与处理

多元图像的分析与处理包括图像变换、多波段遥感图像处理、正态分布统计、多元统计、图像配准镶嵌、图像与图形迭合配准等。

（三）MapGIS 体系框架

MapGIS 产品的体系框架包括：开发平台、工具产品和解决方案。

（1）开发平台包括服务器开发平台（DC Server）、遥感处理开发平台（RSP）、三维 GIS 开发平台（TDE）、互联网 GIS 服务开发平台（IG Server）、嵌入式开发平台（EMS）、数据中心集成开发平台和智慧行业集成开发平台，供合作伙伴进行专业领域应用开发。

（2）工具产品覆盖各行各业，其中包括矢量数据处理工具产品、遥感数据处理工具产品、国土工具产品、市政工具产品、三维 GIS 工具产品、房产工具产品和嵌入式工具产品。

（3）解决方案是包括开发平台、需求文档、设计文档、使用文档的一款集成化服务。MapGIS 在三维 GIS/遥感、数字城市/数字市政、国土/农林、通信/广电/邮政领域都有运用，同时在 WebGIS、房地产信息管理、质量监督、森林防火等行业也有相应的应用解决方案。

（四）MapGIS 工作流程

（1）准备底图：用 Photoshop 等软件将 bmp 等格式图像转为 tif 格式的图像；

（2）图像配准：与地形图中的地理平面坐标配准或与该点的 GPS 坐标配准；

读图分层：建议线类文件中，将同类地质要素放在一个文件，比如将地层分界线和断层线放在不同文件，或者放在同一文件的不同图层中；

将图框及坐标线放在同一个文件的不同图层中，或放在不同文件中。

建议点类文件中，将地层符号（点类中的注释）放在一个文件，将坐标数值、文字说明放在一个文件。

矢量化追踪各种线，形成线类文件。

思考题

1．地球表面模型分为哪几类？

2．什么是地图投影，地图投影的方法有哪些？

3．几何数据获取的方式有哪些？属性数据获取的方式有哪些？

4．空间数据有哪些特征？

5．简述矢量结构的编码方法。

6．栅格数据的压缩方法有哪些？

7．矢量数据和栅格数据的优缺点有哪些？

8．空间数据源的种类有哪些？空间数据的处理方法有哪些？

9．空间分析的主要内容有哪些？

10．空间插值的方法有哪些？

11．什么是 DEM，简述 DEM 的建立步骤。DEM 的应用有哪些？

12．WebGIS 的基本特征有哪些？

13．常用的地理信息系统软件有哪些？

参考文献

[1]　汤国安. 地理信息系统教程[M]. 北京：高等教育出版社，2007.

[2]　朱求安, 张万昌, 余钧辉. 基于 GIS 的空间插值法研究[J]. 江西师范大学学报，2007，28（2）：183-188.

[3]　王庆光. 空间数据采集方法探讨[J]. 水利科技与经济，2012，18（6）：109-110.

[4]　郭仁忠. 空间分析. 北京：高等教育出版社，2001.

[5]　何必, 李海涛, 孙更新, 等. 地理信息系统原理教程[M]. 北京：清华大学出版社，2010.

[6]　黎夏, 刘凯, 等. GIS 与空间分析——原理和方法[M]. 北京：科学出版社，2006.

[7]　朱长青, 史文忠. 空间分析建模与原理[M]. 北京：科学出版社，2006.

[8]　汤国安, 杨昕, 等. ArcGIS 地理信息系统空间分析实验教程[M]. 2 版. 北京：科学出版社，2012.

[9]　周成虎，裴韬，等. 地理信息系统空间分析原理[M]. 北京：科学出版社，2011：64-87.

[10]　汤国安，李发源，刘学军，等. 数字高程模型教程[M]. 北京：科学出版社，2010.

[11]　周秋生，等. 数字高程模型及其应用[M]. 哈尔滨工程大学出版社，2012.

第三章　环境遥感与 GPS 技术

随着科学技术的不断发展，遥感与 GPS 技术广泛应用在水环境、大气环境、生态环境、自然灾害与环境事故防控等方面。本章将从环境遥感技术基础、环境遥感图像处理、环境遥感技术应用等几个方面介绍环境遥感技术。并对 GPS 技术进行论述。

本章学习重点：
- 掌握遥感的概念、特点及环境遥感的分类
- 知道遥感影像的处理过程
- 了解遥感技术在自然生态环境监测、城市生态环境、农业、水环境等各方面的应用
- 掌握 GPS 的定位原理
- 知道目前主要的卫星导航系统

第一节　环境遥感技术基础

一、遥感的概念及特点

遥感一词来自英语 Remote Sensing，即"遥远的感知"，是于 20 世纪 60 年代迅速发展起来的一门综合性探测技术。广义地理解，它泛指一切无接触的远距离探测，包括对电磁场、力场、机械波（声波、地震波）等的探测。狭义地理解，它是指是应用探测仪器，不与探测目标相接触，从远处把目标的电磁波特性记录下来，通过分析，揭示出物体的特征性质及其变化的综合性探测技术。其中，电磁波包括紫外线、短波红外、红外线、可见光、微波等。其要素包括遥感平台（飞机、飞船、飞艇、卫星等）、传感器、电磁波、接收机、存储和处理设备（计算机系统）、分析处理软件等。遥感技术建立在现代物理学（如光学技术、红外技术、微波技术、雷达技术、激光技术等）、电子计算机技术、数学方法和地学规律等基础之上，具有探测范围广、获取信息快、信息客观准确、几乎不受环境约束等特点。

二、环境遥感的分类

环境遥感主要可分为水环境遥感、大气环境遥感、生态环境遥感、灾害与环境事故遥感等。水环境遥感包括富营养化遥感、溢油监测、水体热污染监测等；大气环境遥感包括城市热岛遥感、气溶胶遥感、有害气体监测等；生态环境遥感包括自然生态环境遥感（土

地利用/覆盖、植被、湿地、荒漠化和水土流失等）和城市生态环境遥感（城市土地利用现状、城市热岛、绿化系统、城市设施现状、结构边缘发展动态分析等）；灾害和环境事故遥感又可细分为洪水灾害遥感、气象灾害遥感、地质灾害遥感、森林草场火灾遥感等。

三、各种卫星系统及其图像特征

卫星系统的图像覆盖率大、概括性强，具有宏观特点，多为多波段成像。可分为气象卫星系统和资源卫星系统两类。

（一）气象卫星系统

气象卫星是主要用于气象监测预报的卫星。它按轨道的不同分为太阳同步气象卫星和地球同步气象卫星两类。太阳同步气象卫星又称极轨卫星，此类卫星的轨道经过地球的两极，每天定时飞经同一地区上空两次，可获取两次观测资料。此类卫星以美国 NOAA 卫星（双星运行，每天可获 4 次观测资料）和我国的风云系列卫星为代表。地球同步气象卫星又称静止卫星，此类卫星在地球赤道上空约 3 600 km 的高度运行，能观测地球 1/4 的区域，每隔 20 分钟可获得一次观测资料，我国的风云二号卫星属于此类。到目前为止，中国、美国、前苏联、日本、欧洲空间局、印度等共发射了数百颗气象卫星。气象卫星分辨率较低，一般都在几公里。我国的风云系列气象卫星地面空间分辨率为 1.25～5 km，对地面同一地点的重访周期为 30 分钟。主要用于气象预报、大气污染、沙尘暴、大雾、冰雪覆盖、大范围火灾等宏观范围的监测，是我国目前气象预报的必要手段。

（二）资源卫星系统

资源卫星是勘测和研究地球自然资源的卫星，一般采用太阳同步轨道运行。它能"看透"地层，发现人们肉眼难以观察到的地下矿藏、历史古迹和地层结构，能普查农作物、森林、海洋、空气等资源，能预报和鉴别农作物的收成，考察和预测各种严重的自然灾害。资源卫星可分为两类：陆地资源卫星和海洋资源卫星。陆地资源卫星以陆地勘测为主；海洋资源卫星主要用途是寻找海洋资源，在各种天气下观察海水特征，测绘航线，找寻鱼群，测量海浪、海风等，还可以观测海水光学特性、叶绿素浓度、海表温度、悬浮泥沙含量、可溶有机物、污染物等。资源卫星的地面空间分辨率为 0.4～1 000 m，对地面同一地点的重访周期为半天至几十天，成像传感器有光学和雷达两大类。目前，民用商业化的资源卫星分辨率已经达到分米级；机载航空遥感影像分辨率已经达到厘米级，对于灾害监测已经可以做到非常精准的识别。目前，我国已经拥有的遥感卫星包括：风云系列气象卫星、中巴资源卫星、海洋卫星、北京一号卫星、环境一号卫星等。

四、环境遥感相关技术

遥感技术系统是一个从信息收集、存储、传输处理到分析判读、应用的完整技术体系。主要包括遥感试验、信息获取、信息传输、信息处理、信息应用等 5 部分。

（一）环境遥感试验

环境遥感试验主要是指对地物光谱特性及信息的获取、传输、处理分析等技术手段的试验研究。遥感试验是整个技术系统的基础，遥感探测前需要遥感试验提供地物的光谱特性，以便选择传感器的类型和工作波段。探测中途及处理时，也需要遥感试验提供各种校正所需的有关信息和数据。环境遥感试验也可为判读应用提供基础。

（二）环境遥感信息获取

环境遥感信息获取是环境遥感技术系统的核心工作。环境遥感工作平台及传感器是环境遥感信息获取的物质保障，它是指装载传感器进行遥感探测的运载工具，如飞机、人造地球卫星、宇宙飞船等。传感器是指收集和记录地物电磁辐射能量信息的装置，如航空摄影机、多光谱扫描仪等，它是获取信息的核心部件，在环境遥感平台上装载传感器，按确定的路线飞行或运转进行探测，即可获得所需的环境遥感信息。

（三）环境遥感信息传输

遥感信息传输是指将遥感平台上的传感器所获取的目标信息传向地面的过程，遥感系统按照地面控制中心的指令进行工作，一方面主要接收来自地面上各种地物反射发射的电磁波信号，另一方面收集各地面数据收集站发送的各种环境数据，并将这两种信息发回地面数据接收站。

（四）环境遥感信息处理

对地面接收的遥感信息进行校正复原、加工提取，提供满足用户需求的产品的过程叫做遥感信息处理。电磁波的连续性，地物、温度和磁场等无尺寸无形状的物理量，都可以表现为影像形式，所以遥感信息处理又叫做遥感图像处理。其目的主要是消除各种辐射畸变和几何畸变，使处理后的图像达到或近似目标物的真实情况。此外，还可以利用增强技术突出景物的某些特征，使之易于区分和判读。分析、解释和识别处理后的图像，可提取不同用途和可用性更高的信息。

（五）环境遥感信息应用

应用遥感信息是遥感的最终目的，包括在水环境、大气环境、生态环境中的应用等。遥感应用应根据不同目标的需要，选择适宜的遥感信息及工作方式进行，以取得较好的社会效益和经济效益。

第二节　环境遥感图像处理

一、遥感数字图像及数据变换

（一）遥感图像

地物电磁波谱特征的实时记录即是遥感图像。这些图像记录了地物的时间特征、空间特征和光谱特征，不同的地物，这些特征也不同，在图像上的表现也不一样，因而可以根据地物在图像上的这些特征的变化和差异来区分地物。

对遥感图像进行解译，就是根据遥感图像所提供的各种地物的特征信息（如色调、结构、变化等）进行分析、推理、判断，最终达到识别目标或现象的目的。遥感图像的解译过程，是从地面实况影像中提取遥感信息、反演地物原型的过程，包括目视解译和计算机数字图像解译。目视解译主要依靠人的知识和经验，对大量数据进行定量分析较为困难；计算机解译主要依靠地物的光谱特征，处理速度快，但仍需要人的经验和知识的介入。

遥感图像按照色彩特性可分为彩色图像和黑白图像，彩色图像即是所谓的"多光谱图像"。真彩色（true-color）图像中每个像素值都分成红、绿、蓝 3 个通道；TM 影像则可提供 7 个通道的信息；高光谱图像则可达上百个；而黑白图像每个像素点只有一个亮度值。按照图像明暗程度和空间坐标的连续性，遥感图像可分为模拟图像（也称光学图像）和数字图像。模拟图像的空间坐标和明暗程度都连续变化；数字图像则是空间坐标和明暗程度都不连续，是用离散数学来表示的图像。此外，也有其他对遥感图像的分类方法，比如按照图像的光谱特性可以分为可见光图像、红外图像、雷达图像，按照图像的时间特性可分为动态图像和静止图像等。

（二）遥感图像的特征

1. 遥感图像的空间分辨率

图像的空间分辨率是指可识别的最小地物距离或最小目标地物的大小，或者说是指遥感图像上能够详细区分的最小单元的大小，反映了相互靠近地物的识别和区分能力。

2. 遥感图像的光谱分辨率

遥感信息具有多波段的特性，一般用光谱分辨率来描述。光谱分辨率包括传感器所选用的波段数量、各波段的波长位置和波长间隔。即所选择的通道数、每个通道的中心波长、带宽 3 个因素共同决定遥感图像的光谱分辨率。

3. 遥感图像的辐射分辨率

辐射分辨率指遥感器对光谱信号强弱的敏感程度、区分能力，是传感器接收波谱信号时，能分辨的最小辐射度差。一般用灰度的分级数来表示，即最暗与最亮灰度值（亮度值）间分级的数目——量化级数来表示。

4. 遥感图像的时间分辨率

遥感器按照一定的时间间隔重复采集数据，也称重访周期。这种对同一地点进行重复观测的最小时间间隔称为遥感图像的时间分辨率。包括短周期（以小时为单位，反映一天内的变化）、中周期（以天为单位反映月、旬、年内的变化）和长周期（反映以年为单位的变化）的时间分辨率。

对于空间分辨率与辐射分辨率而言，一般瞬时视场（IFOV）越大，最小可分像素就越大，空间分辨率越低；瞬时视场越大，瞬时获得的入射能量（光通量）越大，对微弱能量差异的检测能力越强，则辐射分辨率越高。因此，空间分辨率和时间分辨率难以两全，空间分辨率增大，辐射分辨率降低。

（三）遥感数字图像

遥感数字图像指能够被计算机存储、处理和使用的图像，它由一系列像元组成，它的空间坐标和明暗程度都是不连续的，用离散数学来表示。像元（pixel），亦称像素，是数字图像的最小单位，是指在对图像进行数字化时，数字图像在空间位置上取样，产生离散的 x 值和 y 值，每一个 ΔX 和 ΔY 构成的小方格。每个像元用一数值（DN，digital number）来表示，称为像元的亮度值或灰度值，也就是像元的属性特征，反映像元对应地物电磁辐射信息。像元空间特征则包括像元对应地表特定区域的面积和地理位置。在实际工作当中，有时需要将光学图像转换为数字图像，即模数转换，或简称 A/D 转换；有时需要将数字图像转换为光学图像，即数模转换，或简称 D/A 转换。

（四）遥感图像变换

为了达到图像处理的某种目的而使用的数学方法称为图像变换。进行遥感图像变换，有利于对图像信息进行提取、简化对图像的处理、便于进行图像压缩以及增强对图像信息的理解等。图像变换的方法包括彩色变换、K-L 变换、缨帽变换、代数运算、傅里叶变换、小波变换等。

1. 彩色变换

由于人眼对黑白图像的分辨能力只能达到 20 左右的亮度级，而对色彩和强度的分辨力则可达 100 多种，因此将黑白图像转换成彩色图像有利于分辨地物间的差别，增强图像的可读性。

从多波段图像中选出 3 个波段，分别赋予三原色进行合成，为图像的彩色合成（color composite）。图像的彩色合成包括真彩色合成和假彩色合成。如果选择波段的波长与红、绿、蓝的波长相同或近似，可得到接近地物天然色的颜色，这种方法称为真彩色合成。以 Landsat 的 TM 影像为例，当 3，2，1 波段分别被赋予红、绿、蓝进行合成时，得到的就是真彩色图像。在多波段摄影中，一幅图像通常含有的波段的波长在红、绿、蓝波长的范围之外，如人眼看不见的红外波段等，利用这些波段进行的彩色合成称假彩色合成。假彩色合成是为了更好地进行遥感图像解译，比真彩色更易于识别地物的类型、范围、大小等。同样以 Landsat 的 TM 影像为例，将遥感图像的 4，3，2 波段分别赋予红、绿、蓝进行合成时，称为标准假彩色合成，是假彩色合成方法中的一种。

遥感图像处理还经常会用到 HSI 变换，HSI 即色调（hue）、饱和度（saturation）、强度

（intensity），它们被称为色彩的三要素（如图 3-1 为 HIS 颜色空间）。RGB 和 HSI 两种色彩模式可以相互转换，把 RGB 系统变换为 HSI 系统称为 HSI 正变换；HSI 系统变换为 RGB 系统称为 HSI 逆变换。

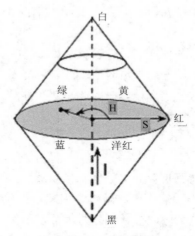

图 3-1　HSI 颜色空间

2.　主成分分析（K-L 变换）

由于物质波谱反射的相关性、地形阴影、遥感器波段间的重叠等原因，多光谱图像的各波段之间的相关性很高，它们的数值以及显示出来的视觉效果往往较为相似，集体数据存在冗余。主成分分析（PCA，又称 K-L 变换）就是通过线性正交变换将多个波段数据集的信息量集中到尽可能少的主成分影像数据中，并且这些主成分之间相互无关。

主成分分析的思想是，将多波段图像看成 N 维空间，每个像元点在多光谱空间中的位置都可以表示成一个 N 维向量 X，利用 K-L 变换矩阵 A 进行线性组合，而产生一组新的多光谱图像 Y，即

$$Y=AX$$

式中：X——变换前的多光谱空间的像元矢量；

　　　Y——变换后的主分量空间的像元矢量；

　　　A——变换矩阵。

变换前各波段之间有很强的相关性，经过 K-L 变换，输出的新的多光谱图像 Y 的各分量之间将具有最小相关性。从几何意义看，变换后的主分量空间坐标系与变换前的多光谱空间坐标系相比旋转了一个角度，并且新坐标系的坐标轴指向数据信息量较大的方向。K-L 变换后新波段主分量包括的信息量不同，呈逐渐较少趋势。第一主分量集中了最大的信息量，占总信息量的 80%以上，第二、第三主分量的信息量依次快速递减，到第 n 分量信息量几乎为 0。

主成分分析减少总的数据量，常用作数据压缩的一种手段，将过多的波段数据压缩进较少的波段内。同时，主成分分析使得影像的特征信息增强，一幅主成分图像中包含了比一幅原始波段内容更为丰富的信息。

3. 缨帽变换（K-T 变换）

缨帽变换也可使坐标空间发生旋转，和主成分分析不同的是，其旋转系数是固定的，旋转后的坐标轴并不是指向主成分的方向，而是指向另外的方向，这些方向与地面景物有密切的关系，特别是与植物生长过程和土壤有关，可以帮助解译分析农业特征，因此在实际应用中具有很大意义。缨帽变换主要应用于 TM 影像和 MSS 影像。

缨帽变换的公式为：

$$Y=BX$$

式中：X——变换前的多光谱空间的像元矢量；

　　　Y——变换后的新坐标空间的像元矢量；

　　　B——变换矩阵。

缨帽变换针对 TM 影像的 1～5 和 7 波段，变换后前 3 个分量具有明确的意义，第一分量代表亮度，反映了总体反射率的综合效果；第二分量代表绿度，与植被覆盖度、叶面积指数、生物量等有很大关系；第三分量代表地表湿度，反映了土壤的湿度状态。而后 3 个分量与地物无明显对应关系。缨帽变换后只取前 3 个分量，也可以实现信息的压缩。

4. 代数运算

根据地物在不同波段的灰度差异，运用波段间的代数运算产生新的波段，以达到突出感兴趣地物信息，减弱或者去除不感兴趣地物信息的图像变换方法。以 B 表示经过运算得到的新的波段，$B1$、$B2$ 表示参与运算的波段。

（1）加法运算。

公式：$B=B1+B2$，用于同一区域的不同时段图像求平均，可以减小图像的随机噪声。

（2）减法运算。

公式：$B=B1-B2$，相减后反映出同一地物的光谱反射率之差，不同地物的反射率差值不同，两波段的亮度值相减后，差值大的被突出出来。

（3）乘法运算。

公式：$B=B1\times B2$，可以用来遮掉图像的某些部分，如图像的掩膜操作。

（4）除法运算。

公式：$B=B1/B2$，可以检测波段的斜率信息并加以扩展，以突出不同波段间地物光谱差异。

（5）归一化指数。

$B=（B1-B2）/（B1+B2）$，在除法运算中，如果分母 $B2$ 比较小（特别是小于 1 时），$B1/B2$ 的结果会夸大差异，使用归一化指数则可避免这一问题。

（6）植被指数。

归一化植被指数（NDVI）：$NDVI=（NIR-R）/（NIR+R）$

比值植被指数（RVI）：$RVI=NIR/R$

差值植被指数（DVI）：$DVI=NIR-R$

式中：NIR——多波段图像中的近红外波段；

　　　R——多波段图像中的红光波段。

5. 傅里叶变换

傅里叶变换是变换域分析中广泛使用的工具，这种方法作用于整幅图像，一幅图像经过傅里叶变换分解成不同频谱上的成分的线性组合。傅里叶变换可分为连续傅里叶变换和离散傅里叶变换，在遥感数字图像处理中应用的是离散傅里叶变换。从数学意义上看，傅里叶变换是将一个函数转换为一系列周期函数来处理的。而从物理效果上看，傅里叶变换则是将图像从空间域转换到频率域，或者说将图像的灰度分布函数变换为图像的频率分布函数；傅里叶逆变换是将图像从频率域转换到空间域，或者说是将图像的频率分布函数变换为灰度分布函数。

二、遥感数据格式和遥感数据产品

（一）遥感数据通用格式

多波段遥感数字图像的存储与分发主要为以下 3 种通用的数据格式：

1. BSQ 格式

BSQ 格式为按波段顺序排列的数据格式，第 1 波段位于第 1 位，第 2 波段位于第 2 位，第 n 波段位于第 n 位……这种存储方式比较便于用户使用。

2. BIL 格式

BIL 格式为按行存储的数据格式，先记录第 1 波段第 1 行，第 2 波段第 1 行……第 n 波段第 1 行，然后第 1 波段第 2 行，第 2 波段第 2 行……依此类推。

3. BIP 格式

BIP 格式为按照像元顺序存储的数据格式，即第 1 波段第 1 行的第 1 个像素位于第 1 位，第 2 波段第 1 行第 1 个像素位于第 2 位……第 n 波段第 1 行第 1 个像素位于第 n 位。然后第 1 波段第 1 行第 2 个像素，位于第 $n+1$ 位，第 2 波段第 1 行第 1 个像素，位于第 $n+2$ 位……依此类推。

（二）遥感数据输入的数据格式

遥感数据输入的数据格式，如 MODIS 图像数据，其数据格式为 HDF 和 HDF-EOS，IKONOS 图像数据，其格式为 GeoTIFF，Landsat-5 数据格式为 FASTB，SPOT-5 图像数据格式为 DIMAP，Landsat-7，第 0 级的数据格式为 HDF 格式，第 2、3、4 级的数据格式为 FAST-L7A、HDF、GeoTIFF，输入的数据格式也包括通用的二进制数据格式 BSQ、BIL、BIP。

（三）遥感图像输出的数据格式

遥感数据输出的数据格式包括通用的二进制格式，如 BSQ、BIL、BIP 格式，一般图像格式，如 BMP、GIF、TIFF、JPEG、HDF、ASCII 等，矢量数据格式如 Shape File，图像处理格式如 PCI 等。

（四）遥感数据产品

1. Landsat 数据产品

（1）Landsat-5 数据产品。Landsat-5 为美国陆地卫星的第五颗卫星，于 1984 年 3 月 15 日发射升空。TM 影像是指美国陆地卫星 4～5 号专题制图仪（Thematic Mapper）所获取的多波段影像，共有 7 个波段。FASTB 为 Landsat-5 的图像数据格式，包含头文件和图像文件两类文件，头文件即是数据的说明文件，全部为 ASCII 码字符，内容包括数据的产品标识、获取时间、轨道号、增益偏置、投影信息、中心地理坐标和图像四角点坐标等。图像文件则只含有图像数据，不包括其他辅助数据。

（2）Landsat-7 数据产品。美国陆地卫星 7（Landsat-7）于 1999 年 4 月 15 日发射升空，与 Landsat-5 相比，装备有 ETM+（Enhanced Thematic Mapper Plus）设备，增加了分辨率为 15 m 的全色波段（共 8 个波段）；波段 6 数据的分辨率从 120 m 提高到 60 m，准确性更高。数据产品分级：原始数据产品（Level 0），其数据格式为 HDF 格式，包含了用于辐射校正和几何校正所需的所有参数文件；辐射校正产品（Level 1），只经过辐射校正而未经过几何校正的产品数据；系统几何校正产品（Level 2），是经过辐射校正和系统几何校正的产品，其地理定位精度误差为 250 m，一般可以达到 150 m 以内。几何精校正产品（Level 3），其采用地面控制点对几何校正模型进行修正，精度大大提高，其地理定位精度可达一个像元以内，即 30 m；高程校正产品（Level 4），采用地面控制点和数字高程模型对几何校正模型进行修正，进一步消除地物高程的影响。

2. MODIS 数据产品

MODIS（中分辨率成像光谱仪）是搭载在 TERRA 和 AQUA 卫星上的重要传感器，具有 36 个波段，分布在 0.4～0.14 μm 的电磁波谱范围内，其地面分辨率为 250 m，500 m，1 000 m。可以每日或者没两日获取一次全球的观测数据。

MODIS 数据分级：Level 0 为原始分辨率的仪器数据，包含按照顺序存放的扫描数据帧、时间码、方位信息和遥测数据等；Level 1A 为以定标数据和其他辅助数据对 Level 0 重定格式后的数据；Level 1B 为在 Level 1A 数据上进行定标后产生的各通道反射率和辐射率数据；Level 2 为在 Level 1B 基础上通过相应算法得到的地球物理参数数据；Level 3 为时间上和空间上被校正和复合的数据，具有一定的完整性和一致性；Level 4 为通过分析模型和综合分析 3 级及以下数据得到的结果数据。

3. SPOT 数据产品

法国的 SPOT 卫星系列一共有 5 颗卫星，除 SPOT-3 失效外，其余都在正常运行，SPOT-6 也于 2012 年发射。SPOT 数据在土地利用、土壤侵蚀监测、土地沙漠化监测、森林覆盖、城市规划、环境保护等方面具有十分重要的作用。

SPOT 数据产品的分级：Level 0 为未经辐射校正和几何校正处理的原始数据产品，包含了辐射校正和几何校正处理的辅助数据。Level 1 为经过辐射校正和几何校正处理后的数据，其中 Level 1A 为经过辐射校正处理后的数据，Level 1B 为经过 Level 1A 辐射校正和几何校正的数据；Level 2 为经过几何精校正的数据，其中 Level 2A 为投影到给定的投影坐标系下的数据，未引入地面控制点，Level 2B 为引入地面控点的高几何精度的图像数据；Level 3 为经过正射校正的数据。

4. 多角度高光谱 CHRIS 数据产品

CHRIS/PROBA 为目前世界上唯一可以同时获取高光谱和多角度数据的传感器，它可以一次性地获取同一地点 5 个不同角度的成像，对叶面积指数反演、估测植被冠层结构等具有重要作用。CHRIS（紧凑式高分辨率成像分光计）数据地面分辨率为 17 m 和 34 m，光谱分辨率为 1.25～11.00 nm，成像光谱范围 0.40～1.05 μm。CHRIS 数据产品分为两级，Level 0 是原始数据，用来生产 Level 1 产品，Level 1 产品为 HDF 格式，数据文件包括传感器类型、目标名称、成像日期、图像序号、目标经纬度、目标海拔高度、飞行天顶角、太阳天顶角、图像中心时间、工作模式、行数、列数、波段数、平台实际高度、文件产生时间等信息。

5. Hyperion 数据产品

EO-1 为美国 NASA 研制的新型地球观测卫星，其轨道与 Landsat-7 基本相同，为太阳同步轨道。Hyperion 为 EO-1 上搭载的高光谱成像光谱仪（EO-1 上共搭载 3 种传感器，另外两个传感器为高级陆地成像仪 ALI 和大气校正仪 AC）。它是以推扫的方式获取可见光-近红外（VNIR，400～1 000 nm）和短波红外（SWIR，900～2 500 nm）的光谱数据。其数据分为两级，Level 0 用来生产 Level 1 数据，用户使用的是 Level 1 数据。数据格式为 HDF。Level 1 数据产品又分为 L1A、L1B、L1R 3 种，L1A 没有纠正 VNIR 和 SWIR 波段间的空间错位问题，而 L1B 和 L1R 则纠正了 VNIR 和 SWIR 波段间的空间错位。Level 1 产品共有 242 个波段，1～70 为可见光-近红外波段（VNIR），71～242 为短波红外波段（SWIR），其中 198 个波段经过辐射定标处理，定标的波段为 VNIR 第 8～57 波段，SWIR 第 77～224 波段，而由于 VNIR 第 56～57 波段和 SWIR 第 77～78 波段重叠，实际上独立的波段共有 196 个。Hyperion 数据产品没有进行几何纠正。

6. 雷达 RADARSAT 数据产品

（1）RADARSAT-1 数据产品。RADARSAT-1 卫星于 1995 年发射，具有 7 种模式，25 种波束，不同入射角，具有多分辨率、不同幅宽和多种信息特征。其数据格式共有 3 级 9 种。原始信号级，RAW 产品为复型方式将未经压缩成像处理的雷达信号数据记录在介质上。地理参考级，SLC 产品，单式复型产品；SGF 产品，即 SAR 地理参考精细分辨率产品；SGX 产品，即 SAR 地理参考超精细分辨率产品；SGC 产品，即 SAR 地理参考粗分辨率产品；SCN 产品，即窄幅 ScanSAR 产品；SCW 产品，即宽幅 ScanSAR 产品。地理编码级，SSG 产品，即 SAR 地理编码系统校正产品，该产品在 SGF 产品的基础上进行了地图投影校正；SPG 产品，即 SAR 地理编码精校正产品，与 SSG 产品相仿，不同的是 SPG 产品采用地面控点对几何校正模型进行修正，几何精度大大提高。

（2）RADARSAT-2 数据产品。RADARSAT-2 于 2007 年发射，相对于 RADRSAT-1 可提供 11 种波束模式，RADARSAT-2 也更加灵活，可以根据指令在左视和右视之间切换，使得重访周期缩短，并具有获得立体成像的能力。分辨率高，可达 3 m。此外，还有数据处理和交付速度快，几何准确度提高等特点。RADARSAT-2 不再提供原始信号级 RAW 产品，其他数据产品的数据格式全部为 GeoTIFF。

三、遥感数字图像处理的流程及特点

遥感数字图像的处理流程包括遥感数字图像的辐射校正、几何校正、正射纠正、图像镶嵌、融合与裁剪、图像增强与变换、图像分类、专题制图、结果的分析和共享等。

（一）遥感数字图像的辐射校正

辐射校正包括传感器系统误差校正、大气校正、太阳高度校正和地形校正。

1. 传感器系统误差校正

常见的由遥感系统引入的辐射误差包括：随机坏像元、行开始与终止问题、行或列缺失或部分缺失等。这些误差有时可以修复误定标的光谱信息使之与正确的实测数据相对一致，但是对于那些没有获得数据的区域，只能做修饰性的调整。

2. 大气校正

传感器接收到的地物信息，会由于地球大气的存在而发生衰减，进入大气的太阳辐射会发生反射、折射、吸收、散射和透射（其中吸收和散射的影响较大），使得遥感器接收到的信息复杂，因此，遥感图像的大气校正也较为复杂。目前国内外提出了不少大气校正模型，可分为基于图像特征的模型、地面线性回归模型、大气辐射传输理论模型等。Tanre 等在假设地表均一的前提下，描述了非朗伯反射地表情况下的大气影像理论，并提出了 5S 和 6S 模型。目前，6S 模型为辐射传输模型当中较为广泛使用的方法。

3. 太阳高度校正和地形校正

太阳直射光辐照度在进入大气层以前是一个已知的常量。当地形较为平坦时，瞬时入射角相对容易计算，但是当地形为倾斜地形时，经过地表散射、反射到遥感器的太阳辐射量就会由于倾斜度而相应变化，因此需要利用数字高程模型（DEM）计算每个像元的太阳瞬时入射角来校正其辐射亮度值。

进行坡度坡向校正是为了使两个反射物性相同的地物，虽然坡向不同，在影像中具有相同的亮度值。Teiller 等描述了 4 种地形坡度坡向校正方法：简单余弦校正、两个半经验校正方法（Minnaert 校正和 C 校正）和统计-经验模型。这些方法都基于光照度（太阳入射角的余弦），因此代表了直射到像元的太阳辐射。

（二）几何纠正

遥感几何变形是指在遥感图像的获取中，由于多种原因导致景物中目标的相对位置的坐标关系发生变化，一般可以分为系统性和非系统性的几何变形。系统性的几何变形包括如扫描畸变等，较有规律，可以根据遥感器内部变形的数学公式或模型来预测；而非系统性的几何畸变则是不规律的，并且较难预测，一般由遥感平台高度、速度、姿态、地球曲率、空气折射等引起。进行几何纠正就是为了纠正系统性和非系统性的因素引起的变形，使得遥感图像与标准图像达到几何整合。

进行几何纠正的步骤包括：

（1）地面控点的选取：一般选择道路交叉点、河流叉口、建筑边界、农田界线；选择的控制点上的地物不能随时间发生变化。没有进行地形纠正的控点应选取在同一高度；地面控点在图像中分布均匀，并保证一定数量。

（2）选择多项式纠正模型：地面控制点确定后，进行选择合适的数学纠正模型，建立图像坐标与参考坐标之间的关系式。

（3）重采样：重新定位后的像元在原图像中的分布并不是均匀的，即输出图像像元点在输入图像中的行号和列号不是或不全是整数关系。因此需要根据输出图像上的各像元在输入图像中的位置，对原始图像按一定规则重新采样进行亮度值的插值计算，建立新的图像矩阵。常用的内插方法包括最邻近法、双线性内插和三次卷积内插。

（三）正射纠正

利用已有如地形图、地面控点等地理参考数据和 DEM 等数字高程模型数据，对原始遥感影像进行纠正，为正射纠正。这种纠正方法可以消除或减弱地形起伏造成的遥感图像变形，使得图像具有准确的地面坐标和投影信息。

（四）图像镶嵌、裁剪与融合

1. 图像镶嵌

如果研究区域超出单幅影像所覆盖的范围，就需要将两幅或者多幅遥感图像拼接成一幅覆盖整个区域的较大图像，这个过程就是遥感图像的镶嵌。进行图像镶嵌时，需要一幅图像作为参考图像作为镶嵌过程中对比度匹配、输出图像地理投影、像元大小、数据类型的基准，并且，为了便于镶嵌，需要保证图像之间具有一定的重复覆盖区，并用图像匹配方法在覆盖区上进行匹配，以保证镶嵌后输出图像的亮度值和对比度。

2. 图像裁剪

在遥感图像的应用中，一般会研究遥感影像中一个特定范围内的信息，这时就需要对遥感影像进行裁剪，使其成为需要的研究区范围。遥感图像的裁剪可以分为规则的分幅裁剪和不规则的分幅裁剪。

3. 图像融合

图像融合是指将不同传感器得到的同一景物图像或同一传感器在不同时刻得到的同一景物的图像，经过相应处理后，再运用某种图像融合技术得到一幅合成图像的过程。多幅图像融合可以克服单一传感器遥感图像在几何、光谱和空间分辨率等方面存在的局限性和差异性，提高图像的质量，从而提高图像的解译性。目前，遥感图像融合包括像素级、特征级和决策级 3 个层次。

（五）遥感图像的变换

进行遥感图像变换，有利于提取图像信息、简化对图像的处理、便于图像压缩以及增强对图像信息等。图像变换的方法包括彩色变换、K-L 变换、缨帽变换、代数运算、傅里叶变换、小波变换等，图像变换在本节前文中有详细论述。

（六）遥感图像分类

根据遥感图像中每个像元在不同波段的空间结构特征、光谱亮度等信息，将像元按照某种算法或规则划分为不同的类别，就是遥感图像的分类，进行遥感图像分类有利于了解研究区域情况，获得如土地利用图、植被分类图等图件，为环境保护、土地利用规划等研究提供数据资料。利用光谱亮度进行分类是最简单的分类方法，除了考虑光谱亮度信息外，还有将如图像纹理、形状、大小、复杂程度等空间关系利用起来的分类方法，对于多时相图像数据，还可将时间信息引入，如农作物不同生长季节的差别等。根据人工参与的程度，将分类的方法分为监督分类、非监督分类和二者结合的混合分类。

1. 监督分类

监督分类（supervised classification）又称训练场地法，即用已经被确认类别的训练样本像元来识别其他未知类别像元的过程。分类时，在遥感图像上对每一类别选取一定数量的训练区，用计算机计算出每种训练样区的统计信息或其他信息，将每个像元和训练样本作比较，按照不同的分类规则将其划分到和其最相似的类别当中。监督分类的一般过程包括：

（1）选取训练样本。选取训练样本可以运用 GPS 系统进行实地定位，获取训练样本；也可以根据参考图或研究人员对该研究区域的理解，在计算机屏幕上指定。选取的训练样本应该是容易识别并均匀地分布于整幅影像当中。

（2）评价训练样本的好坏。评价训练样本一般需要计算各类别训练样本的光谱特征信息，通过如均值、最大值、最小值、方差、标准差、协方差矩阵和相关矩阵等基本统计值，来检查训练样本的代表性、评价训练样本的好坏、选择合适的波段。评价的方法包括有图表显示和统计测量两种。

（3）选择合适的分类方法。监督分类的方法主要有最大似然法、平行六面体法、最小距离法、马氏距离法、神经网络法和支持向量机等。①最大似然法（Maximum Likelihood Classification，MLC）：传统的遥感图像分类中，最大似然法是应用比较广泛的一种分类方法。它假定每个波段中的每类的统计都呈现正态分布，并将计算出待分类样区的归属概率，将像元分类到概率最大的哪一个类别当中。②平行六面体法（Parallelpiped）：这种方法是根据训练样本的亮度值形成一个 n 维的平行六面体数据空间，其他像元的光谱值如果落在平行六面体任何的一个训练样本所对应的区域，就被分在对用的类别中。③最小距离法（Minimum Distance Classification）：利用训练样本中各类别在各波段的均值，根据各像元距离训练样本平均值距离的大小来进行分类的一种方法。最小距离法的分类精度不高，但计算速度快，较适合在快速浏览分类概况时使用。④马氏距离法（Mahalanobis Distance）计算输入图像到各个训练样本的马氏距离，最后统计马氏距离最小的，即分为此类别。⑤神经网络法（Neural Net Classification）：这种方法利用计算机模拟人脑结构，用许多小的处理单元模拟生物的神经元，用算法实现人脑的识别、记忆和思考过程来实现图像的分类。⑥支持向量机（Support Vector Machine Classification，SVM）：可以自动寻找对分类具有较大区分能力的支持向量，由此构造出分类器，可以将不同类别之间的间隔最大化，分类准确性较高。⑦光谱角填图法（Spectral Angle Mapping，SAM）：用 n 维角度将像元与参考波谱进行匹配，通过计算波谱间的角度，来判断连个波谱间的相似程度，进而将像元分为不同类别。

2. 非监督分类

非监督分类（Unsupervised Classification），也称聚类分析，即在遥感图像中搜寻、定义其自然相似光谱群集的过程。非监督分类不需要人工选择训练样本，计算机按一定规则自动地根据像元光谱或空间等特征组成群集，研究人员需要将每个群集与参考数据比较，将其划分到一个类别中去。非监督分类的过程一般是选择非监督分类方法进行分类，和并群集和类别定义，评价分类结果。常用的非监督分类方法有 K-平均值法和 ISODATA 法，下面对这两种方法进行介绍。

（1）K-均值法（K-Means）：这种方法需要先选定所需分类的个数，随机地查找聚类中心的位置，然后迭代地重新配置他们，完成分类过程。即样本和类别的误差平方和最小，值越小相似度越大，依次将像元划分到最相似的类别中去。

（2）ISODATA 法（Iterative Self-Organizing Data Analysis Technique）：即重复自组织数据的分析技术，它是计算数据空间中均匀分布的类均值，然后按照最小距离规则将剩余像元进行迭代聚合、每次迭代都重新计算均值，根据所得的新均值对像元进行再分类。

3.　分类精度评价

随着遥感与地理信息系统的整合，许多遥感数据以及从遥感数据中提取的专题图数据更多地被用来进行定量分析。遥感图像分类是进行遥感制图的主要分析方法，因此，遥感图像分类需要保证一定的精度。通常造成遥感图像分类误差的原因是多样的。比如研究区域内土地覆盖类型与景观的多样性、遥感数据的空间分辨率、分类所采用的算法与步骤等。总的遥感图像分类精度的评价参数主要有混淆矩阵、总体分类精度、Kappa 系数、错分误差、漏分误差、制图精度和用户精度等。目前，分类精度评价的方法中存在的重要问题得到了公认，但仍有很多需要解决的问题，并且，目前大部分文献中所使用的精度评价方法还是如混淆矩阵、Kappa 系数等经典方法，是否具有更好的模型还有待讨论和提出。

第三节　环境遥感技术应用

一、生态环境遥感监测

（一）生态环境概述

生态环境主要是指除环境污染之外的人类生存的环境。生态环境主要包括自然生态环境、农业环境、城市生态环境 3 部分。其中自然生态环境是基础，是主要部分；农业环境是半人工生态环境，是在自然环境的基础上经人类改造发展起来的；城市生态环境则主要是人类建设的产物。

1.　自然生态环境

自然生态环境是地球长期演化形成的，包括非生物因子和生物因子两部分。非生物因子包括阳光、空气、岩石、矿物、土壤、河流、湖泊、湿地、地下水、海洋等；生物因子包括植物、动物和微生物。非生物因子组成岩石圈、大气和水圈，而生物因子则组成生物圈。

近代工业革命使人与自然环境的关系发生了巨大变化。特别从 20 世纪中叶开始，科学技术的飞跃发展和世界经济的迅速增长，使人类的足迹踏遍全球。在第二次世界大战后短短的几十年，生态环境问题迅速从地区性问题发展为全球性问题。当代全球面临的典型生态环境问题问题有：全球变暖、臭氧层破坏、酸雨、淡水资源危机、森林锐减、土地荒漠化、生物多样性减少、固体废弃物污染等。

2. 农业环境

农业环境是指影响农业生物生存和发展的自然因素和经过人工改造的自然因素的总体，主要包括农田、草原、森林、灌溉水、空气、光、热及施用于农田的肥料（包括化肥）、农药和农业机具等。这些农业环境要素间相互作用、相互影响，为人类创造出生产上和生活上必需的物质。农业环境是人类赖以生存的自然环境中的一个重要组成部分，而当前中国农业环境仍面临农业环境污染和生态破坏等问题。

3. 城市生态环境

城市是人类社会发展到一定阶段的产物，是人类改造自然环境（自然生态系统），创造新的生存环境（人工生态系统）的具体体现。在城市中，城市生态环境是经过人类充分改造过的人工环境，是一个复杂的环境系统。环境系统与城市居民（生命系统）在城市这个特定空间组成城市生态系统。

城市生态系统可分为城市自然生态子系统（包括城市居民赖以生存的基本物质环境，如太阳、空气、水资源、森林、气候、岩石、土壤、动物、植物、微生物、矿藏以及自然景等），城市经济生态子系统（包括城市生产、分配、流通与消费的各个环节），以及城市社会生态子系统（涉及城市居民及其物质生活与精神生活诸方面，如居住、饮食、服务、供应、医疗、旅游以及人们的心理状态，还涉及文化、艺术、宗教、法律等上层建筑的范畴）。

（二）自然生态环境遥感

1. 植被遥感监测

遥感在生态研究中的应用主要是从研究植被入手，无论是土壤重金属污染、植被病虫害，还是野生动物生态环境，在遥感影像中都是通过植被的光谱特征变化来反映的。因此用于生态研究中遥感影像应以能反映植被的不同种类和生长状况为主。

植物遥感的最佳波段范围为 0.4~2.5 μm 属可见光和近红外光范围，这其中可划分 8 个有效（可选）波段：

（1）0.45~0.50 μm（或 0.44~0.51 μm），色素吸收波段。即在叶红素及叶绿素吸收区，其特性与红波段相似。

（2）0.52~0.59 μm（或 0.51~0.60 μm），绿色反射波段。对区分不同林型及树种可能提供较多的信息。绿波段与红波段的比值（比值植被指数）可以提供作物生长的有用信息。

（3）0.63~0.69 μm（或 0.62~0.69 μm），对区分有无植被、覆盖度及植物健康状况极为敏感。有人认为当用（0.74~0.91/0.63~0.69）作比值分析时效果最好。

（4）0.70~0.74 μm，是个过渡波段，仅能增加噪声，不宜包括在其他波段中，TM、SPOT 均避开了这一波段。但它也有特殊的功能，如受金属毒害的植物在此波段范围内（即可见光与近红外吸收边外）其反射率表现最明显，大约有 10 nm 的蓝移，而高粱等作物在成熟期有大约 10 nm 的红移。

（5）0.74~0.90 μm，是绿色植物的各种变量与反射率关系最敏感的波段，为植物通用波段。其中 0.74~0.80 μm 与背景土壤形成明显的对比，对区分不同覆盖度作物长势最好。但作为植物通用波段取 0.74~0.90 μm 为宜。为了避开 0.74 μm 及 0.92~0.98 μm 的氧和水的吸收，可以选择 0.76~0.90 μm。

　　（6）1.1～1.3 μm，在高反射区与水吸收区之间，能区分植物类别。

　　（7）1.55～1.75 μm，2.1～2.3 μm，均是位于几个水吸收带之间的反射峰，对土壤及绿色植物有很强的对比。

　　Landsat/TM 数据和 NOAA/AVHRR 数据都含有近红外波段和可见光红波段，是目前被广泛用来研究植被的数据。遥感 NOAA/AVHRR 光谱植被指数多时相的 NDVI 矢量和多时相的 NDVI 变化矢量是研究全球和区域尺度上土地覆盖变化的重要手段。利用 NDVI 研究全球和区域土地覆盖取得了非常好的应用效果，在非洲和其他区域获得了关于土地覆盖变化的信息。除了用植被指数以外，用遥感影像直接分类也是研究植被类型的一种方法。例如，Gopal 等于 1999 年用神经网分类方法对全球的 AVHRR 数据进行了土地利用分类，刘纪远等于 1998 年用 NOAA/AVHRR 数据对中国东北植被进行了综合分类。

　　除了对其波谱特性的地学研究外，还需注重时相的分析，如物候期的分析。地物构象特征是与其物候期息息相关的。因为各种植物都有一定的物候期。比如，木本植物都有其萌芽期、展叶盛期、开花盛期、树叶变色期、果实成熟期和落叶末期等。因此，可依据具体应用目的和要求，选择所需的物候期，对地物进行识别分类。例如，估算大面积植被生物量，不需要太高的地面分辨率，分辨率为 1 km 的 NOAA 数据就能达到要求，但是因为要计算全年每旬的植被指数，考虑到云的覆盖，则要从更多的影像中进行挑选，就需要更高时间分辨率的影像，通常需要每日的影像。如果对小面积的植被分类，则需要高地面分辨率，通常为 10 m 至几十米。若要对林型、树种进行判别，则要 10 m 以下的地面分辨率。

　　2. 土地利用/土地覆盖遥感监测

　　土地利用是人类基本的生产生活方式，从一定意义上说，人类社会的发展历史就是土地利用变化的历史。随着人口、环境、经济发展的变化，土地资源开发利用中不可避免地出现不合理问题。由于土地资源的开发利用具有动态性等特点，所以调查土地利用现状、监测土地的动态变化是合理利用土地、保持良好的土地生态环境的重要环节。土地覆盖是指地球陆地表层和近地面层的自然状况，是自然过程和人类活动共同作用的结果。土地覆盖变化包括生物多样性、现实和潜在的生产力、土壤质量以及径流和沉积速度中的种种变化。土地利用/土地覆盖变化研究是全球环境变化研究的核心领域。采用时空复合体的分析方法来研究土地利用/土地覆盖变化的规律，对于全球环境变化研究将发挥积极的作用。

　　地物的电磁波辐射能量及变化在图像上表现为灰度的变化，灰度是识别地物的重要依据。由于不同地物其辐射、吸收、反射和散射电磁波的波长不同，而在遥感影像上形成了不同的波谱特征，根据地物波谱曲线，并依据地表的实验结果，可分出不同的地物类型，即土地覆盖类型。目前用于土地利用/土地覆盖监测的遥感数据主要有 NOAA/AVHRR 数据、Landsat/TM 数据和 SPOT 数据等。

　　3. 荒漠化遥感监测

　　荒漠化是指发生在干旱区、半干旱区和亚湿润干旱区内的土地退化。荒漠化监测是对可能发生荒漠化地区的土地进行全面观测，调查荒漠化现状，评价荒漠化危害，监测荒漠化的发生发展过程，为防治荒漠化提供科学依据。

　　当地表的绿色覆盖和土壤结构一旦被破坏，荒漠化的速度就加快。植被盖度与植被的生长状况对研究沙漠化的发生、发展有着重要的作用。在植被盖度高、生长状况较好的干旱、半干旱区域，荒漠化的程度较轻，反之，荒漠化的程度较重。目前，气象卫星

NOAA/AVHRR 数据是荒漠化宏观动态监测一种常用的信息源。通过对 AVHRR 数据的处理分析，利用植被指数（NDVI）及时间序列方法分析地表植被的覆盖度及生长状况，再用植被信息评价荒漠化危害，分析荒漠化动态。利用 TM 影像进行荒漠化监测的研究也获得了较好的结果。

4. 水土流失遥感监测

水土流失实质上为土壤侵蚀，是世界上各国普遍关注的问题，严重的水蚀和风蚀将导致土地荒漠化。水土流失与水土保持的遥感应用以航空、航天等多平台遥感资料为信息源。20 世纪 80 年代以来，我国先后在黄土高原区域治理，三北防护林工程遥感调查等重大项目中取得一系列有价值的成果。以 1∶50 万陆地卫星 TM 影像为基础，结合应用航片，SPOT 卫片等，中国科学院完成了中国土壤侵蚀遥感调查项目，取得了全国最新土壤侵蚀数据。

土壤侵蚀量调查应选择雨季前后的最新遥感图像，如 TM 及其假彩色合成图像，可以利用汛前汛后不同时相的遥感图像进行判读比较，还应收集调查区域各比例尺的地形图，地质图，土地利用现状图，水土流失图，土壤分布图等。

5. 湿地遥感监测

湿地是水域与陆地间的交互区域，是地球上具有多功能的独特的生态系统，其巨大的生态效益、极丰富的生物多样性和极高的生物生产力为人类生存创造了重要条件，但由于土地利用的需要，湿地不断被开垦、破坏，湿地这一重要的自然资源面积日益减少。遥感、GIS 等技术已越来越多地应用到湿地的保护、监测、管理方面。利用遥感技术对湿地研究的内容包括湿地景观格局调查、湿地景观破碎化程度调查、湿地景观变化分析、湿地类型遥感解译等。

（三）农业环境遥感

从 20 世纪 20 年代开始，航空遥感就被用于农业土地调查。发达国家将农业遥感技术作为国家决策支持系统的重要手段之一，在农作物估产、农业资源调查、农业灾害预报等方面取得了丰硕的成果。我国农业部门从 20 世纪 70 年代末期开始应用遥感技术，40 多年来取得了大量理论和应用研究成果。环境污染对农作物质量有较大影响，因此农业环境的遥感监测也是环境管理的重要组成部分。

农业环境遥感的主要内容包括大气、水、水土流失、病虫害、农田污染、干旱洪涝等。

1. 农田重金属污染遥感

农田重金属污染会破坏农田生态系统功能，影响农作物的生长与发育，降低农作物品质，并通过食物链进入人体，威胁人类健康。遥感在大面积的重金属污染调查与检测具有重要作用。

对于铜、锡、砷、铅和锌是没有光谱特征的重金属元素，但他们在土壤中被 Fe 的氧化物所吸附而与 Fe 具有相关性，可通过 Fe 的光谱特征时间重金属元素的测定；另外，重金属进入植株体内会引起叶绿素的合成受阻、光合效率下降、代谢功能紊乱等，进而使得植物光谱发生变化。

2. 农作物病虫害遥感

病虫害会导致植被外部形态和内部生理功能发生变化。如外部形态表现在落叶、卷叶、叶片被吞噬、枝条枯萎；内部生理变化主要包括组织破坏、机能衰退等。

正常农作物会表现出典型的植被光谱特征，而受到病虫害后，农作物光谱在近红外区间的反射率明显降低，红光波段反射率增高，近红外陡坡效应大大削弱甚至消失，绿光反射率降低。另外，在叶面积指数、生物量、覆盖度等参数上也有明显变化。

3. 干旱/洪涝遥感

干旱是水分收支不平衡所形成的水分短缺现象，其形成以及强度是一个渐进的过程。有研究表明归一化植被指数（NDVI）与土壤湿度相关性较好，与植物密度和活力关系密切，利用多年同时相的 NDVI 时间序列数据在旱情监测方面具有重要应用。

洪涝突发性强、危害大、时空分布广，给农业造成巨大损失。利用遥感影像识别出水体后，可结合洪灾前背景水体信息，将洪水期水体与正常水位水体影像进行叠加判断，确定洪水淹没区。作物在受到洪涝灾害影响后，会出现发黄、萎蔫等现象，洪前洪后 NDVI 对比分析可判断受灾作物的分布情况。

（四）城市生态环境遥感

遥感应用于城市生态环境研究从 1858 年法国用装在气球上的相机拍摄了巴黎市的像片开始。近二三十年用航空像片进行城市专题研究日趋成熟，使用了彩色、航空热红外等技术。卫星遥感数据主要应用于城市发展动态监测。航空遥感图像数据应用于城市环境虽已取得很多成效，但作为城市环境调查、监测的实用化技术系统尚需做出更进一步的努力。航天遥感应用于城市环境虽存在一些问题，但是随着新型高分辨率航天遥感技术的发展，其应用越来越多。

城市生态环境遥感的主要遥感手段是航空和航天遥感。航空遥感图像数据使用的波谱范围从可见光、近红外、热红外一直延伸到微波。由于航空遥感图像的比例尺、地面分辨率相对于航天遥感而言均较高，可分辨城市生态环境细节，几乎应用在城市生态环境遥感课题的各个方面；航天遥感图像数据则大多应用于城市土地覆盖分类、土地利用等方面。随着航天遥感图像分辨率的不断提高（如现在 QuickBird 卫星分辨率已达 0.61 m），一般城市生态环境遥感已逐渐采用高空间分辨率的航天遥感图像数据。

城市生产生活对环境的污染和破坏是多方面的，内容和形式也是多种多样的。其中，可以采用遥感手段进行调查研究的主要包括城市热岛效应、城市大气污染、城市水污染、固体废弃物、热污染等环境问题。

1. 城市热岛效应遥感研究

现代城市由于人口密集、工业集中、形成市区温度高于郊区温度的小气候现象，称为热岛效应。城市中升高的温度也影响着居民生活的健康和舒适性，形成的环流也导致污染物难以扩散。红外遥感图像反映了地物辐射温度的差异，可为研究城市热岛提供依据。通过热红外遥感数据反演出地表温度，进而进行温度分级，研究热岛在空间上的分布，结合多时相的遥感数据，也可归纳某一地区热岛在时空上的分布与变化。遥感卫星的重复观测有利于对城市热岛效应进行周期性监测，有利于提取城市热岛效应分布、强度等的动态信息并进行趋势分析，便于采取措施。

2. 城市大气污染遥感监测

城市大气污染的遥感调查主要是通过遥感手段调查产生大气污染的污染物质发生源的分布、影响范围和影响程度等。

（1）烟囱的大小、高低和分布。烟囱在遥感图像上很容易识别，其特点是阴影长、投影差大。烟囱的高度可以通过测量烟囱的阴影长度来计算其大致高度。

（2）烟尘的影响范围。在遥感图像上通常可以看到由烟囱排出的烟气由点到面的逐渐扩散形状，颜色为灰白色，而且遮盖了城市下垫面的地物，使影像模糊不清。

（3）利用植物的敏感性推断大气污染的程度和性质。一般来说，在污染较轻的地区，植被受污染的情形并不容易被人察觉，但是其光谱反射率却会产生明显变化，在遥感图像上表现为灰度的差异。生长正常的植物叶片对红外线反射强，因此在彩色红外像片上色泽鲜艳、明亮。受到污染的叶子，其叶绿素遭到破坏，对红外线的反射能力下降，反映在彩色红外像片上颜色偏暗。除植物的颜色以外，还可通过植物的形态、纹理和动态标志加以综合判断。

3. 城市水污染遥感监测

城市的水污染主要是由于工业和生活废水排入城市周围的水体中，使水质发生变化。由于水质的变化往往引起水的温度、密度、色度以及透明度等物理性质的变化，而导致水体反射波谱能量的变化，这些变化可通过遥感手段进行监测。被污染的水具有和清洁水相区别的独特的光谱特征，这些特征可被遥感器所捕获，并体现在遥感影像中。通过特定时间的遥感影像并结合地面水体数据，可以建立起水质遥感模型，对城市水污染进行定量检测。

二、水环境遥感监测

（一）水环境概述

水环境是由地球表层水圈所构成的环境，它包括在一定时间内水的数量、空间分布、运动状态、化学组成、水生生物种群和水体的物理性质。水环境是一个开放系统，它与土壤—岩石圈、大气圈、生物圈乃至宇宙空间之间存在着物质和能量的交换关系。地球水环境总是处在不断变化之中，与大气环境、土壤环境等介质环境相比，水环境具有以下明显的特点。

（1）水体状态的可变性。水有 3 种状态——固态、液态和气态。通常所说的水环境是指水的液体状态。当温度和压力变化时，水可以从一种状态转变为另一种状态。水的这种相变对人类和各种生物具有特殊的意义。

（2）水体物质组成的差异性。海水、淡水、酸性水、碱性水，虽然都是水，但每种水体所含的物质组成差异却很大。

（3）水体时空分布的不均一性。地球表层的水体分布极不均匀，南北半球和东西半球之间的差异很明显。就陆地水分布而言，时空分布也是不均一的。从时间分布看，我国大部分地区冬春少雨，多春旱；夏秋多雨，多洪涝。从地区分布看，长江及其以南地区耕地只占全国的 36%，而水资源量却占全国总量的 80%；黄淮海流域耕地占 40%，水资源量仅占 8%。水资源分配不均，造成我国水环境差异悬殊。

（4）水的可循环性。水体除了可以在气态、液态、固态之间转化外，不同水体之间还存在不断的循环与交换。水在循环过程中可以产生能量传输、物质运移、气候调节和大气净化等环境效应。这反映了水圈与地球其他圈层的密切关系。

（二）水环境遥感原理

作为环境独立因子的水体，与其他环境因子相比，具有较为明显的辐射特征，其主要表现为：天然水体对 0.4～1.1 μm 电磁波的反射率明显低于其他地物；总辐射水平低于其他地物，在遥感图像上常常表现为暗色调；在近红外波段的反射率比可见光波段低；对含有不同物质的水体，在可见光波段，其反射率有较为明显的不同，如随水中泥沙含量的增加而增强。

1. 水体的光谱特征

水的光谱特征主要由水本身的物质组成决定，同时又受到各种水状态的影响。在可见光波段 0.6 μm 之前，水的吸收少、反射率较低、大量透射。其中，水面反射率约为 5%，并随着太阳高度角的变化呈 3%～10%不等的变化。水体可见光反射包含水表面反射、水体底部物质反射和水中悬浮物质（浮游生物或叶绿素、泥沙及其他物质）的反射 3 个方面。对于清水，在蓝—绿波段反射率 4%～5%，0.6 μm 以下的红光部分反射率降到 2%～3%。在近红外、短波红外部分几乎可以吸收全部的入射能量，因此水体在这两个波段的反射能量很小。由于这一特征与植被光谱和土壤光谱形成十分明显的差异，在红外波段识别水体是较容易的。此外由于水在红外波段（NIR、SWIR）的强吸收，水体的光学特征集中表现为可见光在水体中的辐射传输过程。它包括界面的反射、折射、吸收、水中悬浮物质的多次散射（体散射特征）等。而这些过程及水体"最终"表现出的光谱特征又是由以下因素决定的：水面的入射辐射、水的光学性质、表面粗糙度、日照角度与观测角度、气—水界面的相对折射率等。

2. 水体在不同传感器上的表现

不同的传感器，由于波段范围不同、时空分辨率的限制、大气衰减作用，使得水体在具体的传感器上又有具体的表现。从最早的气象卫星到陆地卫星及海洋卫星等的发射至今，已有许多传感器成功地进行了水体的探测。主要有 LANDSAT（MSS、TM）、NOAA（AVHRR）、SPOT（HRV）、ERS 和 JERS（SAR）或机载 SAR 等。

（1）MSS。MSS 是陆地卫星 Landsatl-3 上的传感器，有 4 个波段，空间分辨率为 80 m×80 m。其中 MSS4（0.5～0.6 μm）属于可见光波段的蓝绿光，对水体有一定的穿透能力，能看到水下地形，由于散射较强，故在黑白像片上颜色较浅，对于水的污染特别是金属、化学污染具有很好的效果；MSS5（0.6～0.7 μm）属可见光的黄红光波段，对水体的浑浊程度，即海洋中的泥沙流，大河中的悬移质状况有鲜明的反映；MSS6（0.7～0.8 μm），MSS7（0.8～1.0 μm）波段，水体由于强烈的吸收能力，在图像上呈现深黑色，水陆边界明显，易于水体的识别。

（2）TM。专题制图仪（TM）是安装在陆地卫星 Landsat4、5、7 上的新型的多光谱扫描仪，与 MSS 相似，但有大的发展，称为第二代多光谱扫描仪。有 7 个波段，其中 6 个波段的空间分辨率为 30 m×30 m，只有第 6 波段为 120M，波段更窄、更细。TMl（0.45～0.52 μm）与 MSS4 相比，对水体的穿透更强，探测水下地形更有效；TM4（0.76～0.90 μm）对探测水陆边界非常有利，由于其空间分辨率高，水体边界反映更为详细、清楚。

（3）SPOT（HRV）。SPOT 卫星同陆地卫星相比，有更高的空间分辨率、兼有多波段通道和全色通道。其中多波段空间分辨率为 20 m×20 m，单波段为 l0 m×10 m，图像清晰，具有较高的几何精度。三波段分别为（0.50～0.59 μm、0.61～0.68 μm、0.79～0.89 μm），有利于水体识别，既可以穿透水体探测，又比较精确地反映出水体的边界和形状。

（4）NOAA（AVHRR）。第三代气象卫星——NOAA 卫星有高分辨率的红外辐射探测器（HIRS）、甚高分辨率辐射计（AVHRR），可提供洋面温度和图像、从地表到高空的温湿度廓线和三层水汽含量。AVHRR 有 5 个通道，其中 CH2 波段（0.725～1.15 μm）对水体反映敏感，而 CH3（3.55～3.93 μm）波段是太阳反射光和地物红外热辐射的交叉区，在白天既接收来自地物的反射辐射，又接收来自地物的热辐射，对地表温度敏感。但是白天水体温度不高，反射率又低，故呈现浅色调。

（5）ERS 和 JERS（SAR）。由于微波具有一定穿透云层和全天候的工作能力，使得微波遥感成为 20 世纪 90 年代的主要遥感手段之一，ERS 和 JERS（SAR）或机载 SAR 成为遥感监测的先进传感器。根据雷达成像机制，地面分辨单元范围内的平均表面粗糙度，决定了该单元范围内的回波强度。水体表面粗糙度较 SAR 的波长而言，属于光滑表面。由于雷达波束的侧视，镜面反射使回波能量很弱，从而在 SAR 图像上表现为暗色或黑色调，水陆分界明显，尤其是水库周边以及海陆分界十分明显。水位越深，图像颜色越暗，反之则较浅一些。

（三）水资源遥感监测

1. 水文要素遥感研究

遥感在水文水资源方面的应用，包括水资源的调查、流域规划、水域面积分布及变化、径流估算、水深、水温、冰雪覆盖、土壤水分监测、冰雪监测、河口海岸带及浅海地形调查、海洋调查研究等方面。特别是在人类足迹难以到达的荒凉地区，遥感技术可成为水文、水资源调查的有效手段。利用遥感图像还可进行海岸带岸线测量、河口及近岸悬浮泥沙迁移，以及海洋环境监测，如海水温度、盐度、水深、洋流、波浪、潮汐等海洋诸要素的测量，对海洋的开发具有重要意义。遥感图像可提供大尺度、现实性强、多层次、全天候、客观逼真的丰富信息，为海洋研究及指导海洋渔业生产提供了基础。

（1）水位—面积和流域界定。要测量水面面积，首先要准确标定水边线。根据水体对近红外和红外线部分几乎全吸收及雷达波在水中急速衰减的特性，应用航空像片和机载雷达图像可以获得准确的水边线位置，从而保证水面面积量测的精度。

流域界定可利用 TM5 图像描出河系网络，由 TM3 图像勾绘流域分水界线得到。若在其上面画出离河口的等距线，面积的分布按河段统计，并假定流域的最大长度和宽度总是以 100%计，可绘制出较为精确的流域分类曲线，这些流域分类曲线与流域的暴雨流量过程线类似。利用遥感图像研究流域形状分类，对分析径流形成及正确了解洪水情况（特别是未经研究的河流）来说是较为有效的。

（2）水深探测。水深探测利用的是光波对水的穿深能力，即水体的透光性能。它是由衰减长度来衡量的。衰减长度是表示水中能见度的一个量度单位，一个衰减长度被定义为向下辐照度等于表面辐照度的 1/e（或 37%）的长度。水体本身的光谱特性是与水深相关的。对于清水，光的最大透射波长为 0.45～0.55 μm，其峰值波长约 0.48 μm，位于蓝绿波段。水体在此波段，散射最弱，衰减系数最小、穿深能力（即透明度）最强，记录水体底部特征的可能性最大；在红光区，由于水的吸收作用较大，透射相应减小，仅能探测水体浅部特征；在近红外区，由于水的强吸收作用，仅能反映水陆差异。正因为不同波长的光对水体的透射作用和穿深能力不同，所以水体不同波段的光谱信息中，实际上反映了不同厚度水体的信息特征，包含了"水深"的概念。比如，一般蓝绿波段（如 MSS4 或 TM1、TM2）穿透深度 10～20 m，则水体对应的像元可能反映了 10～20 m 厚度水体的综合光谱特性（清水则可能穿深 30 m）；而红波段（如 MSS5 或 TM3）穿透深度约 2 m，则可能反映了约 2 m 厚度水体的综合光谱信息。正如前述，水体的光谱特性主要是通过体散射，而不是表面反射测定的，这与陆地截然不同。光对水的穿深能力，除了受波长的影响外，还受到水体浑浊度的影响。随着水中悬浮物质含量（浑浊度）的增加，反射率明显增强，透射率明显下降，衰减系数增大，光对水的穿深能力减弱，最大透射波长（即最大穿透深度的波长）向长波方向移动。

影响遥感入水深度的除了波长、水体浑浊度外，还与水面太阳辐照度 $E(\lambda)$（是太阳天顶角 θ、太阳方位角 Φ 的函数）、水体的衰减系数 $\alpha(\lambda)$、水体底质的反射率 $\rho(\lambda)$、海况、大气效应等有关。此外，水体的光谱特性还与水面粗糙度有关。平静光滑的水面仅有体反射辐射部分的能量进入遥感器，而粗糙波浪水面有表面反射和体反射两部分能量进入遥感器，因此后者比前者亮度更高。

（3）水温探测。遥感器通过探测热红外辐射强度而得到的水体温度是水体的亮度温度（辐射温度）。由于水体热容量大、热惯量大、昼夜温差小，且水体内部以热对流方式传输热量，所以水体表面温度较为均一，空间变化小；但是大气效应，特别是大气中水汽含量，对水温测量精度影响较大，因此，遥感估算水温时，必须进行大气纠正。水面遥感测温及水面大气纠正均比陆地表面的简单和成熟。

（4）径流估算。以遥感方法估算地表径流和枯水径流的基本思路是：运用遥感数据分析流域下垫面特性及其与蒸发、下渗的关系，其中着重考虑降水、径流与蒸发损失的关系。

利用空间遥感信息进行流域水文下垫面要素分析，建立起下垫面分区基本单元，结合非遥感信息研究降水进入流域存储系统内的再分配过程，并测定水文参数，是实施流域枯水估算的快速经济的途径。主要有 3 方面的工作：

一是枯水下垫面要素图的研制。在水文和水资源估算中，通常是利用模型参数来综合反映其下垫面的地质、地貌、植被等因素对降水进入下垫面储存系统再分配诸环节的影响效应。而这些要素，一般可在调查分析的基础上利用遥感图像，结合非遥感图件分析编制而成。下垫面要素图一般包括地质岩性与土壤类型分布图，地貌类型分布特征、植被覆盖特征等。

二是建立枯水估算水文下垫面分区单元。枯水下垫面分区单元是其诸要素综合分析而构成的。每个单元都具有基本相同的地表水形成、运移及储存的条件以及地下水补给与再分配的相似环境因素。因此，在其水资源量估算时，通常可根据同一下垫面分区单元的基本相似环境条件，以相同的水文参数进行。分区单元的建立主要是采取地质类型和地貌类型的组合，然后与植被类型或其植被盖度复合，形成下垫面的基本单元图。

三是流域枯水资源量计算。根据流域遥感地学解译下垫面分区单元内的水文地质及其富水性等条件，结合有关实测调查资料，确定其模数，计算地下水径流量，其计算式为：

$$Rg = Me \cdot Fs$$

式中：Rg——地下水径流量；

　　　Me——地下水径流模数；

　　　Fs——单元集水面积。

据此可按照该流域水文下垫面分区单元的地质岩层与土壤透水性及植被盖度等分析确定，以计算出地下水径流量。

2．水域变化监测

遥感研究长周期的水域历史变迁，主要是依据它在遥感图像上所遗留下来的"痕迹"进行识别的。由于河流、湖泊、海岸等均有其特定的发生发展规律，有其区别于其他地物的特性，因此尽管经历了漫长的自然历史过程，发生了很大的变化，仍有不少特征通过地表水分条件、植物生长状况、土地利用方式、地貌结构和组合关系等得以不同程度的保留。在遥感图像上，它们以色调、阴影、形态、大小、纹理结构等的差异反映出来，由此可勾绘出它们的变迁轨迹。人们通过寻找这些图像标志及其与周围环境因子的不同之处，来追溯它们的分布、变化范围和演变规律，并结合它们的时空变化规律（在空间组合上的规律性），进一步从宏观上恢复当时的古地理环境。

（1）河流、水系变化。河流演变主要指河型的演变。河型是指一条河流的河床平面形态。利用不同年份的航空像片和卫星遥感图像，并结合同期河床断面形态测量资料和历史记载对比河床平面形态的变化，可研究河床演变的过程。

河型本身影响着河床对水流的阻力，某种河型的存在与所能得到的泥沙总量和性质有密切关系，与流量及其变化的关系也十分密切。所以，近年来国内外河流地貌研究重点是河型。通常在遥感图像上能把河型分为顺直微弯、弯曲、分汊和游荡 4 种。河流的长度与河谷长度的比值作为划分各种河型的标准，这一比值称为曲折率，它的大小大致变化在 1～5 范围。顺直微弯型的曲折率为 1.0～1.25，弯曲型的曲折率为 1.2～5.0，其中一般弯曲的曲折率是 1.2～1.5，蛇曲或蜿蜒的曲折率则是 1.5～5.0。分汊型是河床被江心洲分为若干汊道，有分有合、时分时合，河岸抗冲性比顺直微弯和弯曲型的小，有可能因冲刷展宽河床，为江心洲发育提供条件。游荡型河床的主要特点是，河身宽浅，心滩众多，洪水时汪洋一片，波涛汹涌；枯水时河汊密布，水流散乱，有时甚至难辨主流所在，在多沙河流上尤其普遍。

（2）湖泊演变。卫星遥感图像上，有不同色调、大小形状的图斑。就湖泊水体来说，其波谱特性和背景地物的光谱特性有明显的差异：在可见光范围，湖泊水体的反射率与其背景地物类型的反射率相差不大；在红外波谱段，由于湖泊水体对红外辐射，几乎全部吸收，水体与背景地物反射率却有明显的差别。因此，湖泊水体在陆地卫星图像的 MSS7 波段（0.7～1.1 μm）较易观察，地学工作者通常采用此波段的图像对湖泊位置、形状、大小和水文等特征进行分析。对不同时期湖泊水位的变化，也可采用不同波段，如用陆地卫星 MSS4，MSS5，MSS7 合成的标准假彩色图像中以蓝色、深蓝色等不同层次的颜色加以区别。从而可用来分析湖泊水位变化的地理规律。水体与背景地物的影像特征区别，不仅能反映出湖泊的形态特征，而且可揭示其成因、结构等特点，并用以分析湖泊的演变。

在卫星影像上，湖泊、水库等水体，一般呈现深色调，在黑白片上呈现黑色，在彩红外图像上，呈深蓝色或者墨绿色。这些深淡不同的色调，往往与湖泊、水库的蓄水深度有关，一般来说水深色浓，水浅色淡。另外，湖泊、水库图形与其所处的地形特征相关。实践表明，卫星遥感图像除用做湖泊水体分布与变迁等动态研究外，还可以有效地分析湖区洪、涝、淤等灾害。

（3）河口三角洲演变。对于河口三角洲的调查研究，以往通常是野外地面调查，随着遥感技术的进步，人们广泛地应用卫星图像进行典型调查分析。以下以黄河三角洲为例，介绍河口三角洲的遥感调查情况。

黄河三角洲因出海口处纵比降小、水流速降，海水顶托，导致河流挟带的泥沙速沉而形成。这种三角洲类型因其河流流量、泥沙含量和海洋能量大小不一而有差异。所以，从影像上三角洲形态的不同，可以分析河流因素的特征。黄河三角洲分流河口处呈扇形分布，这表明它是由黄河尾闾多次改道演变而成的结果。而这些古河道形迹，在影像上均有不同程度的反映，它们在图像上的河型特征也能得以分析。例如，分流河道是尾闾演变后期形成的河型，它在影像上往往保留较明晰的分流特征。倘若对照地形图，则可清楚地明辨出黄河三角洲中神仙沟、甜水沟和宋春荣沟分流河道的分布特点，但其左右分布着大小不一的游荡性河，有的多股水流归并一股，有的交叉。它们这种多股合流的、相互交织的或是密集排列的游荡性河流，在图像上的线状影纹特征均有显示，这为利用遥感分析游荡性河道提供了依据。这对于直线型和弯曲型河道的解译也是可行的。

（4）海岸带演变。遥感技术是进行海岸、海洋调查的有效手段之一。近 20 年已在海岸带和海涂资源综合调查、海洋环境监测等方面取得了成功。为了更有效地将遥感技术应用于海岸、海洋环境监测、资源调查、海洋开发和管理，我国于 2000 年发射了海洋卫星（HY-1），它将在海洋遥感方面发挥重要作用。

（四）水质遥感监测

利用遥感技术能迅速、实时地监测大范围水环境质量状况及其动态变化，在这些方面弥补了常规监测手段的不足，因此引起许多环境科学工作者的重视。就精度而言，遥感方法通常低于常规监测方法，但遥感技术正是通过这种精度上的损失，换取了水环境研究的区域性、动态性和同步性。

利用遥感技术研究水环境化学包括定性和定量两种方法。定性遥感方法是通过分析遥感图像的色调（或颜色）特征或异常对水环境化学现象进行分析评价的，这往往需要了解水环境化学现象与遥感图像的色调（或颜色）之间的关系，建立图像解译标志。定量遥感方法建立在定性方法的基础之上，为了消除随机因素的影响，通常需要获得与遥感成像同步（或准同步）的实测数据，以标定定量数学模型。

水体中污染物种类繁多，为了便于使用遥感方法进行研究，习惯上将其分为富营养化、悬浮泥沙、石油污染、废水污染、热污染和固体漂浮物等几种类型，表 3-1 列举了各种污染水体在遥感影像上的特征。

表 3-1　遥感影像上各种污染水体的特征

污染类型	生态环境变化	遥感影响特征
富营养化	浮游生物含量高	在彩色红外图像上呈红褐色或深紫色，在 MSS7 图像上呈浅色调
悬浮泥沙	水体浑浊	在 MSS5 图像上呈浅色调，在彩色红外图像上呈淡蓝、灰白色调，混浊水流与清水交界处形成羽状水舌
石油污染	油膜覆盖水面	在紫外、可见光、近红外、微波图像上呈浅色调，在热红外图像上呈深色调，且形成不规则斑块状
废水污染	水色水质发生变化	单一性质的工业废水随所含物质的不同色调有差异，城市污水及各种混合废水在彩色红外像片上呈黑色
热污染	水温升高	在白天的热红外图像上呈白色或白色羽毛状，也称羽状水流
固体漂浮物		各种图像上均有漂浮物的形态

1．水体富营养化遥感监测

当大量的营养盐进入水体后，在一定条件下会引起藻类的大量繁殖，藻类死亡分解过程中消耗大量溶解氧，鱼类和贝类因缺氧而死。这一过程称为水体的富营养化。反映水体富营养化程度的最主要因子是叶绿素，其中又以叶绿素 a 最为突出。

浮游植物的光谱特征曲线在 0.44 μm 处出现明显的吸收（辐射微弱）；在 0.52 μm 处出现"节点"。在"节点"处，水面反射率随叶绿素浓度变化不大。在 0.55 μm 附近，普遍出现辐射峰值。而且水体叶绿素浓度越高，其辐射峰值也越高。这是叶绿素遥感的波谱基础。

目前，水体富营养化的遥感定性识别和定量研究都有一定进展，航空遥感和卫星遥感均有应用。航空遥感以彩色红外摄影为佳；对于卫星遥感，使用海洋水色卫星和陆地卫星的多波段假彩色图像有较好的判读效果。

2．悬浮固体遥感监测

悬浮固体的运移特征是沿海河口形状和演变规律的核心问题。了解和掌握河口悬浮固体的来源、含量、分布、运移、沉积，可分析河口演变的动力特征。

由于自然因素和人类活动造成的水土流失、河流侵蚀，河流带走了大量泥沙，这些泥沙是水中悬浮物质的主要来源。这些泥沙物质进入水体，引起水体的光谱特性的变化。自然环境下测量的清水（清澈湖水，悬浮固体含量 10 mg/L）和浊水（混浊泥水，悬浮固体含量达 99mg/L）的反射光谱响应曲线有着明显的差异，浊水的反射率比清水高得多，且与清水相比浊水的反射峰值都出现在更长的波段。水体反射率与水体浑浊度之间存在着密切的相关关系。随着水中悬浮固体浓度的增加，即水的浑浊度的增加，水体在整个可见光波段的反射亮度增加，同时反射峰值波长向长波方向移动，即从蓝（B）—绿（G）—更长波段（0.5 μm 以上）移动，而且反射峰值本身形态变得更宽。当中泥沙含量近于饱和时，水色也接近于泥沙本身的光谱。

一般来说，对可见光遥感而言，在 0.58～0.68 μm 对不同泥沙浓度出现辐射峰值，即对水中泥沙反应最敏感，是遥感监测水体浑浊度的最佳波段。泥沙含量的多寡具有多谱段响应的特性。因而水中悬浮固体含量信息的提取，除用可见光红波段数据外还多用近红外波段数据（与红波段数据正相反，其光谱反射率较低，且受水体悬浮固体含量的影响不大），利用两波段的明显差异，选用不同组合可以更好地表现出海水中悬浮固体分布的相对等级。

3. 石油污染遥感监测

在可见光波段，水面油膜的反射率要比洁净海面的反射率大得多，应用可见光波段的传感器，即可获取海面油膜影像，往往用多波段照相机或多波段扫描仪等传感器，把油膜与船的航迹等分开，以提高可见光波段传感器的分辨率。油膜与海水反射率之比，其最大值在红光部分，比最小的蓝光波段大 2～4 倍。工作波段在 0.63～0.68 μm 的传感器能使油膜和周围洁净海水的反差达到最大。因此，可以用红光波段来监测海面油膜，而用蓝光波段来区分油膜、航迹和泥浆羽流。卫星星载多波段可见光传感器，可用来监测海面大面积溢油。

紫外光波段电磁波，其波长（0.01～0.40 μm）小于可见光波段（0.40～0.76 μm）。在其波长范围内，对厚度小于 5 mm 的各种水面油膜敏感。此时，油膜对紫外光的反射率比海水高 1.2～1.8 倍，有较好的亮度反差。因此，利用紫外波段电磁波，可以把海面薄油膜较好地显示出来。

红外遥感技术是目前广泛使用的海洋石油污染监测技术。实验表明，相同温度下，厚度大于 0.3 mm 的油膜，热红外比辐射率在 0.993，而海水的热红外比辐射率在 0.95～0.98 之间。因此，当油膜与海水实际温度相同时，它们的热红外辐射强度是不同的，在红外影像中，油膜的灰度比周围海水大，呈黑灰色。利用工作于红外波段的传感器：红外辐射计、红外扫描仪、热像仪等，均可测定海水和油膜的不同辐射能量，而获得海面油膜的影像。对厚度小于 1 mm 的油膜，其比辐射率随厚度的增加而增加。因此，海面油膜的红外影像也能反映出灰度层次随厚度的变化情况，从海面油膜的灰度等级，可以确定油膜的厚度等级，算出油膜的厚度和分布，推算出总溢油量。

微波波长较长（1 mm～30 cm），具有很强的绕射透射能力，可以穿透云、雨、雾。微波波段的被动式和主动式传感器，均有监测海面溢油的能力。实验表明，对波长为 8 mm、1.35 cm 和 3 cm 的微波，不论入射角和油膜厚度如何，油膜的微波比辐射率都比海水高。这样，用微波辐射计就可以观测海面油膜。同时，由于油膜的比辐射率随油膜厚度的变化而变化，反映到微波辐射计影像上的灰度随油膜厚度的变化而变化，因此，用微波辐射计可以监测到油膜的厚度。由于水体和油膜对微波波段电磁波的吸收比红外区要小得多，对雷达探测海面油膜非常有利。油膜的存在对海面起平滑作用，使海面粗糙度降低，这样受油膜覆盖的海面，对雷达脉冲波的后向散射系数明显比周围无油膜区小得多，因此在侧视雷达和合成孔径雷达图像上，油膜成暗色调。雷达和微波遥感可以全天时、全天候地进行海上石油监测，缺点是地面分辨率低。

此外，还有激光荧光遥感、激光扫描成像、湿度测定法、声学遥感技术等都能进行海上油膜监测。其中激光荧光遥感技术是探明海面溢油种类的最实用的探测方法，不仅能迅速描述海面溢油的分布，且具有二维绘制能力，不论在白天、黑夜还是恶劣气候的条件下，都能够有效地监测溢油，数据准确可靠。通过遥感还可以及时发现海上溢油事故，得到污染源和溢油面积，估算排污量。通过连续监测可得到溢油的扩散方向和扩散速度，预测其将影响的区域。

4. 废水污染遥感监测

造成水体污染的城市生活污水、工业废水和固体废弃物等，其光谱反射特征与洁净水体有较明显的差异。因此可以利用生活污水、工业废水等受污染水体的光谱特征，用遥感手段来探测水体污染状况，并由此监测污染水体的动态变化及其稀释扩散情况。利用 TM 图像，可以进行水体污染调查，区分出严重污染、重污染、轻污染等不同情况，为治理污染提供依据。对于废水，由于它的水色与悬浮物性状千差万别，所以在特征曲线上它的反射峰的位置和强度也不一样。废水污染，一般用多光谱合成图像进行监测。

污水排放的控制点、扩散方式、稀释混合等特征也是识别污水的重要标志。污水的排放口一般与污染源（如工厂等）相距不远，它们或与渠道相通，较其周围水体污染物的浓度更高。

污水扩散特点有以下几种情形：

（1）在静止水体中，图像上显示以排放口为中心，呈半圆或喇叭形向外逐步过渡到周围的清洁水体；

（2）在流动水体中，图像上显示的污染区位于排污口下游，且面积不大，这是由于污水在流水作用下迅速扩散的缘故；

（3）在河口地区，由于潮水的周期性涨落，污水的展布形态也会发生变化，特别是当潮水上溯时，排污口与污水连成一片，一旦退潮，就会形成与排污口失去联系的离源污染。

5. 热污染遥感监测

电力、钢铁、化学等工业中使用的冷却水，超过允许的热水排放标准而排入水体时，使自然水体的温度上升，使水体的物理、化学和生物过程发生变化，形成热污染。应用红外扫描仪记录地物的热辐射能量，能真实地反映地物的温度差异，所获取的遥感图像又称为热图像。在热图像上，热水温度高，发射的能量多，呈浅色调；冷水或冰发射的能量少，呈深色调。

在热图像上，热排水口排出的水流，通常呈白色或灰白色羽毛状，称热水羽流。羽流的影像，由羽根到羽尖，色调由浅变深，由羽流的中轴向外，色调也由浅变深；值得注意的是，有些污染水体也可能在热图像上仅呈浅色调，这时需要根据形状加以区别。

热水羽流的形状较明显，是羽状或流线型絮状，色调最浅的中心区域即为排水口附近地区。浑浊水体中的悬浮物是良好的热载体，当水体流速极小时，水温不易扩散，使水面呈弥漫的雾状或黑白相间的絮状。混合污水是消色体，吸收太阳辐射的能力强，发射能力也强，呈均匀的浅色调。

三、大气环境遥感监测

（一）大气环境遥感概述

大气环境遥感技术可分为掩星、散射及发射三大类。

掩星技术测量的是已知特征信号通过大气的一部分时，由于大气的作用而发生的变化。所用的信号源可以是太阳、星体，也可以是无线电、雷达讯号发射装置等人造信号源。从几何学角度来说掩星技术通常是临边探测。散射技术测量的是沿入射波方向或偏离该方向的散射波特性，辐射源可以是太阳或人造辐射源。发射技术的辐射源是大气本身，测量的是发射辐射的谱特性及其强度。

大气探测的目的是测量大气特性的时空变化，特别是温度、成分特性和浓度、气压、风及密度等廓线，下面简单描述测量这些特性所用的方法。

1. 温度探测

测量分布已知的气体（地球大气中如二氧化碳或分子氧）的发射辐射，可以导出大气温度。

2. 成分探测

一般通过探测与某种分子相关的一条或几条谱线是否出现来鉴定大气成分。从该意义上说，谱线信号实际上是气体成分的"足迹"。确立成分的丰度要求更细致的谱线分析。谱线强度与分子数密度有关，从而要求有当地的气压与温度资料。

3. 气压探测

总的柱吸收与大气成分垂直柱质量有密切关系，在成分的共振线附近更是如此。在大气中均匀混合的成分其总质量与表面气压成正比，可以设计一种方法通过测量地球大气中均匀混合气体（如氧）的垂直柱总吸收，从而达到探测表面气压的目的。

4. 密度测量

大气折射率与大气密度成正比。测量密度的一种方法是测定折射廓线（作为高度的函数）。通过测定飞近行星探测的飞行器被大气"阻挡"时的无线电通信信号的折射可以得到行星大气的密度廓线。

掩星法广泛用于飞近行星探测的飞行器探测行星大气。当无线电通信联络信号被行星大气掩盖时，由于介质折射指数的变化而导致折射现象的出现。测定通过深层大气时信号的折射大小，得到折射率随高度的变化就可以定出大气密度廓线（假定某一种确定的大气成分）。用静力学方程和状态方程可从密度廓线得到气压与温度的信息。

（二）大气遥感探测

大气遥感探测是指大气探测仪器与被探测大气在相隔一定距离的情况下，通过某种辐射波（包括光波、电波、声波等）在大气中传播所获得的信息来反演大气参数的一种大气探测方法。大气遥感技术的应用，使人们能够在更为广阔的空间（乃至全球尺度）获取大气的多种信息，使大气探测进入了一个崭新的发展阶段。按照所用探测波束性质的不同，大气遥感可分为大气光学遥感、大气微波遥感和大气声学遥感等。按照遥感探测仪器是否主动地发射探测波束，大气遥感又分为大气主动遥感和大气被动遥感。各种遥感技术按照运载工具的不同，还可分为地基大气遥感和空基大气遥感。

1. 被动式大气遥感

通过太阳辐射和其他自然辐射源发出的辐射同大气相互作用的物理效应来遥感探测大气的技术被称为"被动式大气遥感"。由于不需发射设备，可大大减小接收器的功率和重量。可利用的辐射源主要有太阳辐射、大气及地面等的红外热辐射和微波辐射，其他还有闪电、带电水滴运动碰撞、冰晶化过程所激发的无线电波信号，以及大气运动中特定部位激发的重力波、声波、次声波等。红外热辐射和微波辐射相应的遥感探测仪器则称为大气红外辐射计和大气微波辐射计。其中，红外辐射计用于接收大气所发射的波长在 1~100 μm 范围内的红外波；而微波辐射计则用于接收波长为 1~100 mm 的微波。虽然两者的工作波段范围相差很大，但这两种仪器都能用来实现对大气温度、湿度、微量成分，以及云、雨参数的遥感探测。由于它们本身不牵涉到波的发射，因此结构一般都比较简单，在地基和空基的大气遥感探测中得到了广泛的应用。

（1）可见光波段。大气对太阳光，尤其是可见光波段基本上是透明的，因此到达卫星的反射光主要来自地表和由水滴构成的云层对阳光的反射。地表的反射率与地表性质有关，而云层的反射是由大量半径在几微米到几百微米之间的水滴所形成的，散射强度与波长没有明显的关系，结果水滴都以同样强度反射太阳光中的各色光，从而形成白色光。卫星传感器上在可见光波段选择适当的波长，就可以得到一张清晰的可见光云图，图中用色调代表可见光反射率的强弱。低云中水滴密度大，反射光最强也最亮。

（2）红外波段。卫星上的红外辐射接收仪的基本工作原理是通过光学系统将来自辐射源的辐射聚焦到传感器上，经它转换成电信号，再经分光放大系统处理后存储为目标的数值化红外信息。为了尽量减少来自云层和地面的辐射信息在途经大气时衰减造成的影响，辐射接收仪的工作波长必须选择在大气红外窗区，并且靠近云层和地面最大辐射能力的波长附近。辐射接收仪将接收的能量强弱转换为色调亮度，并按接收仪的扫描顺序在底图上显示出来，辐射能量大的地方暗一些，小的地方亮一些，这样就形成了一张红外云图。

红外云图通常又分为短波红外（3.4～4.3 μm）云图和长波红外（10.5～12.5 μm）云图两种。前者波长较短，在大气中的衰减小，测温灵敏度较高，在输运中虽然会被 CO_2、N_2 等气体少量吸收，但由于这些气体在大气的各个高度上比例固定，比较容易进行温度补偿修正。在白天这个波段与太阳辐射光谱的红外部分重叠，使收到的信号中含有太阳辐射反射光的"污染"，给准确测定云层和地表温度带来困难。长波红外云图的分辨率、测温灵敏度比短波稍低。在实际应用中，还必须对数据进一步处理，以修正有关辐射在大气中衰减以及卫星视角变化带来的误差。

大气中水汽的红外遥感原理与前述相似，不同之处在于水汽密度变化很大，因此各大气层对水汽吸收波段（如 6.7 μm）的透射率也相差悬殊。例如，在湿热的热带洋面上空几乎不透明，但在含量近于饱和的寒冷高层对相同的波长则近于透明，因此在处理高层水汽时更加复杂。依据相同的工作原理，我们还可以对大气中的臭氧含量、地—气辐射平衡等项目进行遥感探测。

（3）微波。与红外辐射相比，微波最大的特点是具有一定穿透云层、雨滴甚至一定深度地表的能力，并具有全天候工作的特点，可以被利用来探测云内、云下、地表及海洋的物理特征。

微波在大气中的传输过程要受到某些气体和微粒的吸收和散射，频率越高越显著，其中主要有氧分子在 5 mm 和 2.53 mm 两个波段吸收。此外，由于水分子的三原子结构，在 1.64 mm 和 13.48 mm 两个波段出现能级不规则的微波吸收谱线。大气中云滴的大小已与微波波长相当，散射作用明显，其程度不仅与微波物理性质有关，还与云滴的滴谱有关。雨滴的直径一般在 100～1 000 μm，此时瑞利散射规律已不适用，散射更加明显，与滴谱关系也更加密切，因此降水云层中的微波传输的问题要复杂得多。目前在气象卫星上大多都装有多种单波道微波辐射仪，用以探测大气和云的含水量、降水强度、大气和海面温度、陆面冰雪覆盖程度等气象要素。云滴和雨滴的微波辐射还具有连续谱的特征，在温度确定的前提下，云滴和雨滴的微波辐射强度直接与云中的含水量和雨强成正比。因此利用大气微波窗区的微波辐射，能定量地探测云体的总含水量和雨强分布。波长较长的微波辐射在传输过程中受云雾干扰较小，是全天候遥感大气温湿分布的理想波段。

2. 主动式大气遥感

主动式大气遥感技术是由遥感探测仪器发出波束，此波束与大气物质相互作用而产生回波，通过检测这种回波而实现对大气的探测。由于主动式大气遥感探测仪器既要发射波束，又要接收回波，因此其结构与被动式大气遥感探测仪器相比要复杂，但其探测能力相应也要强得多。

主动式探测器大多在信号源的声、光后冠以雷达两字，都是利用空间分布的散射体为目标所产生的回波进行"探测"与"测距"。散射体可以是整个连续且均匀散射的介质，也可以是一些散射中心的集合体，每个中心都具有特定的散射强度和角分布形式。一般来说，与探测仪信号相互作用最强的大气结构的尺度，约为波长的 1/2。比这更小的目标被称为"瑞利粒子"，它们的散射与波长关系密切，随波长的负四次方而衰减，因此，可以据此来评估不同目标的最佳探测方式。

主动式大气遥感探测仪器的典型代表是 20 世纪 40 年代发明的微波气象雷达和 60 年代发明的大气探测激光雷达。目前，微波雷达和激光雷达仍然是大气遥感探测技术的主要发展方向。

微波气象雷达和大气探测激光雷达从工作原理上看基本相同，所不同的是工作波长。微波气象雷达的工作波长在 $1 \sim 100$ mm 范围，大气探测激光雷达的工作波长则在 $0.1 \sim 10$ μm 范围。由于微波气象雷达和大气探测激光雷达在工作波长上的很大差异，使两种波束的空间扩展性、在大气中的传播特性、与大气物质相互作用机制等方面也有很大差异，造成微波气象雷达和大气探测激光雷达在大气探测应用中的不同特点。

（1）激光雷达。光波在大气传输过程中，要受到气体分子、气溶胶和云雨滴的吸收与散射。在湍流大气中，也因湍流区的大气折射率不均匀，引起光前向散射波的随机变化，包括被统称为"光传播湍流效应的强度"（闪烁）、"位相起伏"（抖动）和"光束扩展"（散焦）等特征的变化，探测这些特征的变化就可以反演出大气的有关特征。由于太阳光是强度很强的自然光源，所以光探测技术更多地应用于被动式遥感中，以获得大气温度、湿度、成分、风场及湍流等有关信息。20 世纪 60 年代新相干光源激光技术以及湍流传播统计理论的发展，推动了主动式光遥感理论和技术的发展。激光是一种具有很好相干性、单色性和方向性的光源，在大气遥感中作用独特。目前已研制的激光雷达主要有 3 种工作方法：散射法、吸收法和荧光法。

散射法依据在瑞利散射、米氏散射（分别指球形散射粒子的尺度比入射波长小很多和同一量级的散射，它们采用不同的公式，其中瑞利散射也称"分子散射"）中散射波的强度、角分布和偏振特性以及它们与波长的依赖关系，反演出大气气溶胶特性和时空分布，进而由气溶胶的不均匀结构或散射波的多普勒频移，探测大气湍流和平均风场。对于拉曼（Raman）散射，因散射非常弱，可利用入射和散射波长光子能级差和气体分子固有的能级对应关系，判定大气中的多种成分及其混合比。

在吸收法中，发射大气中某种气体在一特定吸收线上和线外两种波长的激光，测量其在同一光路上的衰减差异，能极其灵敏地测定大气中极微量的成分。还可利用气体吸收光谱特性对温度和气压的依赖关系，遥感探测大气温度的垂直分布和地面气压。

荧光法是利用大气分子或原子在吸收线上吸收激光后，通过受激能级共振荧光光谱的测定，探测荧光量子效率较高的高层大气中的钾、钠等成分。

（2）微波气象雷达。微波与红外遥感的原理有类似之处。红外遥感更多地用于地—气自然红外辐射的被动式遥感探测，而微波对水汽和云雾的穿透能力使其成为气象雷达的主要工作波段。通过定向发射持续几微秒的微波脉冲与大气相互作用，根据回波便可确定目标物的空间位置、形状变化等宏观特征，还可根据回波信号的位相、频率等结构变化确定目标物的许多物理性质，如云中含水量、气流速度、湍流、降水粒子谱等。所谓"脉冲与大气的相互作用"包括大气中水汽凝结物的散射和吸收，电磁波在空气中折射率不均匀结构和闪电形成的电离介质对入射波的散射，冰雹等非球形粒子对圆偏振波散射的退偏振作用，稳定层结的部分反射，散射目标运动对入射波的多普勒效应等，都可以利用。

雷达使用的工作波长取决于它的探测目标。探测云层高度、厚度及物理特性的测云雷达常用 K 波段（0.75～2.4 cm）的 1.25 cm 或 0.86 cm 波长；探测降水特征和跟踪降水天气系统的天气雷达常用 X、C 波段（2.4～15 cm）的 3～5 cm 波长；而对暴雨、冰雹的探测用 S 波段（7.5～15 cm）的 10 cm 波长，这样受大气衰减较小，效果更好。此外，还有工作频率在 30～3 000 MHz（10～1 000 cm）的甚高频和超高频的多普勒雷达，用来探测 1～100 km 高度的晴空水平风、垂直气流、大气湍流等大气结构。

用雷达探测云、雨时，接收到的回波功率与雷达参数、目标距离、目标物理性质等之间的定量关系式被称为"气象雷达方程"。它是建立回波功率和降水强度分布关系的定量方程式，是测定云中含水量、探测云和降水物理性质的重要理论基础。而正确设置参数，是提高雷达探测能力的关键之一。

计算机、电子设备等硬件技术的发展促进了遥感探测能力的提高，而对大气中诸如湍流、折射散射等物理过程和本质的深入研究以及模式化反演过程的处理技术的探索，也是推动大气遥感探测发展的关键。

（三）大气微波遥感

大气微波遥感就是利用微波信号与大气的相互作用来探测气象要素。在近代大气遥感中，它是发展较早的一种大气探测方法。在 20 世纪 40 年代后期，微波雷达就成功地应用于气象科学，近十几年来，除了连续波调频气象雷达、多普勒气象雷达、微波侧视雷达和综合孔径雷达等新型雷达的发展以外，接收与分析大气本身发射的微波辐射信号，用它来探测气象要素的遥感理论与技术，又异军突起，蓬勃发展，成为大气微波遥感的另一个新兴分支。

大气微波遥感具有红外遥感所没有的特色与优点。首先，红外辐射在大气中衰减效应并不弱，不仅稀薄的高云，即使大气气溶胶和水汽红外吸收带的远翼效应对红外遥感结果的影响仍很严重。当大气中有一般云雾形成时，红外辐射只能穿透其表层，既很难透过它们，又不可能探测到其内部的结构。微波遥感却能够弥补红外遥感这些固有的局限。气象卫星微波遥感探测试验结果完全证明，微波遥感大气温度分布与水汽完全不受大气气溶胶粒子的影响。除了被赤道复合对流云带覆盖的少数地区以外，在全球绝大部分地区，微波遥感气象要素分布都是可行的。同时，微波遥感是探测云和降水结构的有效手段，而红外遥感还无能为力。

被动式大气微波遥感也存在一些困难。微波辐射计的精度与灵敏度虽然已经达到 0.1 K 甚至更高的水平，由于大气微波辐射信号十分微弱，要足够精确地接收并分析这些信号，或者要求很大的接收天线，或者需要较长的观测积分时间（一般高达几秒以上）。这些因素使被动式大气微波遥感水平的空间分辨率大约是红外的 10 倍。

在氧气和水汽等气体分子的作用下，微波吸收带上有强烈的选择吸收和发射。与大气热红外遥感类似，利用大气的微波辐射也可以间接测量大气的特性，在 50 km 以下的大气层内，氧气的混合比不随高度而改变，这就为利用氧气 5 mm 微波辐射遥感大气温度结构提供了可能。同样，在已知温度分布的前提下，测量适当大气成分的微波辐射，有可能推算出该物质的含量。这是利用大气热辐射射（红外的或微波的）遥感大气的一个问题的两个方面，目前遥感温度的问题取得了较大的进展，而遥感大气成分的问题尚有一系列的问题需要解决。

1. 大气微波遥感方程

大气分子光谱理论和实际观测都充分表明，不同物理状态的大气发射出不同特征的微波辐射信号。利用它们来探测大气，是被动式大气微波遥感的基本内容。大气微波遥感和红外遥感在探测原理上有不少共同之处，也有其显著的特色。

在晴空大气中，由于微波辐射的波长较长，大气分子和气溶胶粒子的散射作用可以忽略不计，只需要考虑大气对微波辐射的发射和吸收过程。因此，微波辐射在大气中的传输过程完全满足下列方程：

$$\frac{dI\lambda(l)}{dl} = -a\lambda I(l) + a\lambda B\lambda(l)$$

式中：$I\lambda$ （l）——在大气中沿方向 I 传输的波长为 λ 的微波辐射强度；

$a\lambda$——大气吸收介质密度的函数；

$B\lambda$ （l）——黑体辐射强度。

地表微波辐射特征与规律的研究具有极为重要的意义。它一方面是大气微波遥感所必需的背景。另一方面，它又为探测地表结构与低空大气水汽分布提供了宝贵的信息。

2. 大气温度分布的微波遥感

（1）大气温度分布的空间微波遥感。1961 年 Meeks 首先提出利用大气氧分子 5 mm 微波辐射测量大气的温度结构。20 世纪 60 年代末和 70 年代初，国外在这方面进行了一系列的地面、飞机和气球观测试验。实验表明：采用微波通道和红外吸收带通道相结合的方法探测大气温度分布，探测精度比单独用红外方法要高。试验的结果表明测温精度大约提高30%。

（2）大气温度分布的地面微波遥感。关于利用氧分子 5 mm 的微波辐射从地面向上遥感对流层温度垂直分布的问题，国外从 20 世纪 60 年代后期就开始了许多理论和应用研究。起初的目的，是为预报大气污染物质扩散条件提供一种快速、经济的测温手段，研究的重点侧重于低层大气结构，特别是逆温层的探测上。

与空对地微波测温的情形不同，地面微波测温一般多使用吸收不太强的频率；同时，对向下辐射亮度温度贡献最大的低层大气恰恰就是水汽含量最多的地方，因此，水汽对地面微波测温的影响要比空对地的情形重要得多。由于水汽的分布随季节和天气形势的不同而有很大的变化，因此逐日的影响也不相同。为了更好地修正水汽的影响，在地面微波测温系统中，配备适当的对水汽敏感的通道是十分必要的。

温度场水平不均一性对测温也有一定的影响。数值试验的结果表明，温度水平不均一性对亮度温度测量值的影响主要表现在低仰角上，在上述假定下，最大影响可达 2K。由于温度场水平不均一性所引起的亮度温度测量值与理论计算值的差异，可以看作是物理模式误差，它说明用平面分层、水平均一大气的遥感方程来代表实际的辐射传输过程只是一种近似。物理模式误差虽然不是来自测量本身，但同样会引起反演解的误差。

温度随时间变化的影响表现在当辐射计天线的仰角固定时，所测得的亮度温度也随时间变化。Westwater 等发现，固定仰角的亮度温度与固定高度上的温度在时间变化上有一定的相关，在他们的例子中，有一部分亮度温度实测值与计算值之间的差异，可归因于温度随时间的变化，在微波测温资料的解释时，有时需要考虑这些因素。

第四节　GPS 技术

一、GPS 简介

（一）GPS 定位系统构成

GPS（Global Positioning System）定位系统是指利用卫星，在全球范围内实时进行定位、导航的系统。GPS 定位系统功能必须具备 GPS 终端、传输网络和监控平台三个要素。这三个要素缺一不可。

GPS 定位系统是美国第二代卫星导航系统。它是在子午仪卫星导航系统的基础上发展起来的，采纳了子午仪系统的成功经验。和子午仪系统一样，GPS 定位系统由空间部分、控制部分和用户部分三大部分组成。

1. 空间部分（太空部分）

GPS 定位系统的空间部分是由 24 颗 GPS 工作卫星所组成，这些 GPS 工作卫星共同组成了 GPS 卫星星座，其中 21 颗为可用于导航的卫星，3 颗为活动的备用卫星。这 24 颗卫星分布在 6 个倾角为 55° 的轨道上绕地球运行。卫星的运行周期约为 12 恒星时。每颗 GPS 工作卫星都发出用于导航定位的信号。GPS 用户正是利用这些信号来进行工作的。可见，GPS 定位系统卫星部分的作用就是不断地发射导航电文。

2. 控制部分

GPS 定位系统的控制部分是分布在全球的若干个跟踪站所组成的监控系统，包括 1 个主控站，5 个监控站和 3 个注入站。主控站的作用是根据各监控站对 GPS 的观测数据，计算出卫星的星历和卫星钟的改正参数等，并将这些数据通过注入站注入到卫星中去；同时，它还对卫星进行控制，向卫星发布指令，当工作卫星出现故障时，调度备用卫星，替代失效的工作卫星工作；另外，主控站也具有监控站的功能。监控站设有 GPS 用户接收机、原子钟、收集当地气象数据的传感器和进行数据初步处理的计算机。监控站的主要任务是取得卫星观测数据并将这些数据传送至主控站。注入站的作用是将主控站计算出的卫星星历和卫星钟的改正数等注入到卫星中去。这种注入对每颗 GPS 卫星每天进行一次，并在卫星离开注入站作用范围之前进行最后的注入。图 3-3 为地面监控系统示意图。

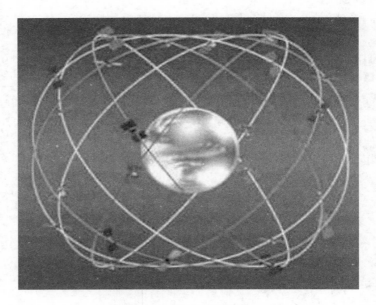

图 3-2 GPS 工作卫星

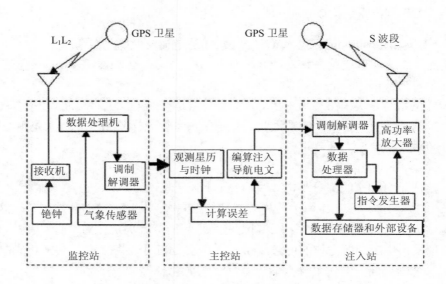

图 3-3 地面监控系统

地面监控系统的分布情况：

· 主控站：位于美国科罗拉多州（Calorado）的法尔孔（Falcon）空军基地。

· 注入站：阿松森群岛（Ascendion），大西洋；迭戈加西亚（Diego Garcia），印度洋；卡瓦加兰（Kwajalein），东太平洋。

· 监控站：1 个与主控站在一起；3 个与注入站在一起；另外一个在夏威夷（Hawaii），西太平洋。

3. 用户部分（地面接收）

GPS 定位系统的用户部分由 GPS 接收机、数据处理软件及相应的用户设备如计算机气象仪器等所组成。它的作用是接收 GPS 卫星所发出的信号，利用这些信号进行导航定位等工作。

GPS 定位系统具有性能好、精度高、应用广的特点，是迄今最好的导航定位系统。随着全球定位系统的不断改进，硬、软件的不断完善，应用领域正在不断地开拓，目前已遍及国民经济各种部门，并开始逐步深入人们的日常生活。

（二）GPS 发展历程

- 1957 年 10 月第一颗人造地球卫星 Sputnik Ⅰ 发射成功，空基导航定位由此开始；
- 1958 年开始设计 NNSS-TRANSIT，即子午卫星系统；
- 1964 年子午卫星系统正式运行；
- 1967 年子午卫星系统解密以供民用；
- 1973 年，美国国防部批准研制 GPS；
- 1991 年海湾战争中，GPS 首次大规模用于实战；
- 1994 年，GPS 全部建成投入使用；
- 2000 年，美国总统克林顿宣布，GPS 取消实施 SA（对民用 GPS 精度的一种人为限制策略）。

二、GPS 定位原理

GPS 定位的基本原理是根据高速运动的卫星瞬间位置作为已知的起算数据，采用空间距离后方交会的方法，确定待测点的位置。如图所示，假设 t 时刻在地面待测点上安置 GPS 接收机，可以测定 GPS 信号到达接收机的时间 Δt，再综合接收机所接收到的卫星星历等其他数据可以确定以下 4 个方程式：

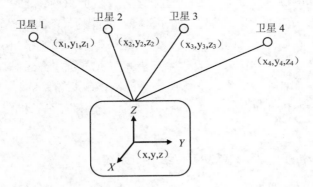

$$[(x_1-x)^2+(y_1-y)^2+(z_1-z)^2]^{1/2}+c(t-t_1)=d_1$$
$$[(x_2-x)^2+(y_2-y)^2+(z_2-z)^2]^{1/2}+c(t-t_2)=d_2$$
$$[(x_3-x)^2+(y_3-y)^2+(z_3-z)^2]^{1/2}+c(t-t_3)=d_3$$
$$[(x_3-x)^2+(y_4-y)^2+(z_4-z)^2]^{1/2}+c(t-t_4)=d_4$$

上述四个方程式中待测点坐标 x、y、z 和 t 为未知参数，其中 $d_i=c\Delta t_i$（$i=1$，2，3，4）。d_i（$i=1$，2，3，4）分别为卫星 1、卫星 2、卫星 3、卫星 4 到接收机之间的距离。

Δt_i（$i=1$，2，3，4）分别为卫星 1、卫星 2、卫星 3、卫星 4 的信号到达接收机所经历的时间。

c 为 GPS 信号的传播速度（即光速）。

四个方程式中各个参数意义如下：

x、y、z 为待测点坐标的空间直角坐标。

x_i，y_i，z_i（$i=1$，2，3，4）分别为卫星 1、卫星 2、卫星 3、卫星 4 在 t 时刻的空间直角坐标，可由卫星导航电文求得。

t_i（$i=1$，2，3，4）分别为卫星 1、卫星 2、卫星 3、卫星 4 的卫星钟的钟差，由卫星星历提供。

t 为接收机的钟差。

由以上 4 个方程即可解算出待测点的坐标 x、y、z 和接收机的钟差 t。

三、其他卫星定位系统

（一）俄罗斯"格洛纳斯"（GLONASS）

"格洛纳斯"（GLONASS）是前苏联从 20 世纪 80 年代初开始建设的与美国 GPS 系统相类似的卫星定位系统，覆盖范围包括全部地球表面和近地空间，也由卫星星座、地面监测控制站和用户设备三部分组成。虽然"格洛纳斯"系统的第一颗卫星早在 1982 年就已发射成功，但受苏联解体影响，整个系统发展缓慢。直到 1995 年，俄罗斯耗资 30 多亿美元，才完成了 GLONASS 导航卫星星座的组网工作。目前此卫星网络由俄罗斯国防部控制。

GLONASS 系统由 24 颗卫星组成，原理和方案都与 GPS 类似，不过，其 24 颗卫星分布在 3 个轨道平面上，这 3 个轨道平面两两相隔 120°，同平面内的卫星之间相隔 45°。每颗卫星都在 19 100 km 高、64.8°倾角的轨道上运行，轨道周期为 11 小时 15 分钟。地面控制部分全部都在俄罗斯领土境内。俄罗斯自称，多功能的 GLONASS 系统定位精度可达 1 m，速度误差仅为 15 cm/s。如果需要，该系统还可用来为精确打击武器制导。

俄罗斯官方宣布，从 2007 年起，俄全球卫星导航系统"格洛纳斯"将全面启动民用商业服务计划，"格洛纳斯"系统为俄罗斯公民提供不限制精度的导航定位服务，将有助于促进民用卫星导航市场的发展。为"格洛纳斯"带来新的生机，军转民计划有望使 GLONASS 获得新的生机。

（二）欧盟"伽利略"（GALILEO）卫星定位系统

总投资达 35 亿欧元的"伽利略"计划是欧洲自主的、独立的民用全球卫星导航系统，提供高精度，高可靠性的定位服务，实现完全非军方控制、管理，可以进行覆盖全球的导航和定位功能。

"伽利略"计划是一种中高度圆轨道卫星定位方案。"伽利略"卫星导航定位系统的建立将于 2007 年底之前完成，2008 年投入使用，总共发射 30 颗卫星，其中 27 颗卫星为工作卫星，3 颗为候补卫星。卫星高度为 24 126 km，位于 3 个倾角为 56°的轨道平面内。该系统除了 30 颗中高度圆轨道卫星外，还有两个地面控制中心。

与美国的 GPS 系统相比，建成后的伽利略系统将具备至少 3 方面优势：首先，其覆盖面积将是 GPS 系统的两倍，可为更广泛的人群提供服务；其次，其地面定位误差不超过 1 m，精确度要比 GPS 高 5 倍以上，用专家的话说，"GPS 只能找到街道，而伽利略系统则能找到车库门"；第三，伽利略系统使用多种频段工作，在民用领域比 GPS 更经济、更透明、更开放。伽利略计划一旦实现，不仅可以极大地方便欧洲人的生活，还将为欧洲的工业和商业带来可观的经济效益。更重要的是，欧洲将从此拥有自己的全球卫星定位系统，这不仅有助于打破美国 GPS 系统的垄断地位，在全球高科技竞争浪潮中夺取有利位置，更可以为建设梦想已久的欧洲独立防务创造条件。

（三）中国北斗卫星定位系统

中国北斗卫星导航系统（BeiDou Navigation Satellite System，BDS）是中国自行研制的全球卫星导航系统，是继美国全球定位系统（GPS）、俄罗斯格洛纳斯卫星导航系统（GLONASS）之后第三个成熟的卫星导航系统。北斗卫星导航系统（BDS）和美国 GPS、俄罗斯 GLONASS、欧盟 GALILEO，是联合国卫星导航委员会已认定的供应商。

北斗卫星导航系统由空间段、地面段和用户段三部分组成，可在全球范围内全天候、全天时为各类用户提供高精度、高可靠定位、导航、授时服务，并具短报文通信能力，已经初步具备区域导航、定位和授时能力，定位精度 10 m，测速精度 0.2 m/s，授时精度 10 ns。

2012 年 12 月 27 日，北斗系统空间信号接口控制文件正式版 1.0 正式公布，北斗导航业务正式对亚太地区提供无源定位、导航、授时服务。

2013 年 12 月 27 日，北斗卫星导航系统正式提供区域服务一周年新闻发布会在国务院新闻办公室新闻发布厅召开，正式发布了《北斗系统公开服务性能规范（1.0 版）》和《北斗系统空间信号接口控制文件（2.0 版）》两个系统文件。

2014 年 11 月 23 日，国际海事组织海上安全委员会审议通过了对北斗卫星导航系统认可的航行安全通函，这标志着北斗卫星导航系统正式成为全球无线电导航系统的组成部分，取得面向海事应用的国际合法地位。

北斗卫星导航系统由空间段计划由 35 颗卫星组成，包括 5 颗静止轨道卫星、27 颗中地球轨道卫星、3 颗倾斜同步轨道卫星。5 颗静止轨道卫星定点位置为东经 58.75°、80°、110.5°、140°、160°，中地球轨道卫星运行在 3 个轨道面上，轨道面之间为相隔 120°均匀分布。至 2012 年底北斗亚太区域导航正式开通时，已为正式系统在西昌卫星发射中心发射了 16 颗卫星，其中 14 颗组网并提供服务，分别为 5 颗静止轨道卫星、5 颗倾斜地球同步轨道卫星（均在倾角 55°的轨道面上），4 颗中地球轨道卫星（均在倾角 55°的轨道面上）。

四、GPS 在环境领域中的应用

（一）GPS 在环境管理中的应用

GPS 在环境管理中的应用主要是通过与地理信息系统技术（GIS）相结合发挥作用。随着经济的发展，环境保护部门要从日益繁重的档案管理、人工统计、手工制表制图等工作中摆脱出来，需要有先进的信息管理技术，将基础的调查数据、地理要素、专业图件和科学试验数据有效地管理起来，为统计分析、自动制图和档案更新服务。环境管理信息系统从现代管理的需要出发，以计算机和 GIS、数据库管理系统为工具，运用软件工程方法开发，面向环境管理和科研，实用性、针对性和自主开发是该系统的主要特点。

（二）GPS 在环境监测中的应用

GPS 在环境监测中的应用主要包括对大气、水体、水文测点位置的定位，对环境要素、污染源定位，城市环境噪声监测点定位布设以及环保监测设备信息化管理等。

传统水文测验方法中测点位置的定位是利用六分仪观测辐射杆来完成的。由于水文测报和河道观测的主要特点是水上作业，运用 GPS 静态定位技术能够快速进行河道的控制测量，动态定位方式与计算机辅助设计系统相结合进行水文和河道数据采集，具有速度快、精度高等特点。水环境自动监测系统以数据库、计算机通信网络为基础，采用自动化的监测设备，将 GPS 技术与地理信息系统技术（GIS）和遥感技术（RS）相结合，实现水环境要素的实时、多维、多源、高效高精度的在线监测，包括监测信息的获取、存储、分析、管理、表达和评价。可以对水的浑浊度、pH 值、含盐度等作定量监测，结合 GPS 对大面积污染的位置作定性监测。

利用全球定位系统（GPS）对环境要素、污染源进行定位，并利用 GPS 数据采集的功能对其属性进行记录，详细记录环境要素及污染源的各种环境信息，包括排污企业的企业信息，污染源类别划分，排污企业历史排污量记录，事故记录，排污企业等级等信息的记录，利用 GIS 在电子地图上非常直观地显示出来各种污染源空间位置分布，从而方便监测中心管理员及时对城市环保的情况进行查询、统计与分析，动态地监测城市或区域的环境状况，实时对污染源进行管理控制并处理各种污染事件。

城市区域环境噪声监测布点是以作图方式将待测区划分成等距离网格（＞100 个），监测时参照布点图提供的标志物选择各网格中心作为测点实施定点监测，但在标志物不甚明确或变动的情况下，给监测点的确定带来不便，定点随意性较大。

随着城市建设的高速发展，对环境保护和监控也提出了越来越高的要求，要求这项重要的公用事业必须用现代化的管理方法和手段，提高管理水平和管理效率。在国内，自 20世纪 80 年代末就有一些大城市开始将 GIS 技术引入环境保护领域中，并有许多成功的案例。环境保护单位建立环保信息系统，基础建设就是设立各种监测设备，将城市各重点环境和位置的环境数据采集下来，可以说，环保监测设备是整个环保监控信息系统的眼睛，对它的信息化管理至关重要。GPS 作为 GIS 系统的数据更新采集的工具，可以详细记录各种监测设备，包括大气污染监测设备、烟雾排放检测设备、噪声监测设备、污水排放检测设备等的安放位置及监测数据的采集，对新增或改动的监测设备进行及时的更新。采集的数据回传到环保 GIS，在数字地图的背景下显示各种监测设备的分布图，实时动态地显示各种监测设备的监测数据，对于有超标的监测点实时响应报警；建立、维护各种监测仪器的档案，包括仪器的种类、型号、各种性能指标，生产厂家等信息，实现对环境监测设备真正信息化管理。

（三）GPS 在环境事故应急处理中的应用

随着人类社会的发展，环境污染问题越来越突出，突发污染事故也越来越频繁。由于环境污染事故具有突发性、破坏性以及灾难性等特点，对污染事故的应急监测就显得尤其重要。采用 GPS 能快速探测到事故发生，并将有关信息迅速输入 GIS 系统，由 GIS 准确显示出发生地及其附近的地理图形，如饮用水水源地及其取水口、危险品仓库、有毒有害物质处理场、行政区划、人口分布、地下管线状况等。

对于应急监测的基本要求，监测车辆应安装有 GPS。由 GPS 定位为核心技术组成的车辆 GPS 调度指挥管理系统来实现对车辆的跟踪、监控、调度指挥和管理。该系统的车载 GPS 接收机对车辆实时定位，驾驶员在随时知道自己具体位置的同时并将定位信息发向监控中心，接收监控中心发来的调度指挥命令，将自身的实时位置如经度、纬度、速度、航向及调度命令显示或发出语音，一旦出现突发污染事故，驾驶员启动报警装置并在指挥中心立即显示出报警车辆的出事地点等信息。监控中心通过电子地图及时掌握监察车辆的实时位置、报警出事地点及相关信息，发出决策指挥命令，实现对监察车辆的调度指挥。

环境污染事故应急指挥调度 GPS 系统可以实现车辆监控和监测管理等许多功能，这些功能包括：

（1）车辆监控与跟踪。利用 GPS 和电子地图可以跟踪显示监察车辆的实时位置，可以随目标移动，可实现多窗口、多车辆、多屏幕同时监控与跟踪。配合基础环境数据在电子地图上的显示，监控中心可随时了解监察车辆所处周围环境情况，对环境监测任务的推进了解得更加直观。

（2）调度指挥与管理。监控中心可有监控区域内车辆运行状况，随时与被跟踪目标对话并实施调度指挥和管理。车辆调度员也可根据具体任务的实施，随时调整监察车辆的行车路线、方向等运行方案。

（3）信息查询。利用 GPS 和 GIS 建立道路数据库，用户能够在电子地图上对道路准确位置、路面状况、沿路设施等进行查询，并在电子地图上显示查询结果或位置。

（4）突发事故应急。当某地发生突发环境污染事故，报警系统可及时将监察车辆确定的事发位置、时间等信息发送给监控中心，监控中心在得知警情的第一时间内安排相关人员赶到现场，通过环境监察车辆，可以将现场实时数据传回监控指挥中心。监控中心领导在分析现场情况后，可根据环境应急预案、相关法规等做出正确指挥调度，设计最佳的人员撤离路径和最佳救援路径，并根据事故周围的危险源信息、疏散信息，形成事故应急调度方案。

（四）GPS 在湖泊、水库、河道的水下地形测量中的应用

GPS 在江河、湖泊、水库的水下地形测量工作已经得到了广泛的应用。GPS 定位技术与常规测量相比，具有精度高、作业周期短、成本消耗低、劳动强度小等优点。而且它可以全天候作业，不受地形及通视条件的限制，因而受到测量界的高度重视。GPS 与测深仪结合，能及时准确地提供水下地貌信息。长江委水文局在洞庭湖区平面控制采用了 GPS 大地测量的方法，设计和布点非常方便灵活。水下测量采用 GPS 实时差分动态定位技术，对水下地形点进行平面定位，采用回声仪自动采集水深数据，与平面定位同步进行。利用 GPS 的 RTK 和 RTD 技术进行水下地形测量，比传统的如极坐标法、交会法等，在技术和效率方面都能够提高了一大步。

思考题

1．什么是遥感？环境遥感可以分为哪些类别？
2．简述遥感影像的处理过程。
3．简述生态环境的概念和内涵。
4．自然生态环境遥感监测的主要内容有哪些？
5．简述农业环境遥感的内容。
6．简述城市生态环境遥感的研究内容和方法。
7．简述水环境遥感的基本原理。
8．遥感在水资源方面的应用主要包括哪些内容？
9．如何应用遥感方法探测水深和水温？
10．简述被动式大气遥感和主动式大气遥感的异同。
11．简述 GPS 定位系统的构成。
12．主要的卫星导航系统有哪几个？
13．简述 GPS 在环境领域中的应用。

参考文献

[1] 王桥，杨一鹏，黄家柱，等. 环境遥感[M]. 北京：科学出版社，2005.

[2] 庞学琴，林崇献. 遥感信息传输过程和遥感数据特征研究. 南方国土资源，2005（5）21-23.

[3] 赵英时. 遥感应用分析原理与方法. 北京：科学出版社，2005.

[4] 邓书斌. ENVI 遥感图像处理方法. 北京：科学出版社，2010.

[5] 梅安新，彭望禄，秦其明，等. 遥感导论. 北京：高等教育出版社，2001.

[6] 冯钟葵，厉银喜. SPOT 系列卫星及其数据产品的特征. 遥感信息，1999（55）：31-34.

[7] 曹斌，谭炳香. 多角度高光谱 CHRIS 数据特点及预处理研究. 安徽农业科学，2010，38（22）：12289-12294.

[8] 谭炳香，李增元，陈尔学，等. EO-1 Hyperion 高光谱数据的预处理遥感信息，2005（82）：36-41.

[9] 匡燕，李安，李子扬，等. RADARSAT 卫星产品. 遥感信息，2007（90）：82-85.

[10] 郁文贤，雍少为，郭桂蓉. 多传感器信息融合技术述评. 国防科技大学学报，1994，16（3）：1-11.

[11] 陈军，邬伦. 数字中国地理空间基础框架. 北京：科学出版社，2003.

[12] 陈英旭. 环境学. 北京：中国科学技术出版社，2001.

[13] 傅肃性. 遥感专题分析与地学图谱，北京：科学出版社，2001.

[14] 郭华东. 对地观测技术与可持续发展. 北京：科学出版社，2001.

[15] 国家环境保护总局. 第一届环境遥感应用技术国际研讨会论文集，2003.

[16] 何春阳. 北京地区城市化过程中土地利用/覆盖变化动力学研究，北京师范大学，2003.

[17] 胡如忠. 中巴地球资源卫星及其应用. 全国地方遥感应用协会编印，2002.

[18] 胡著智，王慧麟，陈钦峦，等. 1999. 遥感技术与地学应用，南京：南京大学出版社.

[19] 李树楷. 全球环境、资源遥感分析. 北京：测绘出版社，1992.

[20] 林培英，杨国栋，潘淑敏. 环境问题案例教程，北京：中国科学技术出版社，2002.

[21] 刘高焕，叶庆华，刘庆生，等. 黄河三角洲生态环境动态监测与数字模拟. 北京：科学出版社，2003.

[22] 刘纪远. 中国资源环境遥感宏观调查与动态研究. 北京：中国科学技术出版社，1996.

[23] 马蔼乃. 地理科学与地理信息科学论. 武汉：武汉出版社，2000.

[24] 白淑英，徐永明. 农业遥感. 北京：科学出版社，2013.

[25] 马光，等. 环境与可持续发展导论. 北京：科学出版社，2000.

[26] 沈国舫. 中国环境问题院士谈. 北京：中国纺织出版社.

[27] 清基. 城市生态与城市环境. 北京：同济大学出版社，1998.

[28] 童庆禧，郑立中. 001.中国遥感奋进创新 20 年学术论文集. 北京：气象出版社，1998.

[29] 汪小钦. 黄河三角洲生态环境演化的时空分析. 中科院地理科学与资源研究所，2002.

[30] 吴邦灿，费龙. 现代环境监测技术. 北京：中国环境科学出版社，1999.

[31] 奚旦立，孙裕生，刘秀英. 环境监测. 北京：高等教育出版社，2001.

[32] 杨存建. 基于知识发现的遥感专题信息提取研究. 中科院地理科学与资源研究所，1999.

[33] 詹庆明，削映辉. 城市环境遥感技术. 武汉：武汉测绘科技大学出版社，1999.

[34] 赵锐，刘玉机，傅肃性. 中国环境与资源遥感应用. 北京：气象出版社，1999.

[35] 周成虎，骆剑承，等. 遥感影像地学理解与分析. 北京：科学出版社，1999.

[36] 庄大方. 土地利用/土地覆盖变化空间信息的遥感和地理信息系统方法研究. 中科院遥感应用研究所，2001.

[37] 陈述彭，童庆禧，郭华东. 遥感信息机理. 北京：科学出版社，1998.

[38] 董超华. 气象卫星遥感反演和应用论文集. 北京：海洋出版社，2001.

[39] 方宗义，刘玉洁，朱小祥. 对地观测卫星在全球变化中的应用. 北京：气象出版社，2003.

[40] 教育部师范教育司组织编写. 物理学与高新技术. 上海：上海科技教育出版社，2000.

[41] 昆廷. L. 威尔克斯，维克托. I. 迈耶斯，等. 遥感手册，第十分册. 北京：国防工业出版社，1986.

[42] 李树楷. 全球环境、资源遥感分析. 北京：测绘出版社，1992.

[43] 刘玉洁，杨忠东，等.MODIS 遥感信息处理与算法. 北京：科学出版社，2001.

[44] 马光，等.环境与可持续发展导论，北京：科学出版社，2000.

[45] 彭望碌，白振平，等. 遥感概论. 北京：高等教育出版社，2002.

[46] 盛裴轩，毛节泰，等. 大气物理学. 北京：北京大学出版社，2003.

[47] 孙景群. 激光大气探测. 北京：科学出版社，1986.

[48] 汤定元，陈宁锵，等. 遥感手册. 第一分册，北京：国防工业出版社，1979.

[49] 童庆禧，郑立中. 中国遥感奋进创新 20 年学术论文集. 北京：气象出版社，2001.

[50] 吴邦灿，费龙. 现代环境监测技术. 北京：中国环境科学出版社，1999.

[51] 季惠颖，赵碧云. 浅谈全球定位系统在环境领域的应用. 环境科学导刊，2008，27（增刊）：27-29.

[52] 张惠，张健，梁兴忠. 全球定位系统（GPS）技术的发展现状及未来发展趋势[J]. 仪器仪表标准化与计量，2011（02）.

[53] 谢钢. 全球导航卫星系统原理：GPS、格洛纳斯和伽利略系统. 北京：电子工业出版社，2013.

第四章 环境地理信息系统（EGIS）设计与开发

环境地理信息系统作为信息系统的一类，其设计与开发与一般信息系统有着许多相似之处，数据库技术始终是各种环境地理信息系统建设中的核心技术。本章在数据库技术与环境地理数据库构建技术介绍的基础上，按照生命周期法，详细介绍了环境地理信息系统设计与开发的相关步骤，包括系统规划，系统分析，系统设计，系统实施，系统运行、维护和评价等。

本章学习重点：
- 掌握数据库的概念和特点
- 了解主要的数据模型
- 掌握系统规划阶段的任务
- 掌握系统分析阶段的具体内容
- 掌握系统设计阶段的具体工作
- 了解系统实施阶段的内容
- 了解系统的维护与评价

第一节 数据库技术与环境地理数据库构建

一、数据库技术

（一）数据库相关概念

1. 数据（Data）

描述事物的符号记录称为数据。描述事物的符号可以是数字，也可以是文字、图形、图像、声音、语言等，数据有多种表现形式，他们都可以数字化后存入计算机。

一个学生的记录，可以这样描述：

（李明，男，1982，江苏，环境学院）

2. 数据库（Database，DB）

所谓数据库是指长期储存在计算机内的，有组织、可共享的数据集合。数据库中的数据按一定的数据模型组织、描述和存储，具有较小的冗余、较高的数据独立性和易扩展性，并可为各种用户共享。

3. 数据库管理系统（Database Management System，DBMS）

数据库管理系统是位于用户与操作系统之间的一层数据管理软件。它的主要功能包括以下几个方面：

（1）数据定义功能。DBMS 提供数据定义语言，用户通过它可以方便地对数据库中的数据对象进行定义。

（2）数据操纵功能。DBMS 还提供了数据操纵语言，用户可以使用它操纵数据，用以实现包括查询、插入、删除和修改等在内的基本操作。

（3）数据库的运行管理。数据库在建立、运用和维护时由数据库管理系统统一管理、统一控制，以保证数据的安全性、完整性、多用户的并发使用及发生故障后的系统恢复。

（4）数据库的建立和维护功能。包括数据库初始数据的输入、转换功能，数据库的转存、恢复功能，数据库的重组织功能和性能监视、分析功能等。这些功能通常是由一些应用程序完成的。

（5）数据库系统。指在计算机系统中引入数据库后的系统，一般由数据库、数据库管理系统（及其开发工具）、应用系统、数据库管理员和用户构成。应当指出的是，数据库的建立、使用和维护等工作只靠一个 DBMS 远远不够，还要有专门的人员来完成，这些人被称为数据库管理员（Database Administrator，DBA）。

在一般不引起混淆的情况下常常把数据库系统简称数据库。

（二）数据库系统的特点

1. 数据结构化

数据库系统实现了整体数据的结构化，这是数据库的主要特征之一，也是数据库系统与文件系统的本质区别。所谓的整体结构化是指在数据库中的数据不再仅仅针对某一个应用，而是面向全组织；不仅内部是结构化的，而且整体是结构化的，数据之间是有联系的。

2. 数据的共享性高，冗余度低，易扩充

数据库系统从整体角度看待和描述数据，数据不再面向某个应用而是面向整个系统，因此数据可以被多个用户、多个应用共享使用。数据共享可以大大减少数据冗余，节约存储空间。数据共享还能够避免数据之间的不兼容性与不一致性。

3. 数据独立性高

数据独立性是数据库领域中的一个常用术语，包括数据的物理独立性和数据的逻辑独立性。

物理独立性是指用户的应用程序与存储在磁盘上的数据库中的数据是相互独立的。也就是说，数据在磁盘上的数据库中怎样存储是由 DBMS 管理的，用户程序不需要了解。应用程序要处理的只是数据的逻辑结构。这样当数据的物理存储改变时，应用程序不用改变。逻辑独立性是指用户的应用程序与数据库的逻辑结构是相互独立的，也就是说，数据的逻辑结构改变了，用户程序也可以不变。数据独立性是由 DBMS 的二级映像功能来保证的。

4. 数据由 DBMS 统一管理和控制

数据库的共享是并发的共享，即多个用户可以同时存取数据库中的数据甚至可以同时存储数据库中的同一个数据。为此，DBMS 还必须提供以下几方面的数据控制功能：

（1）数据的安全性（Security）保护；

（2）数据的完整性（Integrity）检查；

（3）并发（Concurrency）控制；

（4）数据库恢复（Recovery）。

（三）数据模型

模型是现实世界特征的模拟和抽象。在数据库中用数据模型这个工具来抽象、表示和处理现实世界中的数据和信息。通俗地讲数据模型就是现实世界的模拟。现有的数据库系统均是基于某种数据模型的。因此，了解数据模型的基本概念是学习数据库的基础。

数据模型应满足 3 方面的要求：①能比较真实地模拟现实世界；②容易为人所理解；③便于在计算机上实现。

数据模型是数据库系统的核心和基础。各种机器上实现的 DBMS 软件都是基于某种数据模型的。

一般地讲，数据模型是严格定义的一组概念的集合。这些概念精确地描述了系统的静态特征、动态特征和完整性约束条件。因此数据模型通常由数据结构、数据操作和完整性约束 3 部分组成。

1. 数据结构

数据结构是所研究的对象类型的集合。这些对象是数据库的组成部分，它们包括两类，一类是与数据类型、内容、性质有关的对象，另一类是与数据之间联系有关的对象。

数据结构是刻画一个数据模型性质最重要的方面。因此在数据库系统中，人们通常按照其数据结构的类型来命名数据模型。例如层次结构、网状结构和关系结构的数据模型分别命名为层次模型、网状模型和关系模型。数据结构是对系统静态特征的描述。

2. 数据操作

数据操作是指对数据库中各种对象的实例允许执行的操作的集合，包括操作及有关的操作规则。数据库主要有检索和更新（包括插入、删除、修改）两大类操作。数据模型必须定义这些操作的确切含义、操作符号、操作规则（如优先级）以及实现操作的语言。数据操作是对系统动态特征的描述。

3. 完整性约束

数据的约束条件是一组完整性规则的集合。完整性规则是给定的数据模型中数据及其联系所具有的制约和依存规则，用以限定符合数据模型的数据库状态以及状态的变化，以保证数据的正确、有效、兼容。

（四）常用的数据模型

目前，数据库领域中最常用的数据模型有 4 种，它们是：

层次模型（Hierarchical Model）；

网状模型（Network Model）；

关系模型（Relational Model）；

面向对象模型（Object Oriented Model）。

1. 层次模型

层次模型是数据库系统中最早出现的数据模型，层次数据库系统采用层次模型作为数据的组织方式。层次模型用树形结构来表示各类实体以及实体间的联系。

（1）层次模型的数据结构。在数据库中定义满足下面两个条件的基本层次联系的集合为层次模型：

①有且只有一个结点没有双亲结点，这个结点称为根结点；

②根结点以外的其他结点有且只有一个双亲结点。

在层次模型中，同一双亲的子女结点称为兄弟结点，没有子女结点的结点称为叶结点。图 4-1 给出了一个层次模型的例子。

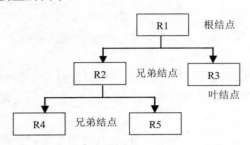

图 4-1　层次模型示意图

从图 4-1 可以看出层次模型像一棵倒立的树，结点的双亲是唯一的。层次模型的一个基本特点是，任何一个给定的记录值只有按其路径查看时，才能显示它的全部意义，没有一个子女记录值能够脱离双亲记录值而独立存在。

（2）层次模型的数据操纵。层次模型的数据操纵主要有查询、插入、删除和修改。进行插入、删除、修改操作时要满足层次模型的完整性约束条件。

进行插入操作时，如果没有相应的双亲结点值就不能插入子女结点值。

进行删除操作时，如果删除双亲结点值，则相应的子女结点值也被同时删除。

进行修改操作时，应修改所有相应记录，以保证数据的一致性。

（3）层次模型的优缺点。层次模型的优点主要有：①层次数据模型本身比较简单；②对于实体间的联系是固定的，且预先定义好的应用系统采用层次模型来实现，其性能优于关系模型，不低于网络模型；③层次数据模型提供了良好的完整性支持。层次模型的缺点主要有：①现实世界中很多联系是非层次的，如多对多联系、一个结点具有多个双亲等，层次模型表示这类联系很笨拙；②对插入和删除的限制比较多；③查询子女结点必须通过双亲结点；④由于结构严密，层次命令趋于程序化。

2．网状模型

在现实世界中事物之间的联系更多是非层次关系的，用层次模型表示非树形结构是很不直接的，网状模型则可以克服这一弊病。网状数据库系统采用网状模型作为数据的组织方式。

（1）网状数据模型的数据结构。在数据库中，把满足以下两个条件的基本层次联系集合称为网状模型：①允许一个以上的结点无双亲；②一个结点可以有多于一个的双亲。

与层次模型一样，网状模型中每个结点表示一个记录类型（实体），每个记录类型可包含若干个字段（实体的属性），结点间的连线表示记录类型之间一对多的父子联系。层次模型中子女结点与双亲结点的联系是唯一的，而在网状模型中这种联系可以不唯一。

下面以学生选课为例，看一看网状数据库模式是怎样来组织数据的。一般地，一个学生可以选修若干门课程，某一课程可以被多个学生选修，因此学生与课程之间是多对多的关系。为此引进了一个学生选课的连接记录，如图 4-2 所示。

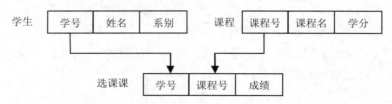

图 4-2   学生/选课/课程的网状数据库模型

（2）网状数据模型的操纵与完整性约束。网状模型一般来说没有层次模型那样严格的完整性约束条件，但具体的网状数据库对数据操纵都增加了一些限制，提供了一定的完整性约束。主要有：

支持记录码的概念，码即唯一标识记录的数据项的集合。例如学生记录中的学号，不许重复。

保证一个联系中双亲记录和子女记录之间是一对多的联系。

可以支持双亲记录和子女记录之间有某些约束条件。例如，有些子女记录要在双亲记录存在才能插入，双亲记录删除时也连同删除。图 4-2 中选课记录就应满足这种约束条件。

（3）网状数据模型优缺点。网状数据模型的优点主要有：①能够更为直接地描述现实世界，如一个节点可以有多个双亲；②具有良好的性能，存储效率较高。网状数据模型的缺点主要有：①结构比较复杂，而且随着应用环境的扩大，数据库的结构就变得越来越复杂，不利于最终用户掌握；②其数据库定义语言复杂，用户不容易使用；③由于记录之间联系是通过存取路径实现的，应用程序在访问数据时必须选择适当的存取路径，因此，用户必须了解系统结构的细节，加重了编写应用程序的负担。

3. 关系模型

（1）关系模型的数据结构。关系模型是目前最重要的一种数据模型。关系数据库采用关系模型作为数据的组织方式。

1970 年美国 IBM 公司 San Jose 研究室的研究员 E. F. Codd 首次提出了数据库系统的关系模型，开创了数据库的关系方法和关系数据理论的研究，为数据库技术奠定了理论基础。由于 Codd 的杰出工作，他于 1981 年获得 ACM 图灵奖。20 世纪 30 年代以来，计算机厂商新推出的数据库管理系统几乎都支持关系模型。

关系模型是由关系数据结构、关系操作集合和关系完整性约束 3 部分组成。关系模型与以往的模型不同，它是建立在严格的数学概念的基础上的。

关系模型的数据结构非常单一。在关系模型中，现实世界的实体以及实体间的各种联系均用关系来表示。在用户看来，关系模型中的数据逻辑结构就是一张二维表，它由行和列组成。

在关系模型中，实体以及实体间的联系都是用关系来表示。例如图 4-2 中学生、课程、学生与课程之间的多对多的联系在关系模型中可以如下表示：

学生（学号，姓名，年龄，性别，系和年级）

选课（学号，课程号，成绩）

课程（课程号，课程名，学分）

关系模型要求关系必须是规范化的，即要求关系必须满足一定的规范条件，最基本的一条是，关系的每一个分量必须是一个不可分的数据项，也就是说，不允许表中还有表。

（2）关系模型的数据操纵与完整性约束。关系模型的操作主要包括查询、插入、删除和修改数据。

关系模型的数据操作是集合操作，操作对象和操作结果都是关系，即若干元组的集合，而不像非关系模型那样是单记录的操作方式。另一方面关系模型把存取路径向用户隐蔽起来，用户只要指出"干什么"或"找什么"，不必详细说明"怎么干"或"怎么找"，从而大大提高了数据的独立性和用户的效率。

（3）关系数据模型的优缺点。关系数据模型具有以下优点：关系模型是建立在严格的数学概念的基础上的。关系模型的概念单一，无论实体还是实体之间的联系都用关系表示，对数据的检索结果也是关系（即表）。所以其数据结构简单、清晰，用户易懂易用。关系模型的存取路径对用户透明，从而具有更高的数据独立性、更好的安全保密性，也简化了程序员的工作和数据库开发建立工作。关系数据模型的缺点主要是，由于存取路径对用户透明，查询效率往往不如非关系模型。因此为了提高性能，必须对用户的查询请求进行优化，增加了开发数据库管理系统的难度。

4. 面向对象的数据模型

面向对象的基本概念是在 20 世纪 70 年代萌发出来的，它的基本做法是把系统工程中的某个模块和构件视为问题空间的一个或一类对象。到了 80 年代，面向对象的方法得到很快发展，在系统工程、计算机、人工智能等领域获得了广泛应用。但是，在更高级的层次上和更广泛的领域内对面向对象的方法进行研究还是 90 年代的事。

面向对象模型是一种新兴的数据模型，它采用面向对象的方法来设计数据库。面向对象的数据库存储对象是以对象为单位，每个对象包含对象的属性和方法，具有类和继承等特点。Computer Associates 的 Jasmine 就是面向对象模型的数据库系统。

在面向对象的方法中，对象、类、方法和消息是基本的概念。

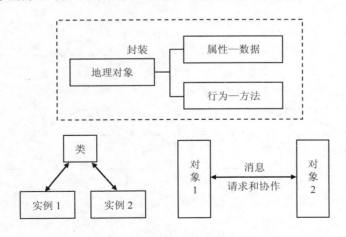

图 4-3　面向对象的基本概念

面向对象方法具有抽象性、封装性、多态性等特性（图4-4）。

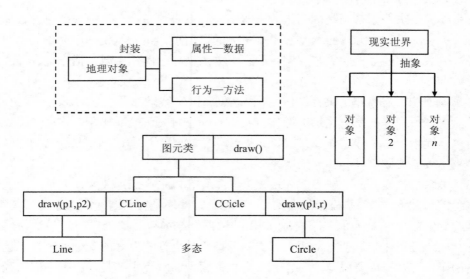

图 4-4　面向对象的特性

面向对象数据模型的 4 种核心技术包括分类、概况、聚集、联合。

分类：把一组具有相同属性结构和操作方法的对象归纳或映射为一个公共类的过程。如城镇建筑可分为行政区、商业区、住宅区、文化区等若干个类。

概括：将相同特征和操作的类再抽象为一个更高层次、更具一般性的超类的过程。子类是超类的一个特例。一个类可能是超类的子类，也可能是几个子类的超类。所以，概括可能有任意多层次。概括技术避免了说明和存储上的大量冗余。这需要一种能自动地从超类的属性和操作中获取子类对象的属性和操作的机制，即继承机制。

聚集：聚集是把几个不同性质类的对象组合成一个更高级的复合对象的过程。

联合：相似对象抽象组合为集合对象。其操作是成员对象的操作集合。

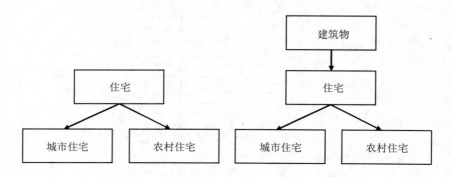

图 4-5　概括可以多层

面向对象数据模型的核心工具包括继承和传播

继承：一类对象可继承另一类对象的特性和能力，子类继承父类的共性，继承不仅可以把父类的特征传给中间子类，还可以向下传给中间子类的子类。它服务于概括。继承机制减少代码冗余，减少相互间的接口和界面。继承有单重继承和多重继承之分。

传播：传播是一种作用于聚集和联合的工具，用于描述复合对象或集合对象对成员对象的依赖性并获得成员对象的属性的过程。它通过一种强制性的手段将成员对象的属性信息传播给复合对象。

复合对象的某些属性不需单独存储，可以从成员对象中提取或派生。成员对象的相关属性只能存储一次。这样，就可以保证数据的一致性，减少数据冗余。从成员对象中派生复合对象或集合对象的某些属性值，其公共操作有"求和""集合""最大""最小""平均值"和"加权平均值"等。例如，一个国家最大城市的人口数是这个国家所有城市人口数的最大值，一个省的面积是这个省所有县的面积之和等。

（五）关系数据库标准语言

结构查询语言（Structured Query Language，SQL），是一个综合的、通用的、功能极强的关系数据库语言。SQL 语言是 1974 年由 Hoyce 和 Chamberlin 提出的。1975—1979年 IBM 公司 San Jose Research Laboratory 研制了著名的关系数据库管理系统原型 System R 并实现了这种语言。由于它功能丰富，语言简捷备受用户及计算机工业界欢迎，被众多计算机公司和软件公司所采用。经各公司的不断修改、扩充和完善，SQL 语言最终发展成为关系数据库的标准语言。1986 年 10 月美国国家标准局（American National Standard Institue，ANSI）的数据库委员会 X3H2 批准了 SQL 作为关系数据库语言的美国标准。同年公布了 SQL 标准文本（简称 SQL-86）。1987 年国际标准化组织（International Organization for Standardization，ISO）也通过了这一标准。此后 ANSI 不断修改和完善 SQL 标准，并于 1989年公布了 SQL-89 标准，1992 年又公布了 SQL-92 标准。自 SQL 成为国际标准语言以后，各个数据库厂家纷纷推出各自的 SQL 软件或与 SQL 的接口软件。这就使大多数数据库均用 SQL 作为共同的数据存取语言和标准接口，使不同数据库系统之间的互操作有了共同的基础。这个意义十分重大。因此，有人把确立 SQL 为关系数据库语言标准及其后的发展称为是一场革命。SQL 成为国际标准，对数据库以外的领域也产生了很大影响，有不少软件产品将 SQL 语言的数据查询功能与图形功能、软件工程工具、软件开发工具、人工智能程序结合起来。SQL 已成为数据库领域中一个主流语言。

SQL 语言之所以能够为用户和业界所接受，并成为国际标准，是因为它是一个综合的、功能极强同时又简捷易学的语言。SQL 语言集数据查询（Data Query）、数据操纵（Data Manipulation）、数据定义（Data Definition）和数据控制（Data Control）功能于一体，主要特点包括以下几个方面：

1. 综合统一

数据库系统的主要功能是通过数据库支持的数据语言来实现的。非关系模型（层次模型、网状模型）的数据语言一般都分为模式数据定义语言（Schema Data Definition Language，简称模式 DDL）、外模式数据定义语言（Subschema Data Definition Language，简称外模式 DDL 或子模式 DDL）、与数据存储有关的描述语言（Data Storage Description Language，DSDL）及数据操纵语言（Data Manipulation Language，DML），分别用于定义模式、外模式、内模式和进行数据的存取与处置。当用户数据库投入运行后，如果需要修改模式，必须停止现有数据库的运行，转储数据，修改模式并编译后再重装数据库，十分麻烦。SQL语言则集数据定义语言 DDL、数据操纵语言 DML、数据控制语言 DCL 的功能于一体，语言风格统一，可以独立完成数据库生命周期中的全部活动，包括定义关系模式、插入数据建立数据库、查询、更新、维护、数据库重构、数据库安全性控制等一系列操作要求，这就为数据库应用系统的开发提供了良好的环境。用户在数据库系统投入运行后，还可根据需要随时地逐步地修改模式，且并不影响数据库的运行，从而使系统具有良好的可扩展性。

另外，在关系模型中实体和实体间的联系均用关系表示，这种数据结构的单一性带来了数据操作符的统一，查找、插入、删除、修改等每一种操作都只需一种操作符，从而克服了非关系系统由于信息表示方式的多样性带来的操作复杂性。

2. 高度非过程化

非关系数据模型的数据操纵语言是面向过程的语言，用其完成某项请求，必须指定存取路径。而用 SQL 语言进行数据操作，只要提出"做什么"，而无须指明"怎么做"，因此无须了解存取路径，存取路径的选择以及 SQL 语句的操作过程由系统自动完成。这不但大大减轻了用户负担，而且有利于提高数据独立性。

3. 面向集合的操作方式

非关系数据模型采用的是面向记录的操作方式，操作对象是一条记录。例如查询所有平均成绩在 80 分以上的学生姓名，用户必须一条一条地把满足条件的学生记录找出来（通常要说明具体处理过程，即按照哪条路径，如何循环等）；而 SQL 语言采用集合操作方式，不仅操作对象、查找结果可以是元组的集合，而且一次插入、删除、更新操作的对象也可以是元组的集合。

4. 以同一种语法结构提供两种使用方式

SQL 语言既是自含式语言，又是嵌入式语言。作为自含式语言，它能够独立地用于联机交互的使用方式，用户可以在终端键盘上直接键入 SQL 命令，对数据库进行操作；作为嵌入式语言，SQL 语句能够嵌入到高级语言（例如 C，COBOL，FORTRAN 等）程序中，供程序员设计程序时使用。而在两种不同的使用方式下，SQL 语言的语法结构基本上是一致的。这种以统一的语法结构提供两种不同的使用方式的做法，提供了极大的灵活性与方便性。

5. 语言简捷，易学易用

SQL 语言功能极强，但由于设计巧妙，语言十分简捷，完成核心功能只用了 9 个动词，SQL 语言接近英语口语，因此容易学习，容易使用。核心动词包括：

数据查询（SELECT）；

数据定义（CREATE，DROP，ALTER）；

数据操纵（INSERT，UPDATE，DELETE）；

数据控制（GRANT，REVOKE）。

第二节 EGIS 系统规划

一、系统规划的任务

（一）制定系统的发展战略

EGIS 服务于管理与决策支持，其发展战略必须与整个管理部门的目标协调一致。制定 EGIS 的发展战略，首先要调查分析整个管理部门的目标和发展战略，评价现行信息系统的功能环境和应用状况。在此基础上，确定 EGIS 的使命，制定 EGIS 的战略目标及相关政策。

若开发一个城市 EGIS，我们必须清楚整个城市的环境发展战略，同时还要对现行的城市环境信息系统进行调查研究，在此基础上，确定城市环境信息系统的目标及任务。

（二）制定信息系统的总体方案，安排项目开发计划

在调查分析信息需求的基础上，提出 EGIS 的总体结构方案。根据发展战略和总体结构方案，确定系统和应用项目开发次序和时间安排。开发一个城市 EGIS，就要根据城市信息系统的发展战略和总体结构方案，确定各个子系统的总体方案、时间方案，制定项目开发计划。

（三）制定系统建设的资源分配计划

提出实现开发计划所需要的硬件、软件、技术人员、资金等资源，以及整个系统建设的概算，并进行可行性分析。

二、系统规划的特点

（1）系统规划是面向全局、面向长远的关键问题，具有较强的不确定性，结构化程度较低。

（2）系统规划是高层次的系统分析，高层管理人员是工作的主体。

（3）系统规划不宜过细。

（4）系统规划是企业规划的一部分，并随环境发展而变化。

系统规划是要应用现代信息技术提出有效地支持管理决策的总体方案。它又是管理与技术结合的过程，规划人员对管理和技术发展的见识、开创精神、务实态度是系统规划成功的关键因素。

三、系统规划的原则

（1）支持管理部门（企业、单位）的总目标。

（2）整体上着眼于高层管理，兼顾各管理层的要求。

（3）摆脱 EGIS 对组织机构的依从性。例如，空气质量评价及预报是根据气象及污染物质量浓度历史数据的分析，并进行计算，来评价和预报未来空气质量的，这个过程可以由一个或多个部门来完成，但其基本过程都是一样的。

（4）使系统结构具有良好的整体性。

（5）系统规划应给后续工作提供指导，要便于实施。

四、可行性分析

系统规划的后期，要对项目的可行性进行研究。可行性是指在当前情况下，部门（企业、单位）研制这个系统是否有必要，是否具备必要的条件，可行性的研究不仅包括可能性，还包括必要性和合理性。

在进行可行性分析时，不可忽视各个方面的变化所引发的风险，要对风险进行客观的评价，并作出相应的防范措施。

（一）技术可行性

技术方面的可行性包括如下几个方面：

（1）人员和技术力量的可行性。GIS 是一个横跨多个学科的交叉学科，在 GIS 建设的各个阶段，需要各种层次、各种专业的技术人员参加，如系统分析人员、设计人员、程序员、操作员、软硬件维护人员、组织管理人员等。银行对新建 GIS 的规模和应用领域，对从事这些工作的技术人员的技术水平不理想，则可以认为 GIS 建设在技术力量上是不可行的。

（2）基础管理的可行性。现有的管理基础、管理技术、统计手段等能否满足新系统开发的要求。

（3）组织系统开发方案的可行性。合理地组织人、财、物和技术力量，并进行实施的技术可行性。

（4）计算机硬件的可行性。包括各种外围设备、通信设备、计算机设备的性能是否满足系统开发的要求，以及这些设备的使用、维护及其充分发挥效益的可行性。

（5）计算机软件的可行性。包括各种软件的功能能否满足系统开发的要求，软件系统是否安全可靠，本单位对使用、掌握这些软件技术的可行性。

（6）环境条件以及运行技术方面的可行性。

（二）经费可行性

EGIS 工程建设需要有足够的资金财力做保证。根据拟建 EGIS 的规模，要对 EGIS 开发和运行维护过程中所需要的各种费用进行预测估算，包括软硬件资源、技术开发、人员培训、数据收集和录入、系统维护、材料消耗等各项支出，衡量能否有足够的资金保证进行 EGIS 的工程建设。

在进行 EGIS 项目经费预算时，要综合考虑各种费用，进行预算的方法主要有上溯法、下溯法、单价法和根据项目参加人员的费用做预算的方法。

（三）进度可行性

进度安排是管理者在进入设计和实施阶段之前必须完成的。在进行进度安排之前，首先必须估计每项活动从开始到完成时所需要的时间，其次要考虑的因素包括活动之间的依赖关系（必须完成一项才能进行下一项）以及各个活动的最早开始—结束时间和最迟开始—结束时间（例如，整个项目工期为 120 天，某项活动需要 30 天，那么它的最迟开始时间是第 90 天）。计划要有灵活性，可以根据变化进行相应的调整。此外，要保证参与人员有足够的时间来完成各项任务，在任务之间安排一定的"机动时间"是一个较现实的办法。

（四）法律可行性分析

法律可行性分析的任务是研究在系统开发工程中可能涉及的各种合同、侵权、责任以及各种与法律相抵触的问题。

（五）可行性分析报告

可行性分析报告作为系统规划阶段的技术文档，包括总体方案和可行性论证两个方面，一般内容有以下几点：

（1）引言。说明系统的名称、系统目标和系统功能、项目的由来。

（2）系统建设的背景、必要性和意义。

（3）拟建系统的候选方案。这部分要提出计算机的逻辑配置方案，可以提出一个主要方案及几个辅助方案。

（4）可行性论证。

（5）系统开发计划几个方案的比较。若结论认为是可行的，则给出系统方案的开发计划，包括人力、资金、设备的需求等。

第三节 EGIS 系统分析

需求分析是对用户要求和用户情况进行调查分析，确定系统的用户结构、工作流程、用户对应用界面和程序接口的要求，以及系统应具备的功能等，是系统开发的准备阶段。

需求分析又是 EGIS 软件工程中最复杂的过程之一，其复杂性来自客观和主观两个方面。从客观意义上说，需求工程面对的问题几乎是没有范围的。由于应用领域的广泛性，它的实施无疑与各个应用行业的特征密切相关。其客观上的难度还体现在非功能性需求及其与功能性需求的错综复杂的联系上，当前对非功能性需求分析建模技术的缺乏大大增加了需求分析的复杂性。从主观意义上说，需求分析需要方方面面人员的参与（如领域专家、专业用户、系统投资人、系统分析员等），各方面人员有不同的着眼点和不同的知识背景，沟通上的困难给需求分析的实施增加了人为的难度。

一、EGIS 功能需求的特点

（1）EGIS 要求较高的分布处理能力。

（2）由于环境管理具有明显的层次性，EGIS 的功能需求具有阶梯结构；同时，各地环境管理除具有共性外还有一定的特殊性，因此，各级 EGIS 的节点都要求有一定的独立工作能力。

（3）EGIS 的属性是逐级上报数据，同一层次横向联系较少。

（4）环境信息面广量大，要求有较大的信息存储能力，为保证跨省、跨市、跨县的宏观调控分析的进行，为综合分析决策支持功能、宏观上决策支持的遥感信息图形分析功能提供信息，国家和省级系统应保存必要的原始信息，具有较强的分析功能。

（5）除污染事故处理分析外，EGIS 一般对实时性要求不高。

（6）EGIS 要求具有较强的信息汇总、统计和进行一般评价综合分析功能。

（7）EGIS 应有模型应用功能。进行结构化设计和建立一系列环境污染总量宏观控制模型、中长期经济计量模型和图形结构模型等。

二、EGIS 功能需求分析的内容

一般用户要求 EGIS 应具备如下功能，因此其功能需求分析也应围绕以下几方面开展：

（1）地图基本操作功能：地图显示（放大、缩小、漫游、多种图层切换、要素闪烁等）、空间距离量算、专题图标与符号显示、图层控制等。

（2）数据采集：要求图形数据与属性数据严格一致，图形与属性数据通过约定的记录字段保持着紧密的联系，系统内部自动维护。

（3）图形编辑：能编辑各种图元的几何信息，还要通过编程自动调整维护拓扑信息。如当删除节点时，与该节点相连的管段同时被删除等。

（4）属性编辑：对地理特征的各属性数据进行编辑，如节点编号、节点其他相关信息的变更输入等。

（5）检索查询：图形和数据之间的互相查询。

（6）专业空间分析功能：这是 EGIS 的核心功能，和专业应用方向密切相关。EGIS 应具有评价预测功能，所以必须配置环境评价预测模型。在系统开发中应当根据实际情况选择适当的模型。一般需要以下几类模型：①水、气、噪声等环境质量评价模型；②水、气、噪声污染源评价模型；③环境经济预测模型；④大气环境质量预测模型；⑤水环境质量预测模型；⑥噪声污染预测模型；⑦大气污染物总量控制模型；⑧水质污染物总量控制模型。

在研制环境信息系统时，可根据实际情况选择适当的模型，选取的原则是：①根据当地的环境管理水平选择模型；②根据当地的特点选择模型；③根据数据支持程度选择模型。

（7）输出管理：根据用户要求，计算机可以通过各种外部设备输出多种形式的数据、表格、图表或地图等。

（8）性能需求：安全性和稳定性原则。不同用户拥有不同的权限，保证系统的安全。

三、软、硬件需求分析

EGIS 应由硬件设备和软件支持两大部分组成。硬件上主要包括计算机及其外部设备、网络、数据通信设备、图形设备等。软件部分则有操作系统、数据库管理程序、图形界面和应用程序以及各种语言及工具等组成。为了使这些硬件设备之间及其软件支持能够组成一个有机的整体，并使之适合 EGIS 的需求，以下几点可作为软硬件配置选型的主要因素。

（1）任务需求，即工作负荷分析。这是指配置的计算机系统应能够满足环境信息系统全部功能和数据处理的要求。

（2）性能价格比较（性价比是当今购置计算机系统的一个非常重要的指标）。根据资金落实情况，在确保性能指标的前提下，尽可能地购买价格便宜的产品。

（3）使用方便，汉化程度高。EGIS 的使用对象是环境管理工作者和研究者，面对的是大量的中文信息资料，因此，要求有友好的用户界面及汉化程度较高的各种软件。

（4）网络功能强。当今的计算机系统已经进入了网络时代，各种型号、各种档次的计算机通过某种连接形成一个强有力的、实用的网络系统是一个十分有效的方法。环境信息系统的构成，应该建立在一个强有力的网络功能基础之上。

（5）兼容性要好，易于同现有设备相连。

（6）先进性的软件思想与软、硬件的升级能力。近年来计算机的发展日新月异。因此，在系统的选择上，包括机型、操作系统、图形界面、数据库 DBMS 等方面都应考虑其设计思想的先进性及软件及硬件的升级能力，以便今后用很少的投入实现升级换代。

（7）可靠性与可维护性。硬件的稳定性要好，设备的故障能在很短的时间内修复，整个系统要易于维护及保养。

四、其他需求分析

除了上述需求分析外，还应当考虑系统建设中的其他要求，包括人员、资金等方面。

（1）人员编制。为确保 EGIS 建设的顺序进行，以及今后的正常运行和维护，从系统正常工作的最低要求出发，工作人员组成应包括：负责人、系统分析人员、硬件人员、系统软件人员、数据库管理人员、应用软件人员、环境专业人员和数据录入人员等。

（2）资金需求。EGIS 的建设是一项一劳永逸的工程。它的建成将产生巨大的社会效益及环境效益，但在建设初期，必要的投入应该得到充分的保证。

五、系统说明书

作为系统分析阶段的技术文档，系统说明书通常包括以下几方面内容：

（1）引言。说明项目名称、目标、功能、背景、引用资料、专门术语等。

（2）项目概述。项目的主要工作内容，现行系统的调查情况，新系统的逻辑模型等。

（3）实施计划。工作任务的分解、工作进度、预算等。

第四节　EGIS 系统设计

EGIS 系统分析之后，进入了系统设计阶段。EGIS 系统设计就是把经过系统分析得到的任务，按照计算机的要求进行详细的定义。系统设计也称物理设计。在 EGIS 系统分析阶段强调业务问题，强调系统"是什么"或"做什么"。但是在 EGIS 系统设计阶段强调技术或实现问题，强调如何实现系统。EGIS 系统设计通常可分为两个阶段进行，首先是总体设计，其任务是设计系统的框架和概貌，并向用户单位和领导部门作详细报告并认可，在此基础上进行第二阶段——详细设计，这两部分工作是互相联系的，需要交叉进行，

一、EGIS 设计的原则

1. 简单、实用性原则

系统数据组织灵活，可以满足不同实际应用分析的需求。在达到预定的目标、具备所需要的功能前提下，系统应尽量简单，这样可减少处理费用，提高系统效益，便于实现和管理。

2. 界面美观、友好

EGIS 界面面向的是多种层次的用户，界面的美观、友好可以展示信息化建设的新面貌。

3. 标准性和前瞻性原则

系统设计应符合 GIS 的基本要求和标准。系统数据类型、编码、图式图例等应符合国家和行业规范的要求。信息技术发展非常快，硬件的更新换代也非常迅速，性价比不断跃升，软件版本升级也非常快，因此 GIS 的设计要有超前性，必须充分考虑技术的发展趋势。在系统设计中，充分考虑系统的发展和升级，使系统具有较强的扩展能力，不断地进行发展和更新。

4. 经济性原则

系统的建设应在实用的基础上做到以最小的投入获得最大的效益。经济性必须以实用性和发展性为原则。

5. 安全性和稳定性原则

系统应有用户分级、口令等安全防护措施，有一定的容错能力和良好的提示功能，不能因一些简单错误就导致系统崩溃。

6. 开放性和可扩展性原则

系统数据具有可交换性，应提供行业交流的数据传输、转换功能。系统应顾及 GIS 的发展，设计时宜采用模块化设计，各功能模块应具有独立性，某一模块的修改应不至于给整个系统造成太大影响。

7. 数据保密性原则

数据是一个系统的核心，数据保密是每一个系统建设必须考虑的问题。

二、EGIS 总体设计

EGIS 总体设计主要任务是根据系统研制的目标来规划系统的规模和确定系统的各个组成部分，并说明它们在整个系统中的作用与相互关系，以及确定系统的硬件配置，规定系统采用的合适技术规范，以保证系统总体目标的实现。总体设计包括系统模块结构设计和计算机物理系统的配置方案设计。

1. 系统模块结构设计

系统模块结构设计的任务是划分子系统，然后确定子系统的模块结构，并画出模块结构图。在这个过程中必须考虑以下几个问题：

（1）如何将一个系统划分成多个子系统；

（2）每个子系统如何划分成多个模块；

（3）如何确定子系统之间、模块之间传送的数据及其调用关系；

（4）如何评价并改进模块结构的质量。

2. 计算机物理系统配置方案设计

在进行总体设计时，还要进行计算机物理系统具体配置方案的设计，要解决计算机软硬件系统的配置、通信网络系统的配置、机房设备的配置等问题。计算机物理系统具体配置方案要经过用户单位和领导部门的同意才可进行实施。开发信息系统的大量经验教训说明，选择计算机软硬件设备不能光看广告或资料介绍，必须进行充分的调查研究，最好应向使用过该软硬件设备的单位了解运行情况及优缺点，并征求有关专家的意见，然后进行论证，最后写出计算机物理系统配置方案报告。从我国的实际情况看，不少单位是先买计算机然后决定开发。这种不科学的、盲目的做法是不可取的，它会造成极大浪费。因为，计算机更新换代是非常快的，就是在开发初期和在开发的中后期系统实施阶段购买计算机设备，价格差别就会很大。因此，在开发管理信息系统过程中应在系统设计的总体设计阶段才具体设计计算机物理系统的配置方案。

三、EGIS 详细设计

在 EGIS 总体设计基础上，第二步应进行详细设计，主要工作是处理过程设计以确定每个模块内部的详细执行过程，包括局部数据组织、控制流、每一步的具体加工要求等，一般来说，处理过程模块详细设计的难度已不太大，关键是用一种合适的方式来描述每个模块的执行过程，常用的有流程图、问题分析图、IPO 图和过程设计语言等。除了模块设计，详细设计还包括代码设计、界面设计、数据库设计、输入输出设计等。

1. 模块设计

详细设计是对总体设计中已划分的子系统或各大模块的进一步细化设计。按照内聚度和耦合度、功能完整性、可修改性进一步划分模块，形成进一步功能独立、规模适当的模块，要求各模块高内聚，低耦合（即块内紧，块间松），对各模块进行设计，画出各模块的结构组成图，详细描述各模块的内容和功能。

2. 代码设计

EGIS 数据量大，数据类型多样。为减少数据冗余度，方便对数据进行分类、统计、检索和分析处理，提高处理速度，方便管理，节约储存，需要对有关元素或数据结构进行代码设计，形成编码文件，必要时还应建成代码字典，记载代码与数据间的对应关系。

EGIS 代码设计的基本原则是：

（1）具备唯一确定性。每个代码都仅代表唯一的实体或属性。

（2）标准化与通用性。凡国家和主管部门对某些信息分类和代码有统一规定和要求的，则应采用标准形式的代码，以使其通用化。

（3）可扩充且易修改。要考虑今后的发展，为增加新代码留有余地。当某个代码在条件或代表的实体改变时，容易进行变更。

（4）短小精悍，即选择最小值代码。代码长度会影响所占据的内存空间、处理速度以及输入时的出错概率，因此要尽量短小。

（5）具有规律性，便于编码和识别。代码应具有逻辑性强、直观性好的特点，便于用户识别和记忆。

3. 数据库设计

常用的关系数据库并不适合对 GIS 中大量的空间数据的有效管理。一般来说，GIS 的开发平台已经提供相应的数据库管理系统或从现有的系统中选购。数据库设计要完成数据库模型设计、数据结构的设计。

对于一个大型的 EGIS，数据库的设计是一个十分复杂的过程，要求数据库设计者对数据库系统和 EGIS 应用系统有相当深入的了解，空间数据库的设计要对数据分层、要素属性定义、空间索引或检索等做明确的设计。

4. 数据获取方案设计

数字化作为 EGIS 数据采集的重要方式，是 EGIS 获取有关图形图件信息的重要手段。数字获取方案设计的内容包括：内容选取与分层、数字化中要素关系的处理原则与策略、相应专题内容的数字化方案、数字化作业步骤、数字化质量保证等。

5. 界面设计

EGIS 是一种可视产品，一个简单易学，灵活方便、友好的人机界面是 EGIS 建设的重要内容。EGIS 数据信息的提供显示更多地与图形符号化紧密相连，要多对图面布局形式、图面布局内容、色彩搭配、菜单形式、菜单布局、对话作业方式进行说明。

6. 输入、输出设计

在总体设计的基础上，对输入、输出的内容、种类、格式，所用设备、介质、精度、承担者作出明确的规定。

7. 程序模块设计

对模块设计中的各模块逐个进行模块的程序描述，主要包括算法和程序流程，输入、输出项，与外部的接口等。

8. 安全性能设计

用来避免用于存在的各种危险而造成的事故，确保 EGIS 使用安全、运行可靠。按照待建 EGIS 的状况和用户对象，进行如下内容的设计：

（1）对用户分级，设置相应的操作权限；

（2）对数据分类，设置不同的访问权限；

（3）口令检查，建立运行日志文件，跟踪系统运行；

（4）数据加密；

（5）数据转储、备份与恢复；

（6）计算机病毒的防治。

9.　实施方案设计

对工作任务分解，指明每项任务的要求和负责人，对各项工作给出进度要求，作出各项实施费用的估算及总预算。

系统设计的主要成果是系统设计说明书，包括总体设计说明书和详细设计说明书，它是 EGIS 的物理模型，也是 EGIS 实施的重要依据。

第五节　EGIS 系统实施

EGIS 系统实施阶段将新系统的物理模型转化为用户所要求的程序设计语言或用数据库语言书写的源程序系统。与系统分析、系统设计阶段相比，系统实施阶段的特点是工作量大，投入的人力、物力多。因此，这一阶段的组织管理工作也很繁重。对于这样一个多任务种、多任务的综合项目，合理的调度安排十分重要。在系统实施阶段要成立系统实施工作组，组织各专业小组组长和有关部门的领导共同编制系统实施计划。

系统实施阶段的主要工作包括：系统硬件的购置与安装、程序的编写（购买）与调试、系统操作人员的培训、系统有关数据的准备和录入、系统调试和转换、文件资料归档等。

一、硬件的设置

硬件的购置和安装包括计算机硬件、外设、网络、电源、机房、环境等有关设备的购买、验收、安装与调试工作等。这些工作需由专业技术人员完成。

二、程序编制

1.　程序设计要求

（1）各级菜单、提示、结果要求全部汉化，而且直观、形象，使所有管理人员都可以看得懂。

（2）操作方法尽可能简便，力争仅一次就可以控制系统工作方向，使所有管理人员都可以上机操作。

（3）要求编辑严谨、逻辑性强、模块化编程，并具有一定的"容错"能力，防止因偶然的错误操作使系统中断，还应具有保险、保密措施，防止数据丢失、变化或程序被篡改。

（4）程序可读性好，便于修改、完善、功能拓展和系统移植。

2.　程序设计方法

目前，一般采用结构化设计方法，结构化设计方法有 5 种基本形式：

（1）顺序结构形式。按语句在程序中出现的顺序进行。

（2）选择结构形式。在判断"真""假"的基础上，选择程序中的一条为程序通路。

（3）先"判断"后"做"的循环结构。利用 do while 语句首先对程序进行判断，条件为真，则反复执行某一功能，直到条件不成立推出循环。

（4）先"做"后"判断"的循环结构。同样利用 do while 语句，它执行某一功能，然后再对条件进行判断，若条件不成立，则一直不执行某一功能，直到条件成立为止。

（5）分情况判断结构。程序要按不同情况分别执行不同功能，因此要首先判断目的情况，然后走不同路径执行不同功能。

用结构化程序设计方法编写程序，使程序结构趋向标准化，它们都有一个入口、一个出口，而且限制使用 go to 语句。这样编写的程序呈线性，可从头到尾顺序阅读，提高了程序的编制效率、改进清晰度、缩短了测试时间。另外以程序的模块为单位开展设计，提高了程序的可读性、可修改性和可维护性。

这是一项十分具体而且有技巧性的工作，必须由专业的技术人员或有经验的软件工程人员完成，必要时可对整个程序按模块进行分解，由多人共同完成。

3. 系统测试

系统测试是保证 EGIS 质量的关键步骤。它是对系统规格说明、设计、编码和集成的最后复审。在开发 EGIS 这类大型应用系统的漫长过程中，存在着极其错综复杂的问题，人的主观认识不可能完全符合客观现实，与工程密切相关的各类人员之间的沟通和配合也不可能完美无缺。因此，在系统生存周期的每个阶段都不可避免地出现差错，应力求在每个阶段结束之前通过严格的技术审查，尽可能早地发现并纠正差错。但是，经验证明，审查并不能发现所有差错。此外，在编码过程中还不可避免地会引入新的错误，如果在系统投入生产性运行之前，没有发现并纠正系统中的大部分差错，这些差错迟早会生产过程中暴露出来，那时改正这些错误的成本会更高，而且会造成恶劣的后果。测试的目的就是在系统投入运行之前，尽可能地修正系统中的错误。

EGIS 测试在系统生存周期中横跨两个阶段，通常在完成每个模块之后，就进行必要的测试（称为单元测试），模块的完成者和测试者是同一个人，模块实现和单元测试用于系统生存周期的同一个阶段，在这个阶段结束之后对系统还应进行各种综合测试，这是系统生存周期中的另一个独立的阶段，通常由专门的测试人员承担这项工作。

大量资料表明，系统测试的工作量往往占系统总开发量的 40%以上，在极端情况下，测试至关重要的系统所花费的成本，可能相当于系统开发中其他步骤总成本的 3～5 倍，因此必须高度重视系统测试工作，绝不要认为写出程序之后系统开发工程就完成了，实际上，还有同样多的开发工作量需要完成。

就测试而言，它的目标是发现系统中的错误，但是发现错误并不是最终目的，环境信息系统开发的根本目标是开发出高质量的完全符合用户需要的系统，因此，通过测试发现错误之后还必须诊断并改正错误，这就是测试的目的。调试是测试阶段最困难的工作，对系统进行测试的结果也是分析系统可靠性的重要依据。

在谈到软件测试时，许多人都采用 Grenford J. Myers 在 *The Art of Software Testing* 一书中的观点：

（1）软件测试是为了发现错误而执行程序的过程；

（2）测试是为了证明程序有错，而不是证明程序无错；

（3）一个好的测试用例是在于它能发现至今未发现的错误；

（4）一个成功的测试是发现了至今未发现的错误的测试。

这种观点提醒人们测试要以查找错误为中心，而不是为了演示软件的正确功能。但是仅凭字面意思理解这一观点可能会产生误导，认为发现错误是软件测试的唯一目的，查找不到错误的测试就是没有价值的，事实并非如此。

第六节　EGIS 系统运行、维护和评价

EGIS 是一个特殊的产品，EGIS 的开发不仅仅是产生信息系统的过程，还包括 EGIS 服务。EGIS 是一个复杂的人机系统，系统外部环境与内部因素是变化的，并不断影响系统的运行，这就需要不断地完善系统，以提高系统运行的效率与服务水平。因此，需要自始至终地进行系统的维护工作。EGIS 系统评价主要是指系统经过一段时间的运行后要对系统目标与功能的实现情况进行检查，并与系统开发中设立的预期项目目标进行对比，及时写出系统评价报告。系统维护与评价阶段是系统生命周期中的最后一个阶段，也是时间最长的一个重要阶段。本阶段要确保系统正常、可靠、安全地运行，并不断地进行评价、改进和完善，以达到提高系统生命力、延长系统生命周期的目的。

1. 系统维护

根据维护活动的目的不同，可把维护分成为改正性维护、适应性维护、完善性维护和安全性维护 4 大类。另外，根据维护活动的具体内容不同，可将维护分成程序维护、数据维护、代码维护和设备维护 4 类。

（1）改正性维护。由于前期测试的不可能发现软件系统所有潜在的错误，用户在使用软件时仍将会遇到错误，诊断和改正这些错误的过程称为改正性维护。改正性维护在系统运行中发现异常或故障时进行。任何一个大型的地理信息系统在支付使用后，都可能发现潜藏的错误。

（2）适应性维护。随着计算机的发展，硬件产品的生命周期明显缩短，更新速度加快，必须在适当时候加以扩充、更新，以提高系统的运行性能。同时，软件（操作系统、应用程序）的升级换代日趋频繁，软件的外部环境或者数据环境发生变化，为了使之适应这种变化而对软件的修改称为适应性维护。

（3）完善性维护。在使用过程中，用户往往会对软件提出新的功能和性能需求，为了满足这些需求，需要修改或再开发软件，称为完善性维护。

（4）预防性和安全性维护。预防性维护的目的是提高软件的可维护性、可靠性等，为进一步的软件维护打下良好的基础。预防性维护一般由开发单位主动进行。系统要收集、保存、加工和利用全局的或局部的社会经济信息，涉及企业、地区、部门乃至全国的财政、金融、市场、生产、技术等方面的数据、图表和资料。随着病毒和计算机犯罪的出现，管理信息系统对安全性和保密性提出了更为严格和复杂的要求。除了建立严格的防病毒和保密制度外，用户往往会提出增加防病毒的功能和保密新措施，而且随着更多病毒的出现，有必要定期进行防病毒功能的维护和保密措施的维护。

2. 系统评价

信息系统投入使用一段时间以后，需要对系统进行全面的评价。根据使用者的反映和运行情况的记录，评价系统是否达到了设计要求，指出系统改进和扩充的方向。系统评价结果应写成系统评价报告。

系统评价的范围应根据系统的具体目标和环境而定，一般包括以下几个方面：

（1）统运行的一般情况。这是从系统目标及用户接口方面考察系统，包括：①系统功能是否达到设计要求；②用户付出的资源（人力、物力、时间）是否控制在预定界限内，资源的利用率是否达到要求；③用户对系统工作情况的满意程度（响应时间、操作方便性、灵活性等）如何。

（2）系统的使用效果。这是从系统提供的信息服务的有效性方面考察系统，重要从以下方面考察：①用户对所提供的信息的满意程度（哪些有用、哪些没用）；②提供信息的及时性；③提供信息的准确性、完整性。

（3）系统的性能。包括：①计算机资源的利用情况（主机运行时间的有效部分的比例、数据传输与处理速度的匹配、外存是否够用、各类外设的利用率）；②系统可靠性（平均无障碍时间、抵御误操作的能力、故障恢复时间）；③系统的可扩充性。

（4）系统的经济效益。包括：①系统费用（包括系统的开发费用和各种运行维护费用）；②系统收益（包括有形收益和无形收益，如成本的下降，劳动费用的减少，管理费用的减少，对正确决策影响的估计等）；③投资效益分析。

思考题

1. 什么是数据库？数据库系统的特点有哪些？
2. 数据库领域中最常用的数据模型有哪些？
3. SQL 语言的功能、特点及 9 个核心动词是什么？
4. 可行性分析报告内容是什么？
5. 简述系统规划阶段的任务。
6. 简述系统分析阶段的具体内容。
7. 简述系统设计阶段的具体工作。
8. 简述系统实施阶段的内容。
9. 系统评价一般包括几个方面？

参考文献

[1] 傅仲良. ArcObjects 二次开发教程. 北京：测绘出版社，2008.
[2] 范文义，周洪泽. 资源与环境地理信息系统. 北京：科学出版社，2003.
[3] 陈正江，汤国安，任晓东. 地理信息系统设计与开发. 北京：科学出版社，2005.
[4] 王桥，张宏，李旭文. 环境地理信息系统. 北京：科学出版社，2004.
[5] 毕硕本，王桥，徐秀华. 地理信息系统软件工程的原理与方法. 北京：科学出版社，2004.

[6]　吴信才. 地理信息系统设计与实现. 北京：电子工业出版社，2009.

[7]　邬论，刘瑜，张晶，等. 地理信息系统——原理、方法和应用. 北京：科学出版社，2006.

[8]　韩鹏，徐占华，褚海峰，等. 地理信息系统开发——ArcObjects 方法. 武汉：武汉大学出版社，2005.

[9]　刘南，刘仁义. 地理信息系统. 北京：高等教育出版社，2002.

[10]　蒋波涛. ArcObjects 开发基础与技巧——基于 Visual Basic.NET. 武汉：武汉大学出版社，2006.

[11]　荆平. 环境地理信息系统及开发与应用. 北京：高等教育出版社，2010.

[12]　ESRI.ArcGISEngine Help for VB6 developers，2008.

[13]　ESRI.ArcGISEngine Help for NET（vs2008）. 2008.

[14]　常晋义，邹永林，周蓓. 管理信息系统. 北京：中国电力出版社，2002.

第二部分

实务篇

第五章　EGIS 在水环境质量管理中的应用

　　水是人类赖以生存和发展的物质基础，随着经济建设的快速发展，特别是用水量大幅度增加，水环境污染加剧，水环境问题成为我国当前面临的最严重的环境问题之一。面对此种形势，人们需要对水环境质量有详细的了解，也需要更加科学、有效的管理手段。因此建立能够及时提供水环境地理信息及其他相关信息的综合性信息管理系统，用于信息管理和水环境评价，对于提高水环境管理的效率和决策水平，具有非常重要的现实意义。本章详细介绍了 EGIS 在水环境信息管理中的应用、EGIS 在水生态功能分区中的应用、EGIS 在水污染扩散模拟中的应用以及 EGIS 在突发性水污染事故应急管理中的应用。

　　本章学习重点：
- 了解一些水环境相关的概念
- 知道水生态功能分区的相关概念
- 了解水污染扩散模型
- 知道 EGIS 在水环境质量信息管理中的应用
- 知道 EGIS 在水污染扩散模拟中的应用
- 掌握 EGIS 在水生态功能分区中的应用

第一节　EGIS 在水环境信息管理中的应用

一、水环境质量信息管理概述

　　在讲水环境质量信息管理前，首先要了解一些水环境相关的概念、原理和理论。

（一）水体、水质与水环境

1. 水体

　　水体（water body）是水大量聚集分布的场所。按其形态和位置主要有海洋、河流、湖泊、冰川、沼泽、永久积雪、极地冰盖、地下含水层、大气水体、水塘与水库。按类型可划分为海洋水体（包括海、洋）和陆地水体（如河流、湖泊等）；按水的流动性可分为流水水体和静水水体，前者如河流，后者如内流湖泊。广义上理解，水体也包括地下水体。

2. 水质

　　水质（water quality）是水体质量的简称。取决于多种因子：①感官因子，如味、嗅、色、透明度、浑浊度、悬浮物等；②氧平衡因子，如溶解氧（DO）、化学需氧量（COD）、生物需氧量（BOD）、有机碳总量（TOC）；③常规物理化学因子，如温度、电导率、pH值、总硬度、碳酸盐、重碳酸盐、钾、钠、钙、镁、氟化物、氯化物、硫酸盐、二氧化硅等；④营养物质因子，如氮、磷含量等；⑤微量元素因子，如铁、锰、铜、锌等；⑥有机物及生物因子，如酚、油类、细菌、大肠杆菌、无脊椎动物、藻类等；⑦污染物及其他因子，如砷、汞、铬、苯系物、苯胺类等有毒污染物。

水质反映了水体环境自然演化过程和人类在集水区域内活动的程度。一系列水质参数和水质标准，如生活饮用水水质标准、工业用水水质标准、渔业用水水质标准等，可以描述或评价水体质量的状况。近年来世界性的水质恶化表现较为明显，表现为地下水盐度升高、地表水中化学物质含量增加、水中生物种群的改变、鱼类繁殖的减少和水资源枯竭等，均反映了区域性水质的下降。

3. 水环境

水环境是（water environment）指地球上分布的各种水体以及与其密切相连的诸环境要素如河床、湖泊、水库、海洋、池塘、沼泽、冰川等。水环境主要由地表水环境和地下水环境两部分组成。地表水环境包括河流、湖泊、水库、海洋、池塘、沼泽、冰川等。地下水环境包括泉水、浅层地下水、深层地下水等。

水环境是构成环境的基本要素之一，是人类社会赖以生存和发展的最重要场所，也是受人类干扰和破坏最严重的地区。水环境的污染和破坏已成为当今主要的环境问题之一。水环境同其他环境要素如土壤环境、生物环境、大气环境等构成了一个有机的综合体，它们间彼此联系、相互影响、相互制约。当改变或破坏某一区域的水环境状况时，必然会引起其他环境要素发生变化。因此，必须对水环境进行合理的利用和保护。

（二）水质监测

水质监测（water quality monitoring）是指监视和测定水体中污染物的种类、各种污染物的浓度及变化趋势，评价水体状况的过程。监测的范围比较广泛，包括未被污染和已被污染的天然水（江、河、湖、海和地下水）及各种工业排水等。主要监测项目可分为两大类：一类是反映水质状况的综合指标，如温度、色度、浊度、pH 值、电导率、悬浮物、溶解氧、化学需氧量和生物需氧量等；另一类是有毒物质，如酚、氰、砷、铅、铬、镉、汞和有机农药等。为客观评价江河和海洋水质状况，除上述监测项目外，有时需进行流速和流量的测定。

（三）水质评价及方法

1. 水质评价概念

水质评价（water quality evaluation）是指按照评价目标，选择相应的水质参数、水质标准和水质方法，对水体的质量、利用价值及水的处理效果作出评定。水质评价是合理开发利用和保护水资源的一项基本工作。

2. 水质评价标准

（1）江、河、湖、库：执行《地表水环境质量标准》（GB 3838—2002）。

（2）集中式饮用水水源地：执行《生活饮用水标准》（GB 5749—2006）。

（3）渔业水域：执行《渔业水质标准》（GB 11607—89）。

（4）排污河（渠）：排放的污水用于灌溉时，执行《农田灌溉水质标准》（GB 5048—2005）。

（5）工业废水：执行《污水综合排放标准》（GB 18918—2002）。

（6）地下水：参照《生活饮用水卫生标准》（GB 5749—2006）。

3．水质数据统计方法

（1）地表水数据统计方法。地表水数据常见的统计方法有最大（小）值、最大（小）值超标倍数以及表 5-1 所列的指标方法。

表 5-1　地表水数据的统计方法

指标	按水期统计方法	按年度统计方法
水样总数	某断面某水期内分析的水样总数	某断面全年内分析的水样总数
平均值	$\dfrac{某断面某水期水样检出浓度数值总和}{某断面某水期水样总数}$	$\dfrac{某断面全年水样检出浓度数值总数}{某断面全年水样总数}$
超标率/%	$\dfrac{某断面某水期水样超标次数}{某断面某水期水样总数}\times100\%$	$\dfrac{某断面全年水样超标次数}{某断面全年水样总数}\times100\%$

（2）地下水数据统计方法。统计原则：潜水层、承压水层分别统计；单层取水与混合取水分别统计；丰水期、枯水期分别统计。

$$超标率(\%)=\frac{超标井数}{监测井数}\times100\%$$

4．水质评价方法

水质评价的方法有两大类：一类是以水质的物理化学参数的实际测量值为依据的评价方法；另一类是以水生物种群与水质的关系为依据的生物学评价方法。较多采用的是物理化学参数评价方法，主要包括：

（1）单因子评价法。我国现行环境评价关于水质评价的技术导则所实施的评价方法之一，它是以水质最差的单项指标所属类别来确定水体综合水质类别。具体方法是：用水体各监测项目的监测结果对照该项目的分类标准，确定该项目的水质类别，在所有项目的水质类别中选取水质量最差的类别作为水体总的水质类别。

（2）污染指数评价法。污染指数评价法是用水体各监测项目的监测结果与其评价标准之比作为该项目的污染分指数，然后通过各种数学手段将各项目的分指数综合得到该水体的污染指数，作为水质评定尺度。目前常用的有综合污染指数法、内梅罗污染指数法等。

（3）模糊评价法。水环境本身存在大量不确定性因素，加上不同项目在划分级别、标准上具有模糊性，这使得模糊数学在水质综合评价中得以广泛应用。

模糊评价法基本思路是：由监测数据建立各因子指标对各级标准的隶属度集，形成隶属度矩阵，再把因子的权重集与隶属度矩阵相乘，得到模糊积，获得一个综合评判集，表明评价水体水质对各级标准水质的隶属程度，反映了综合水质级别的模糊性。模糊数学用于水质综合评价的方法主要有模糊聚类法、模糊贴近度法、模糊距离法等。

（4）灰色评价法。水环境质量评价中，时间和空间的局限使得获取的数据信息不完全或者不确切，因此要把水环境视为一个灰色系统，即这个系统中部分信息已知，部分信息未知或不确切。

具体思路是：计算各水体水之中各因子的实测浓度与各级水质标准的关联度，然后根据关联度的大小确定水体质量的级别。对处于同类水质的不同水体可通过其与该类标准水体的关联度大小进行优劣的比较。

灰色系统理论在进行水质综合评价中的方法有灰色聚类法、灰色关联评价法、灰色贴近度分析法、灰色决策评价法等。

（5）物元分析法。物元分析法是物元分析理论在水环境质量评价领域的应用。其思路是：根据各级水质标准建立经典域物元矩阵，根据各因子的实测浓度建立节域物元矩阵，然后建立各污染指标对不同水质标准级别的关联函数，最后根据其值大小确定水质的级别。

（6）其他方法。水质评价还有一些其他的方法，如密切度法、集对分析法、层次分析法等，这些方法适用于某些特定的场合，使用时应注意该方法的前提条件与限制。

生物学水质评价方法，常见的应用领域是水体的富营养化，主要应用在水库湖泊、海洋等区域。生物学水质评价方法原理是水生生物对环境的反馈表现。例如水生生物种群、群落以及初级生产力的变化、生物体自身对污染物的富集作用等。

（四）富营养化与生物学水质评价

1. 富营养化调查

富营养化（eutrophication）是一种氮、磷等植物营养物质含量过多所引起的水污染现象。当过量营养物质进入湖泊、水库、河口、海湾等缓流水体后，水生生物特别是藻类将大量繁殖，使水中溶解氧含量急剧变化，以致影响鱼类等的生存。在自然条件下湖泊会从贫营养湖过渡为富营养湖，进而演变为沼泽和陆地。不过这是一种极为缓慢的过程。但由于人类的活动，将大量工业废水和生活污水以及农田径流中的植物营养物质排入湖泊等水体后，将大大加速水体的富营养化过程。水体出现富营养化现象时，因浮游生物大量繁殖，往往使水体呈现蓝色、红色、棕色、乳白色等。这种现象在江河湖泊中称为水华，在海中则叫做赤潮。水体富营养化程度与氮、磷的含量密切相关。一般认为，总磷和无机氮分别超过 20 mg/m^3 和 300 mg/m^3 就视水体为富营养化状态。

水生生物对污染物的富集系数为：

$$生物富集系数 = \frac{生物体中污染物浓度}{水中污染物浓度}$$

常见水生生物对几种重金属的富集系数见表 5-2。

表 5-2　常见水生生物对几种重金属的富集系数

元素	淡水			海水		
	淡水藻	无脊椎动物	鱼类	藻类	无脊椎动物	鱼类
Cr	4×10^3	2×10^3	4×10^2	2×10^3	2×10^3	4×10^2
Co	10^3	1.5×10^3	5×10^2	1.0×10^3	10^3	5×10^2
Ni	10^3	10^2	4×10	2.5×10^2	2.5×10^2	10^2
Cu	10^3	10^3	2×10^2	10^3	1.7×10^3	6.7×10^2

元素	淡水			海水		
	淡水藻	无脊椎动物	鱼类	藻类	无脊椎动物	鱼类
Zn	$4×10^3$	$4×10^4$	10^3	10^3	10^5	$2×10^3$
Cd	10^3	$4×10^3$	$3×10^3$	10^3	$2.5×10^5$	$3×10^3$
As	$3.3×10^3$	$3.3×10^2$	$3.3×10^2$	$3.3×10^2$	$3.3×10^2$	$2.3×10^2$
Hg	10^3	10^5	10^3	10^3	10^5	$1.7×10^3$

由表 5-2 可见，生物相的监测分析对了解水体重金属污染具有十分重要的意义。

对水体营养状况做出科学的评价和预测，一般应开展 3 个方面的调查，即污染源调查、湖库环境基本特征调查及水体特征调查。

（1）污染源调查：查明水体流域及其周围的主要污染源和污染物，特别是营养性物质（氮、磷、碳等）排入水体中的种类、数量以及排放方式和排放规律等。

（2）水环境基本特征调查：水环境是各种环境因子长期综合作用的自然体，不同区域的水环境有着其明显的特征，并以各自的方式经历着自己的发生、发展及消亡的演变过程。因此，环境基本特征调查是一项基础工作，也是判断水体富营养化起因，现状及发展趋势必不可少的依据。

（3）水体特征调查：水体特征调查是水体营养化调查的核心内容，包括水质调查、底质调查和水生生物调查。其中水质调查以氮、磷、碳等营养型的污染物为核心，开展多指标分析测定。尤其对氮、磷、碳的污染物质的存在形态应当给予充分重视。底质调查也主要围绕上述营养型污染物开展调查。水生生物在富营养化调查中占有最重要的地位，它是评价水体富营养化程度及危害的最有说服力的依据。该项调查以浮游植物调查和藻类增长潜力（AGP）试验为核心，配以浮游动物、大型水生植物、底栖动物和细菌等项目，进行种群、群落结构及初级生产力的全面调查，具体流程如图 5-1 所示。

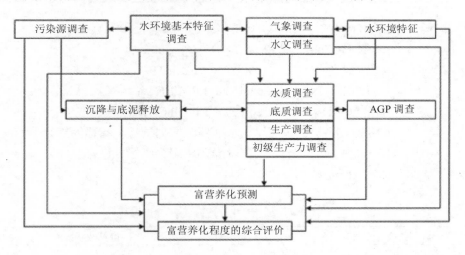

图 5-1　水体富营养化调查工作

2. 富营养化评价

原国家环境保护总局推荐的评价富营养化方法是综合营养状态指数法。该方法是根据日本相畸守弘等修正的营养状态指数法，同时参照中国环境监测总站制定的《湖泊（水库）富营养化评价方法及分级技术规定》而建立起来适用于我国湖泊富营养化评价的方法。

选取了叶绿素 a（Chl-a）、总磷（TP）、总氮（TN）、高锰酸钾指数（COD_{Mn}）为主要指标，通过数学模型计算湖泊综合营养状态指数，计算公式为

$$TLI(\Sigma) = \sum_{j=1}^{m} W_j \times TLI(j)$$

式中：$TLI(\Sigma)$——综合营养状态指数；

W_j——第 j 种指标营养状态指数的相关权重；

$TLI(j)$——第 j 种参数的营养状态指数。

例如，以 Chl-a 作为基准参数，计算其相关权重，其计算公式为

$$W_j = \frac{r_{ij}^2}{\sum_{j=1}^{m} r_{ij}^2}$$

式中，r_{ij}——第 j 种参数与基准参数 Chl-a 的相关系数；

m——评价参数的个数。

其中 r_{ij} 系数是由《湖泊（水库）富营养化评价方法及分级技术规定》确定的，表 5-3 是我国湖泊（水库）的 Chl-a 与其他参数之间的相关关系系数。

表 5-3   中国湖泊（水库）的 Chl-a 与其他参数的相关系数

参数	Chl-a	TP	TN	COD_{Mn}
r_{ij}	1	0.84	0.82	0.83
r_{ij}^2	1	0.705 6	0.672 4	0.688 9

四项指标相关加权综合营养状态指数的计算公式如下：

$$TLI(\text{Chl-a}) = 10(2.5 + 1.086\ln\text{Chl-a});$$
$$TLI(\text{TP}) = 10(9.436 + 1.624\ln\text{TP});$$
$$TLI(\text{TN}) = 10(5.453 + 1.694\ln\text{TN});$$
$$TLI(COD_{Mn}) = 10(0.109 + 2.661\ln COD_{Mn});$$

根据各指标的权重和上述各公式，可以对水质监测数据进行各指标的综合营养状态指数的计算，将结果与表 5-4 的湖泊（水库）富营养化状态分级标准进行比较，从而对湖泊水质富营养化状态进行实时评价。

表 5-4   富营养化程度分级表

综合营养状态指数 TLI（Σ）	评价结果
TLI（Σ）≤30	贫营养
30＜TLI（Σ）≤50	中营养
TLI（Σ）＞50	富营养
50＜TLI（Σ）≤60	轻度富营养
60＜TLI（Σ）≤70	中度富营养
TLI（Σ）＞70	重度富营养

（五）水环境质量信息管理系统

1. 水环境质量信息管理系统的概念

水环境质量信息管理系统（Water Environment Quality Information Management System，WEQIMS）是利用环境管理信息系统（EMIS）的功能，对水体进行动态管理，利用软件分析及其管理功能把现有的水系、水文，以及多年的水质资料储存在软件中；根据需要，清晰、直观、快速地查询和预测水质情况；提供档案及水环境图文资料；从根本上改变以往水环境管理的局限性，提高水环境的管理水平，实现水环境管理的现代化。

水环境质量信息管理系统以"自上而下地总体规划，自下而上地应用开发"为指导，严格按结构化生命周期法对系统进行可行性开发。具体步骤分为：系统规划阶段、系统分析阶段、系统设计阶段、系统实施阶段。

2. 水环境质量信息管理系统的重要性

水环境污染是我国乃至世界当前面临的、最严重的环境问题之一。要解决好水环境问题，一靠政策管理，二靠科学技术。也就是说，要依靠水环境管理决策的科学化和水环境科学技术的现代化。而要做到这两点，离不开水环境质量信息管理系统的开发与建立。这是因为：

（1）水环境质量信息管理系统的开发和利用，是实现环境决策和环境管理科学化的需要。科学的、现代化的水环境管理需要科学的、正确的水环境决策，而信息是决策的基础，因此水环境方面的信息正是水环境决策的基础。环境管理部门在决策的前、中、后 3 个过程都需要大量的环境信息，全面、准确、及时的信息是作出切合实际、正确无误决策的依据。特别是当前，我们国家正处在快速发展的时期，无论在经济方面，还是在环境方面，新情况、新问题层出不穷，错综复杂，变化节奏快，知识更新也快。所以任何决策都越来越不可能单纯依靠以往的经验，而必须凭借新的现实材料、知识和定量数据。在这种情况下，科学的水环境决策对信息的依赖越来越强，要求也越来越高。可以说建立水环境质量信息管理系统是水环境管理和决策科学化的一项根本性的标志。

（2）水环境质量信息管理系统的开发与利用，是实现环境科学技术现代化的需要。在现代科学技术发展中，信息是效率，是生命，是推动力。在环境科学技术的发展中，无论是软科学课题，还是硬科学课题，都离不开环境信息。结构完善、功能齐全、传递畅通的水环境质量信息管理系统的缺乏严重制约了水环境科学技术的发展速度与水平。因此，必须立足长远，统筹安排，逐步开发，渐渐形成一个真正的点面结合、纵横贯通的水质信息管理网络。

3. 水环境质量信息管理系统的发展趋势及国内外研究概述

（1）国外的水环境质量信息管理系统。20 世纪 60 年代，由于工业化和城市化的快速发展，同时管理手段的相对落后，发达国家相继出现了严重的水环境问题，人们开始认识到水环境管理技术的重要性。同时期，系统工程理论和计算机科学技术得到巨大的发展，成功地解决了许多环境问题。1962 年，"哈佛水资源规划组"发表的《水资源系统分析》一书，详细地研究了系统工程和计算机科学与水资源管理间的关系，在欧美受到了极大的关注。1964 年，美国国家环保局成功开发的 STORET-COGENT 是国际上开发最早的大型水环境质量管理系统。这一时期较有代表性的水环境管理信息系统还有英国开发的水质档案系统（WP2）和加拿大的国家水质数据库（NAQUADAT）。

进入 70 年代，发达国家几乎都建立了适合于本国流域的水质动态监测系统，实现了对水环境监测信息的监控和数据更新，这一阶段可以看作是水环境管理信息系统发展的初级阶段，其特点：①系统建设初具规模，基本实现了监测数据的信息化；②系统为用户提供操作接口，使数据得到了较充分的利用，为用户实现目标提供了基础；③数据库对外开放，监测的各种数据通过系统互相联系，相互检验，提高了数据和信息的可靠性和可用性。当然，这个阶段的水环境管理信息系统也存在很多问题：①许多监测数据格式不一致，系统部分功能利用率低；②过于强调数据检索和存储功能，而对于数据挖掘和分析功能处理简单，造成系统功能性较为简单；③缺少对各种水质模型的应用，加大了用户处理监测数据的工作量；④数据库建立还是以监测数据的属性数据为基础，用户在系统中难以对水环境实现空间变化规律进行分析和研究。

80 年代以后，随着信息技术的飞速发展，水环境管理技术也在不断的改进和完善，特别是 GIS 技术的出现，在水文学及水环境管理领域开创了新的局面，GIS 技术综合了遥感、GPS 技术、地图学以及虚拟现实技术，创造性地将空间信息和监测信息进行联系，为水环境管理工作提供了丰富多样的应用工具，利用 GIS 技术对于大量环境数据进行管理已经成为当前国际上环境管理的重要趋势。欧美许多国家在利用 GIS 发展水环境管理信息系统方面已经作了许多有益的尝试，较有成功的有英国泰晤士河流域的水环境信息决策支持系统（WATERWARE）和美国的 BASINS 流域水环境模拟系统。这些水环境管理信息系统在性能和功能上较初级阶段的管理系统获得了巨大了发展，优势也非常明显，具体表现在：①监测的数据不再以单一形式存在，系统具有了空间数据仓库特征，各种数据间采用统一标准，系统具有良好的移植性和拓展性；②GIS 技术的应用，使监测数据的获取途径增加，同时实现了可视化查询和分析，为环境决策提供了可靠的保障；③系统中普遍嵌合了以水环境理论为基础，能对某一领域问题提供"专家级"解决办法的模型，有利于快速防治水环境事故；④系统中普遍存在以管理信息学和运筹学为理论基础，对各种数据和模拟结果进行整合、评价的决策支持系统（Decision Support System，DSS），为环境管理者提供有力的辅助工具。

随着相关技术的发展和人们对信息需求层次的提高，更多、更新的技术和方法与系统结合，以满足水环境管理的实际需要，已经成为水环境信息管理系统建设的必然趋势，特别是基于 Web 技术、仿真模拟技术、"3S"（GIS、GPS、RS）技术、虚拟现实技术等已经成为发达国家在水环境信息管理系统今后研究的主要方向。

（2）国内的水环境质量信息管理系统。我国的水环境管理工作起步于 20 世纪 70 年代，1973 年，国家首次召开了全国性的环境保护会议，并制定了我国环境保护工作的方针和政策，经过 40 多年的快速发展，目前，我国已经在水环境保护领域取得了丰富的成果。在水环境管理信息化方面：1985 年，国家成立了资源和环境信息系统实验室，从科学理论和技术方法推动了我国水环境管理信息化工作的发展和应用。此后近 30 年时间，各地水行政管理部门在水质管理信息化方面取得了丰硕的成果：1991 年，王金南等研制了国家环境质量决策支持系统，该软件可以对全国 53 个重点城市的水环境和大气环境进行规划和管理；2001 年，由清华大学、云南地理研究所联合开发的澜沧江区域信息管理与决策系统，是我国第一套用于大江大河的水环境管理信息系统；2003 年，由黄河流域水资源环保局承担并开发的黄河水环境信息管理系统，对于黄河流域洪水防治和灾区处理具有重大的帮助，使黄河水环境管理部门在水资源监督管理方面迈上一个新的台阶；2009 年，上海市环境管理部门建立了黄浦江流域水环境信息管理系统，该系统具有动态监测显示，对水质快速预测分析等功能。

目前国内水环境管理领域已有的系统软件基本实现了水环境模型、GIS 技术及数据库技术的无缝连接，具有强大的功能，大大减轻了有关部门处理信息数据的工作量，促进了我国水环境水平和科技水平的进步。但是同时，由于大型的水环境管理软件本身涉及信息量大，开发过程复杂，致使其软件价格昂贵，另外，软件自身专业性强，管理人员需要进行专业培训才能进行使用，有时在处理某一具体环境问题时还需要进一步开发才能很好解决问题。这些约束条件极大程度上限制了水环境管理软件在全国各地区的普及应用，致使我国水环境管理工作整体水平不高，水环境信息管理技术还不能很好满足海洋、河流、湖泊等污染防治管理的实际需要。

二、水环境质量信息管理系统功能需求

为了更好地讲述水环境质量信息管理系统在实际中的开发与应用，本节以下内容将结合东昌湖水环境监测信息管理系统这一项目进行分析。

（一）水环境质量信息管理系统的总体功能需求

1. 水环境质量信息管理系统的总体目标

水环境信息既有描述地理特征的空间信息，又有反映不同时间水环境质量的属性信息。这些信息普遍存在分布存储、数据量大和格式繁多等特点，不利于用户对水环境进行统一的监督和管理。

为了满足用户快速、高效地处理和管理繁杂的水环境信息，本项目基于先进的信息技术与系统工程理论，利用 GIS 强大的空间信息管理能力、动态分析功能、便捷的输出功能以及良好的接口性能，设计了基于组件式 GIS 技术的东昌湖水环境监测信息管理系统。最终目标是：在计算机软、硬件支持下，实现对水环境信息的管理、查询、统计、输出等功能，已经结合环境评价模型对水环境质量进行预测、评价和决策，为水环境管理的科学决策提供更有效的信息支持。

2. 水环境质量信息管理系统的主要作用范围

本项目所设计的系统主要作用范围是东昌湖及其周边地区。以下对东昌湖进行简要的介绍。

东昌湖位于鲁西国家历史文化名城——聊城市区。聊城市位于黄河下游，鲁西平原，地处华北、华东、华中三大行政区交界处。东昌湖是典型的北方缺水人工湖泊，湖水主要来源于黄河的补给和大气降水，没有其他河流注入，也没有支流流出。东昌湖是"江北水城"水系的最重要组成部分，连同周边的陆地森林生态系统一起，维护本地区的生态平衡发挥重要的作用。它不仅维护湿地生态系统的生物多样性，还具有调节局部水循环、气候、大气湿度等重要功能，同时东昌湖还承载着工农业用水水源、旅游景区、水产养殖、水上娱乐、城市排水接纳水体及农业排灌等众多功能。

近年来，随着当地经济和社会的快速发展，东昌湖水环境情况逐渐恶化，主要表现为：

（1）根据聊城市环境监测站连续 3 年（2005—2007）的监测资料，东昌湖湖水水质主要超标因子为总氮和 COD，水质综合评价均为劣 V 类，东昌湖水存在富营养化现象。

（2）东昌湖内循环不流畅，缺乏整体流动性，湖水交换周期较长，湖泊自净能力弱，导致水体变浑，藻类密度较高，叶绿素 a 浓度较高，水体透明度低，吸附并释放污染物，给东昌湖水质带来威胁。

（3）黄河作为东昌湖的唯一补给水源，水质的好坏直接影响着东昌湖的水质。近年来，随着黄河流域社会经济的发展，流域内高耗、重污染企业的比重较大，产业结构不合理、污水处理设施滞后，导致流域废污水和污染物排放量与日俱增。

（4）20 世纪 90 年代后期，由于不适当的开发和建设，湖周大量植被遭到破坏，湖区水生态系统与陆地生态系统衔接较差，阻碍了水生态系统与外界其他的系统的交流，影响了其功能的发挥；湖西及其他部分相当长的环线采取硬化建设，阻碍了物质、物种的交流；湖东湿地完全处于城市内部，水污染压力较大。

3．水环境质量信息管理系统的设计原则

本系统是设计以标准水环境数据信息和东昌湖水环境管理工作需求为基础，以科学性、动态性和实用性为主导思想，并遵循以下设计原则：

（1）实用性原则：系统的开发设计要以东昌湖水环境管理工作的实际需求为基础，满足用户对监测信息的管理、查询、统计和分析等功能要求，同时系统设计力求简单、实用，便于用户的管理和使用。

（2）可靠性原则：建立数据库是所使用的数据应准确可靠，通过不同时期湖水实地取样，实验室检测，获取东昌湖水环境信息。同时，对于环境模型预测的结果应与实际数据对照，校正其误差。

（3）标准性原则：为了保证系统的科学性、高效性和通用性，系统设计要遵循统一的标准规范：数据采集标准、水质检测标准、数据库格式标准、信息存储标准、系统设计代码标准等。

（4）可扩展性原则：一个好的系统应该具有良好的扩展接口，方便用户根据实际环境问题添加新的功能模块，使系统能够不断的发展、完善。

（5）可操作性原则：系统界面是用户使用软件的直接对象，因此，系统应具有友好的界面设计，功能分割清晰，另外，设计界面时还要遵循一致性，封装性、图像和文字可读性等规则，以便用户学习和操作。

4．水环境质量信息管理系统的功能类别

（1）数据管理功能：数据管理功能是水环境质量信息管理系统的核心。要求系统能够达到存信息准确、可靠、安全、数据冗余小、数据结构合理、系统易于操作等要求。

（2）分析计算功能：水环境质量信息管理系统的主要任务是数据管理，如果仅从单纯的"数据管理"角度出发，而去开发一个只能完成一些原始数据存储、查询等功能的应用系统，这无疑是人为地缩短了软件的生命周期。为了增强系统功能，要尽可能地延长软件生命周期，系统应具有水质数据分析计算、试验数据分析计算等功能，这些功能可使用户从已有数据信息了解过去、预测未来，以便更好地为生产、科研服务。

（3）专题制图功能：水环境质量信息管理系统的图形功能不仅能绘制各种常规的统计

图形、时间过程曲线、分区图、等值线图，而且还可以绘制水体质量专题地图，以反映水体质量的空间分布状况。

（4）报表功能：报表信息是水体质量管理信息的综合，它是调用数据库中的许多数据表经过统计计算而成的，也是系统应用的重点。根据不同表格的特征，系统分别采用固定格式和非固定格式进行报表功能的设计。再另外设计报表程序，在程序中定义各种变量，利用编程技巧来完成报表中的统计分析功能，最后调用报表格式生成报表。所有的任务都需通过编程实现，用户可随意挑选某数据库的不同字段，或不同数据库的相关字段生成各式报表。

（二）水环境质量信息管理系统的系统结构框架和功能模块

1. 系统结构框架

依据系统设计的目标和原则，充分考虑系统运行的稳定性、可移植性、易维护性，在东昌湖水环境监测信息管理系统逻辑结构设计上引入面向对象思想和分析方法，采用三层构架，如图 5-2 所示。

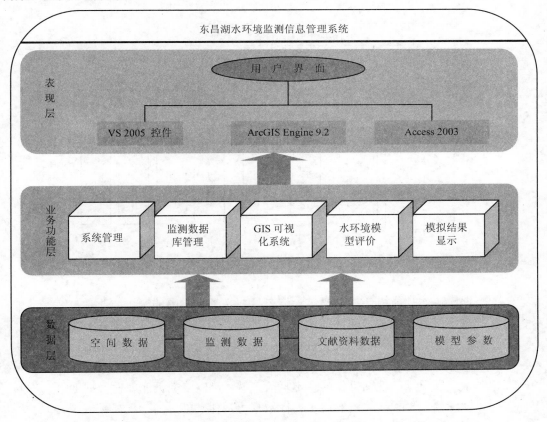

图 5-2　系统基本框架设计

（1）数据层：水环境信息管理系统的底层，也是系统所有功能实现的基础，这层主要包含了东昌湖水环境监测信息管理系统中的所有数据（包括空间数据、实地取样分析的监测数据、文献资料的历史数据，以及模型评价时的调整参数）。

（2）业务功能层：水环境信息管理系统根据业务目的和用户需求，设计和调用不同的功能模块予以满足。各个模块之间相互独立，根据用户操作需求，通过数据层接口访问相关数据，并进行数据分析处理，实现相应功能。

（3）表现层：水环境信息管理系统的最外层，直接与用户交互操作，该层主要通过VB.NET 语言将 Visual Studio 2005 窗体、ArcGIS Enging9.2 组件、Access 2003 数据库进行界面设计，同时还可以将业务功能层的分析结果以地图、统计图、表格、动画等直观方式，显示给用户。

通过上述三层结构的使用，可以使系统逻辑结构更为清晰、合理，便于用户的维护和程序的移植，从而降低系统运行成本。另外，由于各个功能、数据结构的相对独立，从而使系统在处理数据时没有中间环节，冗余度大大减少，加快了完成速度，使系统工作高速、有效。

2. 系统功能模块设计

根据系统逻辑结构中业务功能层要实现的功能目的，将系统在功能上分为 3 部分，包括数据库操作功能、GIS 可视化功能、水环境评价操作功能，如图 5-3 所示。

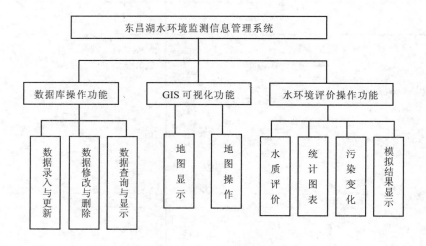

图 5-3　系统功能模块图

（1）数据库操作功能模块：主要包含将东昌湖文献资料中的历史监测数据、实地取样分析数据等系统属性数据和空间数据的录入、更新、删除及查询等功能。

（2）GIS 可视化功能模块：利用 VB.NET 语言基于 ArcGIS Engine 9.2 组件进行二次开发，将地理实体及其空间特征以图形要素方式存放，并且以图层形式在地图中显示。系统该模块包含了地图显示和地图操作的基本功能，另外可以将数据库属性数据通过二次开发组件接口以地图要素形式显示，实现了属性数据可视化功能。

（3）水环境评价操作功能模块：该模块的主要功能是用户通过系统界面，运行嵌入到系统中的水环境评价数学模型，对原始的监测数据进行计算、分析和预测，并把结果以文本、图表、图形等方式显示出来。本模块根据水质分析的不同要求分别对各监测点进行了水质单因子评价、综合评价，以及富营养化评价等方法，为用户提供全面的决策信息支持。

三、水环境质量信息管理系统解决方案

（一）水环境质量信息管理系统开发的技术路线

东昌湖水环境监测信息管理系统以 Visual Studio.NET 为开发平台，使用面向对象程序语言 VB.NET 集成开发 Access2003 数据库和 ArcEngine9.2 组件，在水环境评价模型支持下，使其具有数据管理、查询、水质现状评价、GIS 可视化等功能。研究分为 3 个阶段：系统可行性研究、需求分析与设计、系统开发与应用。思路和技术路线如图 5-4 所示。

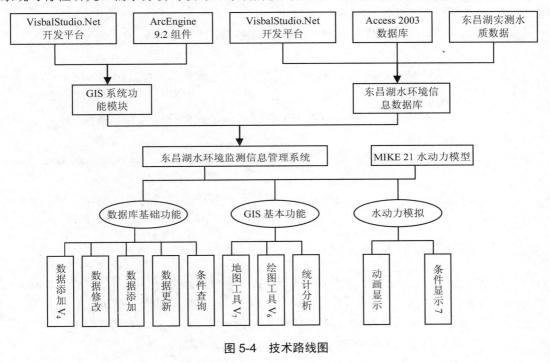

图 5-4　技术路线图

（二）水环境质量信息管理系统开发的关键技术

1. 数据库技术

由于水环境信息数据量庞大、结构复杂、而且存在时间、空间特性，传统的数据管理方法很难快速、有效地进行管理，而采用数据库技术，通过计算机软、硬件对这些信息数据进行控制和访问，可以使管理工作更为方便、高效。

常用的数据库类型主要有：IBM 开发的 DB2 和 Informix、甲骨文公司的 Oracle、MySQL、微软推出的 SQL Server、Access、FoxPro 等。所有这些数据库产品都支持多种相对类似的 SQL（Stuctured Query Language）结构化查询语言。

水环境管理信息系统处理的数据量大、种类多，而且要求有较好的界面设计友好、便于用户操作，同时考虑到系统成本等各方面因素，选择 Microsoft Aceess 作为后台数据库，采用传统的关系数据库方式管理数据库是比较理想的。

2. GIS 开发技术

组件式 GIS 的基本思想是把 GIS 的各个功能模块划分为几个控件，每个控件包含不同的功能属性。各个 GIS 控件之间，以及 GIS 控件与非 GIS 控件之间，可以方便地通过可视化软件开发工具进行集成，最终形成实现某种目的的 GIS 应用。控件如同代表不同功能的"积木"，根据实际需要，选择功能"积木"，进行搭建，就构成了 GIS 应用系统。

ArcGIS Engine 是 ESRI 在 ArcGIS9.0 版本才推出的新产品，它是一个完整的嵌入 GIS 的组件库和工具，开发人员可以用来创建新的应用程序或在自定义的软件应用中扩展 GIS 的功能。

利用 ArcEngine 组件不仅能完成地图应用的基本功能，而且可以构建和分析一些复杂的空间模型，它能实现的主要功能组成如下：

（1）基本服务：地图要素集合体（Feature Geometry）显示、缩放、漫游，以及图层叠加、删除等；

（2）数据存取：包含访问矢量和栅格数据以及地理数据库（Geodatabase）的所有接口和类组件；

（3）地图表达：包含在应用程序中用于数据显示、数据符号化、要素标注和专题图制作的组件；

（4）用于快速开发应用程序的用户接口控件，如 MapControl、GlobeControl、TOCControl 等；

（5）运行时选项：包含许多高级功能，例如空间分析、三维分析、网络分析和数据互擦操作等。

（三）基础数据库管理功能的设计

数据库的设计是本系统的一个技术核心，它既支持用户进行数据库管理操作，对数据进行添加、删除、修改、查询等管理工作，又可以与 GIS 平台结合使数据进行地图的空间显示，系统的数据库分为两部分：属性数据库和空间数据库，采用关系数据库结合文件管理方式进行管理，即分别使用 Shapfile 和 Access 2003 数据库进行管理。

1. 空间数据库设计

本系统空间数据库主要包含水环境空间特征数据：湖泊、河流地形图、水质监测点分布、敏感区分布、水功能区划等。主要使用 ArcGIS 中的 Shapfile 文件对空间数据进行管理，并且通过 VB.Net 语言将各个空间实体的 ID 号与其对应的实体属性数据库相连接，实现数据库与 GIS 平台的集成。

在空间数据的组织结构上，根据实际信息进行图层分类，用以表示不同的空间内容。矢量地图的基本要素为点、线、面要素，其中点要素表示可以忽略实体形状的地理信息，如水质监测站位、敏感点、居民点等；线元素表示可以忽略实体宽度的连续的地理信息，如交通道路、行政边界等；面要素主要表示空间实体具有一定形状、占有一定空间范围的区域地理信息，如湖泊等。

根据水环境空间信息特点和 Shape 数据分层方法，本系统的空间数据库图层见表 5-5。

表 5-5　空间数据库图形分层

层名	内容	几何特征	录入方式	字段名
水质监测站位	28 个湖内站位	点状符号	坐标值或数据文件	ID、Name、Type
水质监测站位	2 个外河站位	点状符号	坐标值或数据文件	ID、Name、Type
敏感点站位	东昌湖东西南北四个关桥	点状符号	图形录入或生成	ID、Name、Type
道路	东昌湖附近的交通道路	线	图形录入或生成	ID、Name、Type
行政边界	东昌湖区周围行政边界	线	图形录入或生成	ID、Name、Type
湖泊	东昌湖及周围河流	多边形	图形录入或生成	Area、Name、Type

2. 属性数据库的设计

属性数据主要包括水环境监测实地取样分析数据、水环境历史数据、水环境评价标准数据等，这些数据以简单的文件结构存储在不同的信息表中，通常采用关系数据库进行管理。

本系统采用 Access 2003 数据库（对应数据格式为 *.mdb），建立名为"东昌湖监测数据"的属性数据库，并利用 VB.NET 进行与平台和空间数据库的连接，属性数据库中的数据分为两大类，一类是监测数据信息表，包括监测点水质信息表、历史数据表等，另一类主要是管理水环境质量评价信息表，主要是水质评价标准表，表 5-6 至表 5-8 是属性数据库中几个重要信息表及其结构。

表 5-6　属性数据

表名	说明	内容描述
数据字典	数据字典	数据表字段属性描述，信息系统使用字段纵览
东昌湖数据	水质监测数据	东昌湖上 30 个站位实地取样分析数据和历史监测数据
水质标准	地表水环境质量标准	GB 3838—2002

水质监测数据表是属性数据库的核心，其内容是描述水环境质量的主要参数指标，记录了 2008—2010 年在东昌湖实地取样，实验分析获得的各指标数据，以及 2001 年到 2008 年东昌湖水环境监测站的历史数据。

表 5-7　水质监测数据

项目	字段名	数据类型	字段大小	长度	主键
记录编号	ID	数字	整型	10	Y
站位号	Name	文本	—	10	N
时间	Time	日期/时间	短日期	yyyy/mm/dd	N
总氮	TN	数字	双精度	4	N
总磷	TP	数字	双精度	4	N
高锰酸钾指数	COD_{Mn}	数字	双精度	6	N
溶解氧	DO	数字	双精度	4	N
酸碱度	pH	数字	双精度	4	N

项目	字段名	数据类型	字段大小	长度	主键
表层水温	温度	数字	双精度	4	N
透明度	SD	数字	双精度	4	N
叶绿素 a	Chla	数字	双精度	6	N
站位点经度	经度	数字	双精度	6	N
站位点纬度	纬度	数字	双精度	6	N
水质类别	水质	文本	—	10	N
备注	备注	文本	—	50	N

数据字典是一种用户可以访问的记录数据库和应用程序源数据的目录，用来描述数据库中基本表的设计，在结构化分析中，数据字典给数据流图上每个成分加以定义和说明。数据字典是一组表和视图结构，存放在 System 表空间中，用户可以使用 SQL 语句进行访问数据库数据字典，便于对整个数据库结构进行分析。

数据字典是属性数据库的中心，是数据库的元数据，本系统的数据字典结构如表 5-8 所示。

表 5-8　数据字典

项目	字段名	数据类型	长度	主键
编号	ID	整型	10	Y
数据项目	Name	文本	20	N
数据类型	Type	字符串	10	N
取值范围	Range	双精度	6	N
源表名称	Table	字符串	10	N

对属性数据库的访问是通过 ADO.NET 接口中的 DataSet 对象实现的。具体实现步骤如下：

（1）创建连接对象（Connection），同时定义连接字符串与物理数据源建立连接；

（2）打开连接对象，在其中创建数据集对象（DataSet），采用结构化查询（SQL）语句定义命令对象（Command），在数据源中执行命令对象；

（3）配置 DataAdapter 对象，利用 DataAdapter 的 Fill 方法把 SQL 语句执行后所得数据添加到 DataSet 数据集中；

（4）一个 Connection 对象可以创建多个 DataSet 数据集，遵循命令与数据集一一对应原则，将不同 SQL 语句执行结果放入到对应 DataSet 中；

（5）用户在数据库界面上设置 GridView 控件，使 DataSet 数据集与其绑定，最终使属性数据源中的数据显示在用户界面的 GridView 中；

（6）操作完成后，关闭 Connection 对象，释放所有关联的系统资源。

（四）GIS 可视化功能的设计

图 5-5 是 GIS 可视化平台的结构框架图，从图中可以看出，GIS 可视化平台的设计主要是基于矢量化的空间数据，同时通过程序语言和 GIS 开发组件结合属性数据，开发 GIS

可视化系统模块，实现对地图数据的显示和操作功能。主要有 5 项基本功能：①文件管理功能：地图打开、图层加载、保存、打印、图像输出等功能；②地图操作功能：加载图层、放大、缩小、移动、漫游等操作功能；③地图编辑功能：点、线、面、标注等编辑功能；④属性统计功能：与属性数据结合进行查询，统计显示等功能；⑤水质评价功能：对水质情况评价和对水体富营养化程度评价。最终用户通过界面设计对各个功能进行操作、实现。

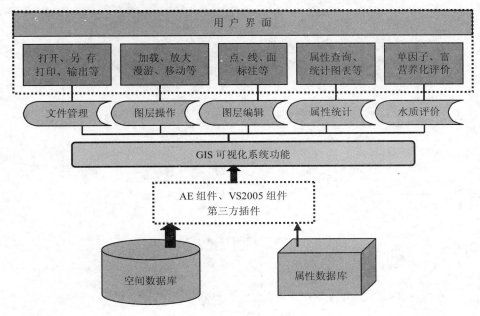

图 5-5　GIS 可视化平台结构

（五）水环境质量评价功能的设计

水环境质量评价模块是本系统的重要核心模块，通过将数据调入到计算模型中，可以快速对东昌湖各个站位的监测数据进行富营养化评价，同时结合单因子评价结果，系统既可以向用户提供东昌湖整体富营养化状况，也可以实现单个指标污染状况分析，从而为相关管理部门及时掌握东昌湖水环境水质状况提供更加全面、科学的依据。

图 5-6 为水环境质量评价模块的工作流程图。

该模块主要分为两部分：第一部分是数据库管理功能，主要管理的数据包括了实地监测数据、历史监测数据、水质评价标准数据以及各模型评价结果数据。实现了数据的查询、读取、评价、反馈等流程的管理。第二部分主要是水质评价模型的应用功能，将已经选取的单因子水质评价模型和综合营养指数评价模型嵌入到系统中，设计评价界面，用户通过查询，将数据库中的数据调入到模型界面中，实现模型的计算评价，将评价数据返回到数据库中，同时向用户反馈评价信息，为管理者提供决策依据。

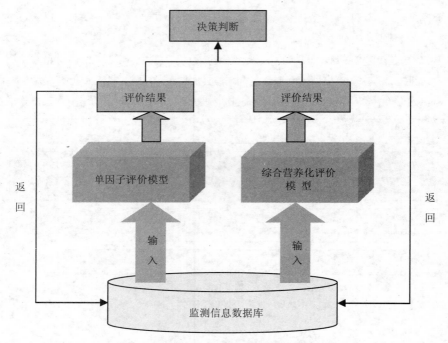

图 5-6　水环境质量评价模块工作流程图

四、水环境质量管理决策支持系统实例

（一）东昌湖水质监测信息管理系统——概要

东昌湖水环境管理系统是基于典型北方缺水城市湖泊水质水量保障与生境改善技术课题（2008ZX7106—003）——东昌湖水专项项目而开发应用的,本系统依托于 2008—2011 年各月野外实测数据,以地理信息系统（GIS）和数据库系统（DBS）理论为依据,以面向对象程序设计语言 VB.NET、集成开发数据库 Access 2003 和地理信息系统开发工具 ArcEngine9.2,建立基于 GIS 的东昌湖水环境管理系统。

东昌湖水环境监测信息管理系统主要由两个子平台：数据库平台和 GIS 可视化平台；以及三大功能模块构成：数据库管理模块、GIS 可视化模块、水环境评价模块。这三个功能模块分别嵌入到不同的子平台中,它们之间各自独立,通过数据库进行信息的连接、共享、反馈,实现系统的高性能运行。

系统的主界面如图 5-7 所示。

主界面主要分为 5 部分,监测信息管理、监测信息查询、可视化系统、模拟结果显示以及帮助文件。其中前两部分为数据库管理功能模块。

图 5-7　系统主界面

（二）基础数据库管理功能

1. 监测信息管理模块

图 5-8　监测信息管理界面

在"添加"功能处依次输入实测数据，输入完毕后点击"添加"按钮，数据就会输入到数据库中，同时文本框清空，可继续输入新的数据（图 5-9）。

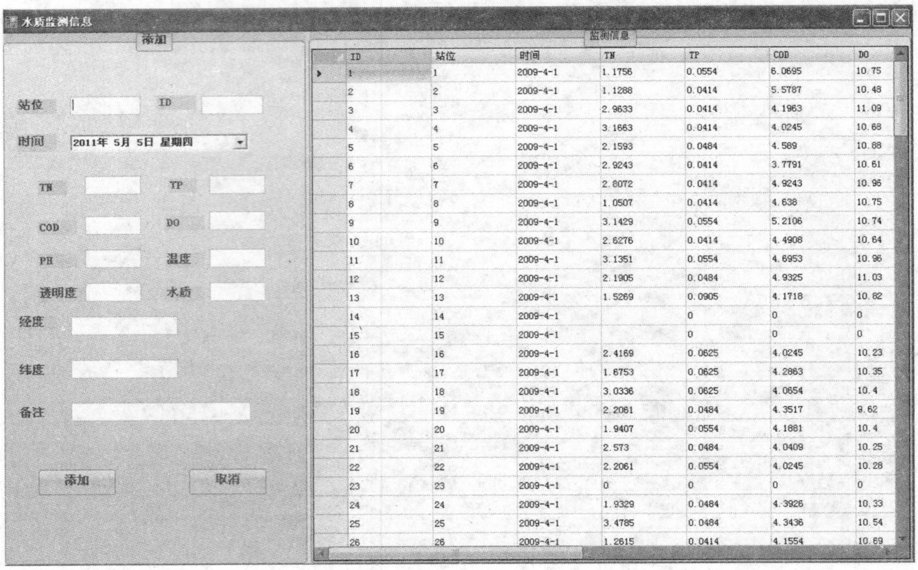

图 5-9　监测信息添加界面

在查找工具栏中，分别输入站位号和时间，点击"查询"按钮，出现查询结果，发现文本框中的数据和"更新""删除""显示数据"都处于灰色不可用状态，此时还不能修改，点击"修改"按钮，发现文本框中数据处于激活状态，可以进行数据修改，并且可以通过"上一条"和"下一条"按钮进行周围数据检索。修改完，点击"更新"按钮，会将数据重新存储到数据库中，并显示"更新成功"对话框（图 5-10）。

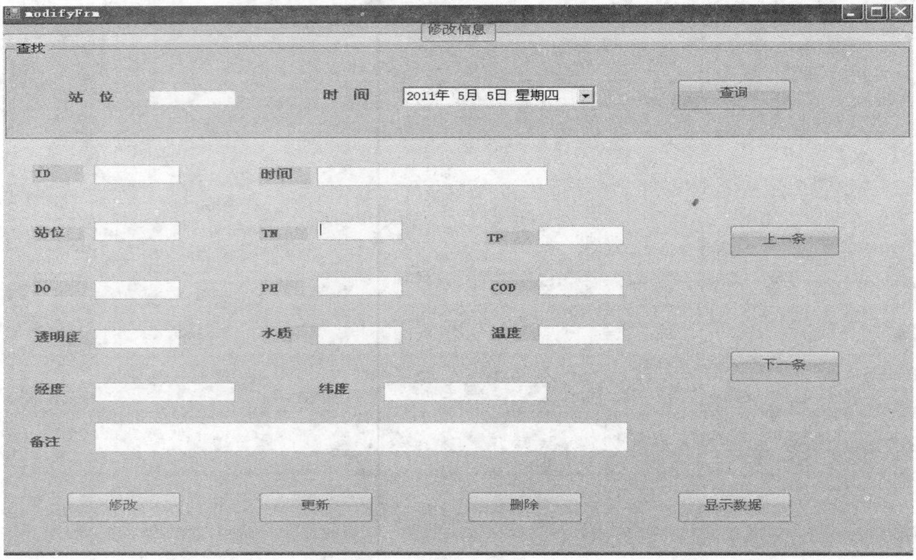

图 5-10　监测信息修改界面

2. 监测信息查询功能

图 5-11 监测信息查询界面

（1）时间查询：该界面分为 3 部分，包括查询栏，数据显示栏，地图显示栏。查询条件包括时间段选择和是否进行站位锁定，用户设置好起始时间和结束时间，根据实际需要选择是否进行单站位查询，然后点击"查询"按钮，所查询出的数据就会显示在数据显示框中。

用户也可以将查询到的站位在地图中显示，首先点击右侧 ✚ 按钮，添加东昌湖地图，注意，该按钮只能打开*shp 格式的矢量文件，在默认路径中打开东昌湖地图，可以看到右侧底部的经纬度变为相应的坐标，其次，点击"地图显示"按钮，可以看到地图上出现数据显示框中的各站位标记（图 5-12）。

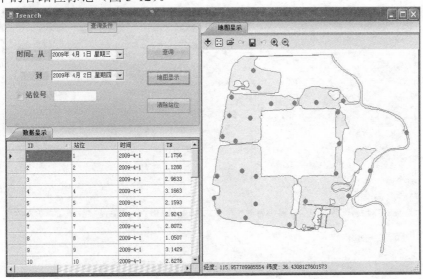

图 5-12 监测信息查询——时间查询界面

（2）经纬度查询：具体界面与操作与时间查询类似（图5-13）。

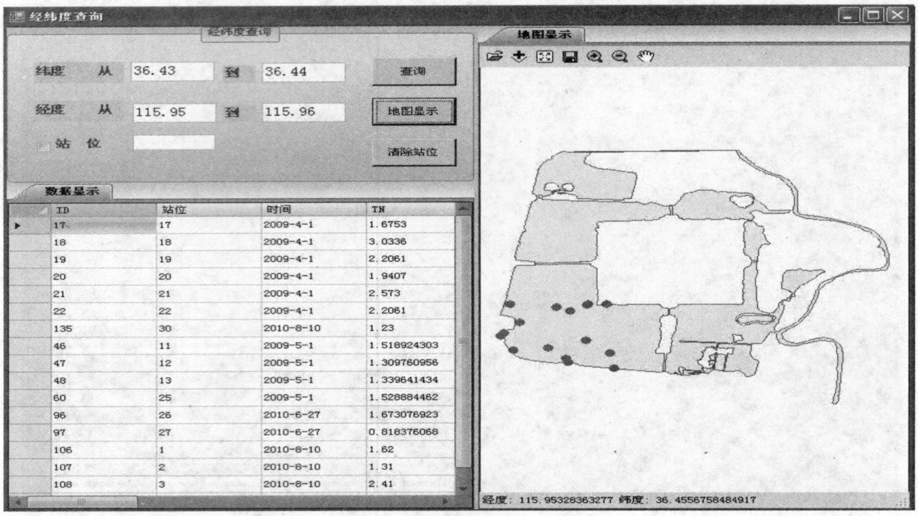

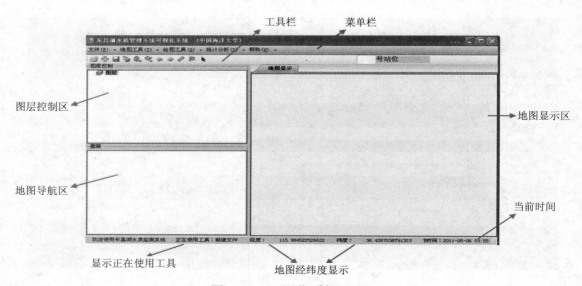

图5-13　监测信息查询——经纬度查询界面

（三）GIS可视化功能

可视化系统界面主要分为4部分，工具菜单栏、图层控制区、地图导航区、地图显示区（图 5-14）。其中工具菜单栏包括具体功能按钮；图层控制区，是对地图不同图层进行控制理，例如，对点图层，面图层颜色，大小设置等；地图导航区是利用鹰眼技术，通过点击某一区域，在地图显示区直接定位，放大，从而使用户对地图可以更快捷、方便的浏览，查看。地图显示区，主要负责地图的显示，加载，以及各个功能的具体实现。

图5-14　可视化系统界面

1. 基本操作功能

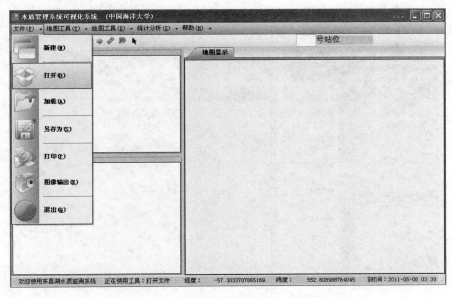

图 5-15　可视化系统——基本操作界面

2. 地图工具功能

地图工具菜单主要是针对地图显示区中的地图进行的一些功能操作，主要包括：放大、缩小、全屏、添加标注、前一视窗、后一视窗，以及工具栏中的漫游、刷新、恢复指针功能（图 5-16）。

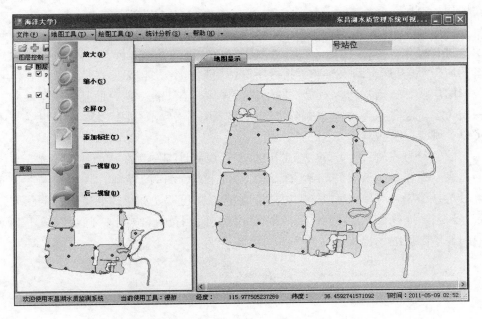

图 5-16　可视化系统——地图工具界面

3. 绘图工具

本系统为用户提供了在地图上编辑、绘图功能，这些功能集中在菜单栏中的"绘图工具"按钮下，主要功能包括：添加点、线、面、圆，多边形、移动工具、橡皮擦功能。

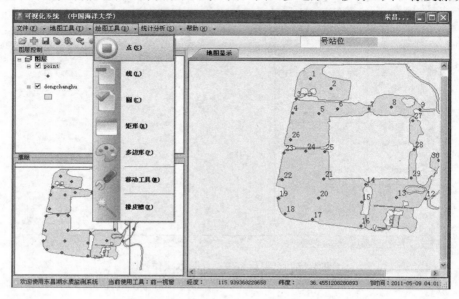

图 5-17　可视化系统——绘图工具界面

4. 图层控制区（TOC）功能

图层控制区是显示地图详细信息的区域，加载一幅地图文档，地图上的一些信息就会显示在图层控制区。

（1）图层显示：通常一幅地图文档包含点、线、面三个图层，因此就可以在图层控制区对图层进行操作，见图 5-18，右击"图层"会出现菜单栏，包含"显示所有图层""隐藏所有图层""展开所有图层"和"折叠所有图层"四个功能按钮（图 5-18）。

（2）图层操作：用户可以对单一图层进行操作，右击点、线、面某一图层，右击"站位"图层，出现功能菜单，有"删除本图层""标注""取消标注""输出本图层"功能，用户可以分别点击实现功能（图 5-19）。

（3）图例符号设置：用户可以在图层控制区设置地图图例，从而使地图显示更直观。图中的点表示东昌湖上所设置的站位，双击站位下方的图例，会弹出图例符号选择器，在图例符号选择器中，可以设置图例的大小、颜色、角度等，如果需要更丰富的图例，点击"更多符号"按钮，会弹出菜单栏，根据需要选择图例符号，点击"确定"按钮，图例符号在地图显示区就显示出来了（图 5-20）。

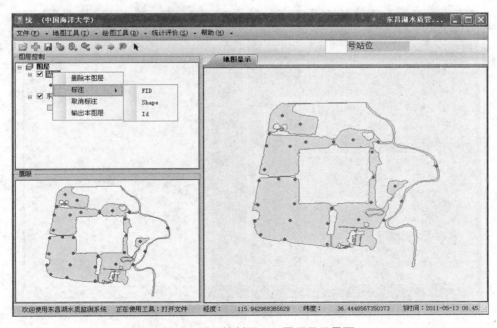

图 5-18　图层控制区——图层显示界面

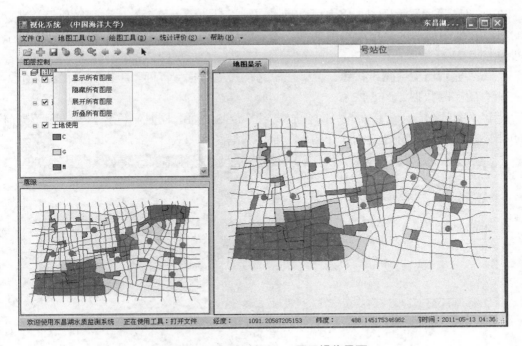

图 5-19　图层控制区——图层操作界面

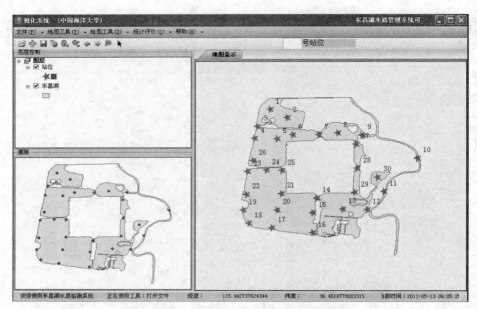

图 5-20 图层控制区——图例符号设置效果图

5. 地图显示区功能

在地图显示区显示地图，用户可以点击右键，对地图上各个站位进行操作，右键点击站位 1，在地图显示区会出现右键菜单，该菜单包含"显示历史数据"和"统计图显示"功能（图 5-21）。

点击"显示历史数据"按钮，会弹出"站位历史数据"界面，上面数据栏会显示 1 号站位所有的实测数据（图 5-22）。

点击"统计图显示"按钮，界面会加载到图 5-23 界面，同时站位号会自动赋予当前地图点击站位值，用户可以绘制统计图表，制作数据统计图表。

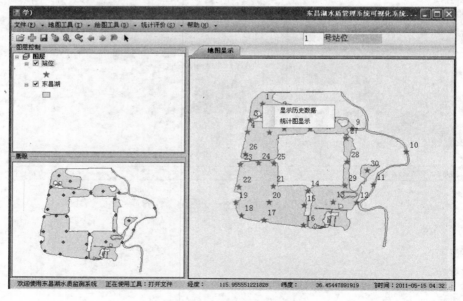

图 5-21 地图显示区界面

ID	站位	时间	TN	TP	COD	DO
1	1	2009-4-1	1.1756	0.0554	6.0695	10.75
36	1	2009-5-1	0.363545817	0.041403509	6.314516129	12.22
71	1	2010-6-27	1.224358974	0.048421053	8.814105793	10.72
106	1	2010-8-10	1.62	0.058	2.77	6.55
136	1	2010-9-12	-0.13902439	-5.763612903	23.62694301	12.79

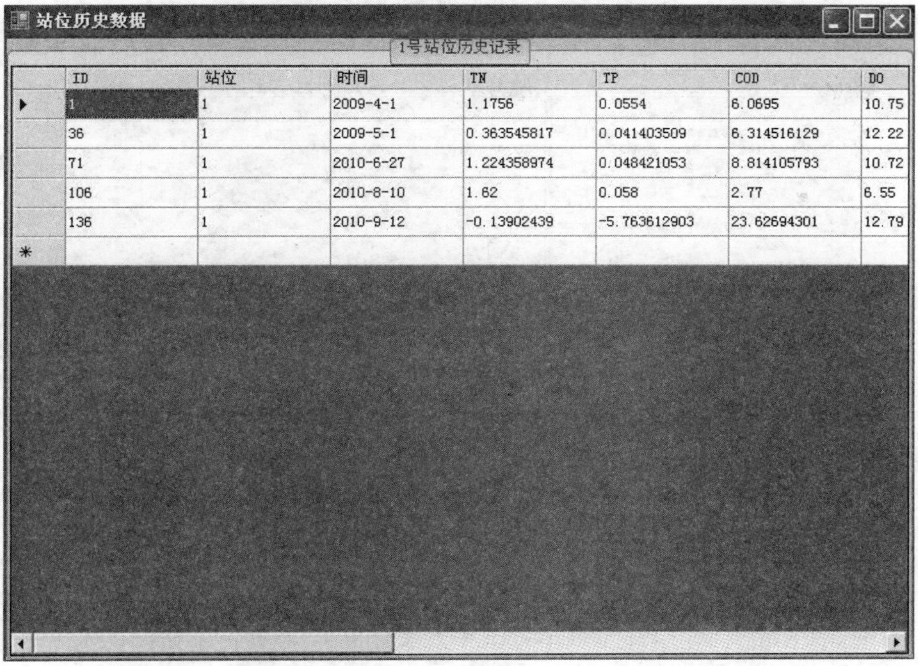

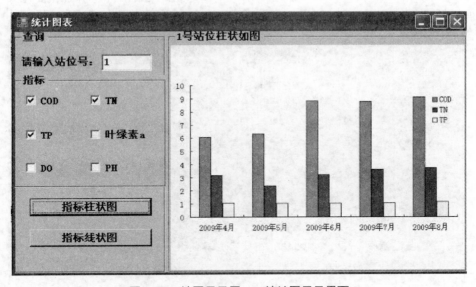

图 5-22　地图显示区——显示历史数据界面

图 5-23　地图显示区——统计图显示界面

（四）统计评价功能

用户可以使用本软件进行水质富营养化评价、绘制水质指标变化统计图和查看污染变化规律功能，从而为用户进行水质管理与评价提供更方便、直观的支持（图 5-24）。

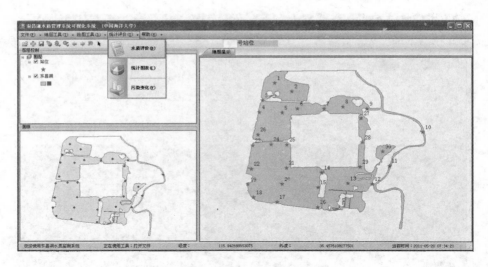

图 5-24 统计评价功能界面

1. 水质评价功能

点击"统计评价",在下拉菜单中点击"水质评价",出现"水质评价"界面,首先在"采样站位、时间"项中输入要评价水质的所属的时期与站位,输入完毕后,点击"查询"按钮,会获得这个时间该站位的实测数据,分别是 COD、TN、TP、叶绿素 a 四个指标,点击"综合评价法"按钮,会出现评价指数与评价结果(图 5-25)。

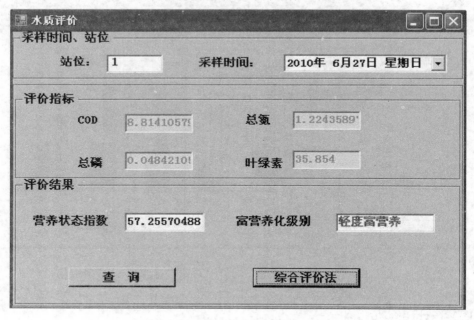

图 5-25 统计评价——水质评价功能

2. 绘制统计图表

参考地图显示区功能。

3. 污染指标变化规律图

本系统将过去十年东昌湖一些固定监测站位所监测各污染指标的实测数据输入到数据库中，同时将这十年污染指标的变化情况分别制成趋势图，用户既可以通过数据库功能进行数据的查看，也可以直接观看各污染指标的变化图，从而更加方便地对东昌湖地区水质情况进行了解与研究。

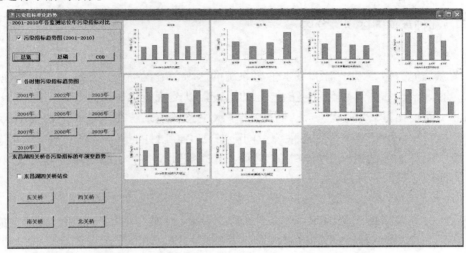

图 5-26　统计评价——污染指标变化规律图

第二节　EGIS 在水生态功能分区中的应用

随着我国社会经济和城市化进程的快速发展，水生态功能退化问题已成为制约国民经济可持续发展的限制性因素。在我国七大水系中，2004 年IV类以下的断面占 58.2%，水生态破坏严重。因此，如何从水资源、水环境和水生态特征出发，制定适合当地经济社会发展与水生态环境保护的策略，已成为我国水环境管理所面临的战略性任务。合理划分水功能区能有效协调水资源的保护和水资源开发利用之间的关系，使水资源保护管理更有针对性。

一、水生态功能分区概述

（一）生态功能与生态区

1. 生态功能

生态功能（ecological function）是指生态系统与生态过程中所形成的维持人类赖以生存的自然环境条件和效用。包括水源涵养、水土保持、调节气候、净化空气和水体、调蓄洪水、防风固沙、维持生物多样性、培育土壤等功能。

2. 生态区

生态区（ecotope）指具有相似生态系统或期待发挥相似生态功能的陆地及水域，这个概念的提出意味着研究从传统的地理分区（例如行政分区）迈入了生态学领域。生态区具有生物属性，能够更好地用生态保护规划的方法将一个省（州）细分为若干个亚单元，从而为生态功能区划提供坚实的生态学基础。

（二）几种重要的区划（分区）

1. 水生态功能分区

水生态功能分区是基于对流域水生态系统的区域差异的研究，流域内不同类型区域生物区系、群落结构和水体理化环境的异同的比较，以及流域水生态系统的空间格局和尺度效应的分析而提出的一种分区方法。它阐明了水生态环境系统在区域和地带等不同尺度上的空间分异特征，并揭示出水生态系统空间分布规律。其目的是研究水生态系统生态功能，揭示流域水生态系统的时空差异与演变趋势，并注重景观中的生态功能过程及其与格局作用机制的地域差异。

2. 水功能区划

水功能区划是根据水资源的自然条件、功能要求、开发利用状况和社会经济发展需要，将水域按其主导功能划分为不同区域并确定其质量标准，以满足水资源合理开发和有效保护的需求，为科学管理提供依据。

3. 水环境功能区划

水环境功能区划是根据水污染防治与标准等相关法律法规、水域环境容量和社会经济发展需要以及污染物排放总量控制的要求而划定的水域分类管理功能区。水环境功能区划以满足水环境容量、社会发展需要为目标，目的是控制污染、保障水质。

4. 生态区划

生态区划是应用生态学原理与方法，揭示各自然区域的相似性和差异性规律，是为区域资源的可持续开发利用和环境保护而进行的整合和分异，从而划分出生态环境区域单元。

5. 生态地理区划

生态地理区划是根据生态地理的相似性与差异性对地表进行区域划分，主要反映自然界温度、水分、生物、土壤等自然要素的空间格局及其与资源、环境的匹配。

表 5-9 是这几种水生态区划（分区）的比较。

表 5-9　不同类型区划（分区）的分析比较

区划类型	区划依据与目标	优点	缺点
水生态功能分区（water eco-functional regionalization）	依据水域生物区系、群落结构和水体理化环境的异同、水生态服务功能以及水生态环境敏感性来划分，用于完整性地评价人类活动对水域环境的影响	是协调水资源、水环境和水生态三方面的划分方法，并同时考虑自然因素以及人类活动对水生态系统的影响，是基于以上方法的不足而提出的最新理念	水生态功能分区体系还尚未成熟

区划类型	区划依据与目标	优点	缺点
水功能区划（water function zoning）	依据水域主导功能不同来划分，用于水资源的开发利用及保护	简单直观地将不同水域进行了划分，利于水资源的开发利用及保护	对水体的自然、生态特征方面考虑较少；未充分考虑水环境容量
水环境功能区划（water environmental function zoning）	据水域污染物种类以及水质类型不同来划分，用于控制水污染，保障水环境容量	更加注重水环境的保护，充分考虑水环境容量	水生态系统完整性考虑不足；缺乏流域整体层面上的协调和统一；对容量总量的考虑需加强
水生态分区（water eco-region）	应用生态学原理和方法，并依据水体资源功能和生态功能的协调来划分，满足区域水资源的可持续开发利用和环境保护	注重自然因素与河流生态系统类型之间的因果关系，并反映水生态系统的基本特征	未充分考虑水生态服务功能以及人类活动对水体的影响
水生态地理分区（water geoecological zoning）	依据水域生态地理的异同性来划分，用于表征自然要素(温度、水文、生物等)的空间格局	考虑了自然要素与资源、环境的匹配	仅仅是通过自然地理要素的差异进行划分未考虑其与河流生态系统类型之间的因果关系,更没有考虑人类活动对水体环境的影响

（三）生态功能区划的内容

1. 生态功能区划目标

（1）明确区域生态系统类型的结构与过程及其空间分布特征。

（2）明确区域主要生态环境问题、成因及其空间分布特征。

（3）评价不同生态系统类型的生态服务功能及其对区域社会经济发展的作用。

（4）明确区域生态环境敏感性的分布特点与生态环境高敏感区。

（5）提出生态功能区划，明确各功能区的生态环境与社会经济功能。

2. 生态功能区划原则

据生态功能区划的目的，区域生态服务功能与生态环境问题形成机制与区域分异规律，生态功能区划应遵循以下原则：

（1）可持续发展原则：生态功能区划的目的是促进资源的合理利用与开发，避免盲目的资源开发和生态环境破坏，增强区域社会经济发展的生态环境支撑能力，促进区域的可持续发展。

（2）发生学原则：根据区域生态环境问题、生态环境敏感性、生态服务功能与生态系统结构、过程、格局的关系，确定区划中的主导因子及区划依据。

（3）区域相关原则：在空间尺度上，任一类生态服务功能都与该区域，甚至更大范围的自然环境与社会经济因素相关，在评价与区划中，要从全省、流域、全国甚至全球尺度考虑。

（4）相似性原则：自然环境是生态系统形成和分异的物质基础，虽然在特定区域内生态环境状况趋于一致，但由于自然因素的差别和人类活动影响，使得区域内生态系统结构、过程和服务功能存在某些相似性和差异性。生态功能区划是根据区划指标的一致性与差异性进行分区的。但必须注意这种特征的一致性是相对一致性。不同等级的区划单位各有一致性标准。

（5）区域共轭性原则：区域所划分对象的必须具有独特性，空间上完整的自然区域，即任何一个生态功能区必须是完整的个体，不存在彼此分离的部分。

3. 生态功能区划内容

（1）生态环境现状评价；

（2）生态环境敏感性评价；

（3）生态服务功能重要性评价；

（4）生态功能分区方案；

（5）各生态功能区概述。

（四）水生态功能分区的必要性

水生态系统是与人类的生存和生活密切相关，同时对地球环境具有非常重要的调节作用，能够为众多的生物提供栖息场所的，具有特定结构和功能的动态平衡系统，它是由水生生物群落与水环境共同构成的。中国由于东西和南北的距离比较远，东西大约相距5 000 km、南北约相距5 500 km，所以流域水生态系统就会出现显著的地理差异。

把自然资源按照生态系统进行分类和分区，针对每一个生态区域和生态系统的特征分别制定相应的保护措施，制定合理的可持续的经济发展规划，这在科学上已被广泛接受。生态系统的一个重要的属性就是生态功能。由于人类的干扰活动的加剧使得生态系统的结构与功能日益受到破坏，由此导致的生态环境的日益恶化成为社会经济进一步发展的严重障碍。对流域水生态系统健康与水生态功能进行评价，以此来进行生态功能分区，从而改善生态系统的管理，提高生态系统的服务功能将是解决这一问题的有效途径。

另外，随着水生态系统功能重要性得到社会普遍认识的提高，维持流域生态系统完整性，确保各种生态功能的正常发挥成为管理部门的一项重要任务。目前我国流域水环境管理所涉及的政策、法律、法规以及水资源调配方案等的执行或实施都受到行政区域边界的限制，不能针对某一流域生态问题进行合理有效的解决，从管理上来说这就必然要求在生态分区上能有所突破。因此，为了能够有效地管理水生态系统，开展基于水生态功能差异的分区研究，已经成为我国生态功能区划的一个重要的研究方向，其成果可以为流域水生态系统进行有效管理提供科学依据，其具有显着的理论意义和实用价值。

（五）国内外水生态功能分区研究概况

1. 国外水生态功能分区理论与实践

"生态区"一词最早是由加拿大森林学家 Orie Loucks 在 1962 年提出的。1967 年，Crowley 根据气候和植被的宏观特征，绘制了加拿大的生态区地图，并对生态区进行了定义。随后，Bailey 等按照 Crowley 对生态区的定义分别绘制了美国、北美洲、世界大陆和海洋的生态区地图。在此期间，不同的部门和学者也提出了不同类型的区划体系，尤以水生态区划研究最多。1986 年，Albert 等提出以湖滨河岸带保护区为对象的五大湖区划方法。同年，Come 等在对河流时空尺度问题进行系统研究的基础上，提出了真正意义上的河流等级层次体系。为了反映水生态系统的空间异质性，Omemik 提出了水生态分区的概念和方法，采用土地利用、土壤、自然植被和地形等 4 个区域性特征指标，将具有相对同质的淡水生态系统或生物体及其与环境相互关系的土地单元划分为一个生态区。Hughes 等利用水生态分区来确定地表水的化学和生物保护目标，并根据美国俄勒冈州、俄亥俄州、阿肯色州、明尼苏达州之间存在的水质和水生生物群落方面的内在差异性，建立了水生态分区、水质类型和鱼类群落的关系模型。1998 年，Bailey 以海洋生态系统为对象开展海洋生态区划。20 世纪 80 年代以来，美国一直提出以水生态分区为基础，根据不同尺度的地貌、土壤、植被和土地利用等要素来建立水生态区划方案和开展水环境管理。

其他国家也开展了该方面的研究，如澳大利亚、英国和奥地利等。欧盟在 2000 年颁布的"欧盟水政策管理框架"中，提出要以水生态区为基础确定水体的参考条件，根据参考条件评估水体的生态状况，最终确定生态保护和恢复目标的淡水生态系统保护原则。国内外流域水体的区划都为实现河流的分类管理目的而制定，都有各自的区划原则、区划依据、区划指标、区划技术方法和区划应用方法等内容，各体系的特点、原则、依据、指标和技术手段各有千秋。

分析近 30 年国际上的生态分区研究，可以看出国际上生态分区研究的主要方向和内容集中在：

（1）生态分区方案的构建。Bailey 在 1976 年首次构建了一个分等级的全美生态分区体系，采用影响不同尺度区域生态系统组成和结构的控制因素，构建一个地域（Domains）、区（Divisions）、省（Provinces）和地段（Sections）分级嵌套生态分区体系。而以 Omernik 为代表的美国国家环境保护局（EPA）在 Bailey 生态分区框架上，进一步发展了适应流域水质管理和资源保护的生态分区框架，综合评价影响生态系统的因素包括人类活动划分不同等级生态区，并改良不同等级生态分区命名方法，采用罗马数字表示各级分区。

（2）生态分区理论的研究。主要包括生态分区概念、原则和指标体系的构建和探索。尽管生态分区的重要性已为人们所认识，但是对于生态分区的理论基础却没有得到统一的认识，主要体现在分区指标体系、分区方法及原则上，不同人和组织有着不同的看法。

（3）生态分区体系的修正与改善。在生态分区框架下，对区域生物特征、地方特有物种种群结构、动植物区系、区域生物多样性的调查、识别以及与周围环境因子包括人类干扰的响应关系开展评价和研究，以完善和修正现有的生态分区框架体系。甚至有相当多的研究者转换分区指示物种，应用不同指示物种来识别生态分区体系。

（4）基于生态分区体系的资源与环境管理、评价以及环境保护研究。不同的资源环境管理部门包括林务局、EPA、海洋局等结合自身管理职责开展生态分区区划体系研究用以环境保护、资源管理等。这使得生态分区区划体系开展领域也在不断拓展和延伸。

2. 国内水生态功能分区理论与实践

我国从 20 世纪 50 年代就开始了水体的区划研究，当时是以自然区划方法为主，如根据湖泊的地理分布特点，把中国湖泊分为五大湖泊区；根据河流大小及流经范围，把河流划分为不同层次的流域区；根据内外流域的径流深度、河流水情、水流形态、河流形态、径流量等水文因素的差异，将全国划分为不同级别的水文区；为实现对水产资源的合理开发和利用，根据水生态系统中鱼类的分布特征，开展了内陆渔业区划和淡水鱼类分布区划等。这些都是针对水生态系统的某种特征要素所制定区划方案，不是真正意义上的水生态功能区划。20 世纪 80 年代后，我国进入了陆地生态区划阶段，在这些区划中，水一直是被考虑的核心要素之一，但不是以表征水生态系统特征为目标，区划结果往往不能直接作为水管理的空间单元。为了满足生态水量标准制定的需求，尹民等在以往水文区划的基础上，提出了我国的生态水文区划方案，将水文要素特征与水生态特征区划进行了初步关联，标志着我国的生态区划已开始向水生态区划的方向发展，但我国真正的水生态分区体系还尚未建立。

2007 年，孟伟等依据河流生态学中的格局与尺度理论，对流域水生态分区、水功能分区、水环境功能分区等概念的内涵、联系与差异进行了辨析，从理论上对区划方法进行了探讨，建立了流域水生态分区的指标体系与分区方法，并在技术支持下，完成了辽河流域的一、二级水生态分区。同年，阳平坚等阐述了基于流域水生态分区的水环境功能区划的基本理论、原则及其划分方法，并且以辽河流域为案例构建了新的流域水环境功能区划的分类体系。

中国科学院水生生物研究所自 2000 年开始，分别依托国家"973"计划、国家自然科学基金项目开展了水生态系统服务类型、价值评估方法等的研究，先后以湖北保安湖、滇池流域、太湖流域等为例进行了研究；近期又开展了江汉平原湖泊群生态系统服务功能动态变化的研究。迄今为止，我国已先后制定了多个与水环境管理相关的功能区划，主要有《地表水环境功能区划分技术导则》和《中国地表水环境功能区划》，相关的区划有：《近岸海域环境功能区划分技术规范》《生态功能区划技术暂行规程》《水功能区划技术大纲》和《中国水功能区划（试行）》等。我国总的发展趋势是迫切需要一个更全面的区划分类体系，将水上的区划与陆上影响区建立关联，多区划集成、应用可视化等先进手段来提高区划的技术水平，以真正实现水体的分类管理.

（六）国内外主要生态分区框架体系比较

我国生态功能分区研究特征体现在以下 3 个方面：

（1）我国生态功能分区的原则和依据是生态区的主导生态功能，中国省域及全国范围开展的生态功能分区，是在分析区域生态特征、生态系统服务功能与生态敏感性空间分异规律的基础上，以确定不同生态区的主导生态功能。区域生态系统的主导功能原则是分区的最根本原则；

（2）把自然生态系统与人工生态系统相结合，强调二者的紧密联系，生态功能区划将生态服务功能分为生态调控、产品提供和人居保障三大类主体生态功能，前二者视自然生态系统的服务功能，而人居保障则是作为人工生态系统的城市生态系统所具有的生态功能；

（3）突出人类在生态系统的主导地位，强调生态功能分区目的是使生态系统更好地为人类社会服务。通过评价区域生态系统的主导功能，以区分出需要重点保护的生态功能区，确定将有限的资源投入到最值得保护的生态区域，包括具有典型生境特征和具有丰富生物多样性的生态分区和受人类活动干扰严重的生态敏感性脆弱的生态区。

国外生态功能分区主要以美国为代表，其研究特征主要体现在从生态特征和保护地位出发，综合所有因素，按照证据权重法划分区域，较少考虑人类活动。

国内外典型生态分区框架体系比较见表 5-10。

表 5-10　国内外典型生态分区框架体系比较

	Bailey 生态区划	Omemik 生态区划	世界自然基金会生态区划	中国生态功能区划
代表机构	美国林务局	美国 EPA	世界自然基金会	中国环境保护部
分区目标	优化美国的森林、牧场和土地利用	用于水质管理和水资源保护	用于生物多样性保护	确定不同地区的生态环境承载力和主导生态功能，对重点生态功能保护区分期分批开展保护与建设
分区体系	Ⅰ级分区：地域（domain）；Ⅱ级分区：区（division）；Ⅲ级分区：省（province）；Ⅳ级分区：地段（section）	基于植被、地形、土壤、气候、水质、人类活动等影响因素，根据专家判断和各影响因子的权重，划分各级生态区。分为四级（Ⅰ级区、Ⅱ级区、Ⅲ级区、Ⅳ级区），且各级生态分区都考虑所有影响因素	根据生态系统的生态特征和受保护地位，确定不同等级的生态分区，分为生物地理带、主要生境类型、生态复合体和生态分区 4 级。判断生态特征的因子有生物多样性、地方特有种等，判断受保护地位的因子主要有人类活动干扰、物种稀有程度等	生态功能一级区：根据生态系统的自然属性和所具有的主导服务功能类型，将全国划分为生态调节、产品提供与人居保障 3 类，31 个区；生态功能二级区：依据生态功能重要性划分，有 9 类 67 个；生态功能三级区：生态系统与生态功能的空间分异特征、地形差异、土地利用的组合来划分，全国分为 216 个
分区方法	控制因素	影响因子权重和专家判断	专家判断法	专家判断法与定量分析法
应用	区域多尺度森林分析与评价；基于国家森林管理法案的森林水平的分析与规划等	发展水质生物基准；确定水质管理目标；州水质评价等	全球生物多样性保护	划定国家重点生态功能保护区以进行保护；分析各重要生态功能区的主要生态问题，分别提出生态保护主要方向；指导区域生态保护与生态建设、产业布局、资源利用和经济社会发展规划
分区特征	分区特征采用影响每一等级区域的控制因素划分生态区，未考虑人类活动	综合所有影响因素，确定在各个等级生态区影响因素的权重，以此来分区	从生态特征和保护地位，综合所有因素，并按照证据权重法划分区域	根据生态系统提供的服务功能类型不同，划分不同区域，突出了人类活动的影响

二、EGIS 在水生态功能分区中的支撑作用

（一）EGIS 与水生态功能分区的整体研究方法

生态功能区划是实施区域生态环境分区管理的基础和前提。水生态功能区划的方法包括自上而下和自下而上两种，分别代表了两种不同的分类方法，方法的选择取决于两个条件：一是能否实现分区的目的；二是在应用中是否易于推广。

自上而下的划分是根据地形地貌、土壤、气候、地质、土地覆被等流域指标，以此筛选出影响水生态系统结构和功能的主导因子，这些是在发生学原则的指导下，之后使用空间叠置等手段，按照区域内相对一致性和区域共轭性划分出最高级的区划单位，在大的区划单元内从高到低逐级揭示其内部存在的差异性，逐级向下划分低级的单元。自上而下的方法在我国综合自然区划、部门区划等区划中应用较为广泛，该方法对数据要求不高，适合于调查数据相对缺乏区域的分区，它的途径具有比较强的可操作性，能够充分反映出流域的自然特性，能够充分发挥专家学者的经验和知识，尤其是在大尺度的宏观格局的把握方面。

自下而上的划分是自下而上逐级合并的归纳，它是在大的分异背景下，揭示了中低级分区单元聚集成高级分区单元的规律性，对确定低级单位比自上而下的方法更确切、更客观。自下而上的划分方法是通过水生生物、生境类型、水化学河道内指标来识别水生态功能区，它直接采用水生态调查数据进行空间聚类划分，这种方法是直接根据水生态特征进行划分，分区结果的误差大小和可靠性取决于调查样点的密集程度。由于需要大量的调查数据作为支撑，所以实施起来比较困难，在大尺度分区时该种方法不适合作为主导方法进行划分，它比较适合于小尺度的水生态功能分区的划分。

无论是自上而下还是自下而上的分区方法中，都需要解决以下几个关键技术环节，即指标筛选技术、空间分类技术、分区验证技术、精度控制技术和制图技术。这些技术环节基本上涵盖了分区整个过程。而这些恰恰都是环境地理信息系统的专长所在。从这个角度上讲，EGIS 在该领域有其应用的必要性。

（二）EGIS 与水生态功能分区的具体处理方法

由于区划目的不同，采用的区划方法也不尽相同，主要有以下几种：

（1）地理相关法：就是运用各种专业的地图、文献资料和统计资料对区域的各种生态要素之间的关系进行相关的分析后进行分区。这种方法要求将所选定的各种资料、图件等要统一标注或者转绘在具有坐标网格的地图上，然后进行相关的分析，按相关紧密程度编制综合性生态要素的组合图，并且在此基础上进行不同级别的区域划分或者合并。

（2）空间叠置法：就是以各个分区要素或各类区划，如气候区划、地貌区划、土壤区划、植被区划、农业区划、林业区划、综合自然区划、生态敏感性区划、生态服务功能区划等图件为基础，通过空间叠置，以相重合的界限或者平均位置作为新区划的界限。在实际应用中，这种方法更多地与地理相关法结合使用，特别是随着地理信息技术的发展，空间叠置分析得到越来越广泛的应用。

（3）景观制图法：就是应用景观生态学的原理编制景观类型图，在此基础上按照景观类型空间分布及其组合，在不同尺度上划分出景观区域。不同的景观区域及其生态要素的组合，生态过程及人类干扰是有差别的，因此能反映出不同的环境特征。

（4）定量分析法：就是针对传统的定性分析中存在的一些主观性模糊不确定性的缺陷，近年来数学分析的方法和手段被引入到区划工作中，比如主成分分析、聚类分析、相关分析、对应分析、逐步判别分析等一系列方法在分区的工作中得到了广泛应用。

无论在水生态功能分区中选取以上哪种（些）方法，环境地理信息系统都具备这些方法的实际应用功能。即使是采用定量分析法的某些特别的数学分析方法，也可以利用 GIS 的开发技术予以解决。这样在生态功能分区中，只需要利用一个软件平台就可以得到想要的结果。

（三）EGIS 与水生态功能分区的技术路线

以大辽河河口水生态功能分区的技术方法为例（图 5-27）。

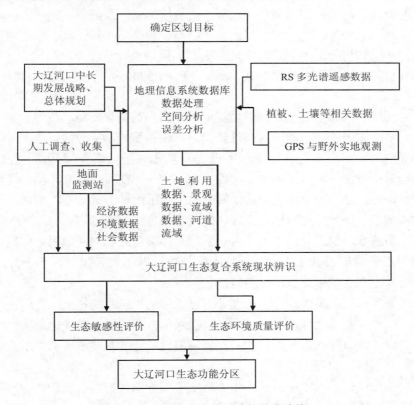

图 5-27　水生态功能分区的技术路线

如图 5-27 所示，技术路线的核心处理环节都离不开地理信息系统的支撑，特别是空间数据的获取与处理。

（四）EGIS 与水生态功能分区的成果展示

水生态功能分区最终结果就是为区域的生态环境管理和生态资源信息的配置提供一

个地理空间上的框架，并且为管理者和决策者提供依据。它应该是生态系统单元图，包括区域生态系统划分和区域现状特征分析、生态系统现状评价、生态系统服务功能分区、生态功能优先保护区划图等一系列的图件。

　　EGIS 在最终结果可视化的效果上具有突出的优势和高准确性。

三、水生态功能分区地理信息系统

　　以下内容将结合具体研究实例加以解释，该实例为大辽河流域水生态功能分区项目。软件平台为 ArcGIS（初始遥感数据的处理要用到 ERDAS）。

（一）研究背景、研究内容与技术路线

　　1. 研究背景

　　大辽河流域位于我国东北地区南部，是有史可考证的我国七大江河之一。南部濒临渤海与黄海，西南部与内蒙古内陆河和河北海滦河流域相邻，北部与松花江流域毗连。辽河及其主要支流西拉木伦河、乌力吉木仁河、老哈河、教来河、新开河、东辽河、清河、柳河、浑河、太子河和绕阳河组成辽河流域。大辽河流域总体位于东经 122.00°～125.30°，北纬 40.45°～42.30°，流域面积 $2.73×10^4$ km^2，河长 1 390 km，在辽宁盘山县注入渤海。

　　2. 研究内容

　　本项目主要研究内容包括大辽河流域湿地景观格局的变化及驱动机制分析、生态环境敏感性评价、水生态系统服务功能重要性评价，水生态系统功能分区。

　　湿地景观格局的变化及驱动机制分析：通过流域生态环境调查，利用遥感和 GIS 技术，通过景观格局分析方法，力图揭示大辽河流域在 1988—2007 年近 20 年间，湿地生态环境质量的演变轨迹，并且从气象和人为活动两方面来分析流域湿地的变化成因，其中气象因素是根据该流域多年的气象资料比如温度、降雨量等方面分析的。

　　生态环境敏感性评价：分析该流域内主要生态环境问题形成的原因，根据原因来分析并且揭示出生态环境敏感性在不同区域的不同规律，以此来寻找生态敏感性及其区域分布，明确该流域生态环境敏感性的分布特点。

　　生态系统服务功能重要性评价：通过分析该流域的生态系统特征，总结评价出该流域的水生态系统服务功能重要性的综合特征，根据水生态系统服务功能的重要性的特点，再进一步分析研究该流域的水生态系统服务功能重要性的分异规律，使水生态系统服务功能重要性的区域分布得以明确。

　　水生态功能分区：根据该流域的水生态系统空间异质性特征、流域生态环境敏感性、水生态系统服务功能重要性进行地理空间分区。

　　3. 技术路线

　　大辽河流域水生态功能分区技术路线如图 5-28 所示。

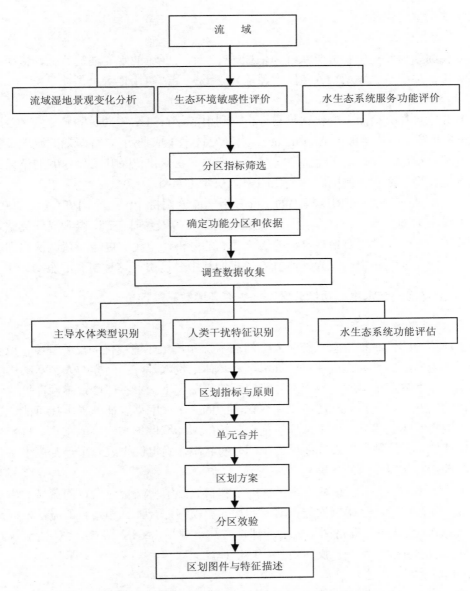

图 5-28　大辽河流域水生态功能分区研究技术路线

（二）流域湿地景观格局变化

1. 数据及其处理

本项目采用了 1988 年、1995 年、2001 年和 2007 年四期的 Landsat TM 影像，根据野外调查与地形图，各湿地景观类型的遥感数据所显示的波段统计特征以及及假彩色合成效果，利用 ArcGIS 和 ERDAS 对数据经过几何纠正，坐标转换和增强处理后，使图像达到最好的效果，建立解译标志进行了目视解译，并且借助 FRASTATS 软件对研究区域进行计算获取该区景观空间格局的动态特征。将该区域的湿地类型图在 ArcMAP 里空间分析模块下生成 30 m×30 m 的栅格数据，并将四个时期的栅格图分别两两叠加，得到了 20 年间辽河流域湿地类型变化图。

2．景观类型划分

根据我国土地利用现状分类系统为依据，结合研究区域的水文地貌特征，将研究区划分为水稻田、芦苇地、库塘、养殖区、滩涂、翅碱蓬、建筑用地等类型。

3．结果与分析

（1）湿地景观类型面积变化结果与分析。利用 FRAGSTATS 景观格局分析（若进行专题 EGIS 的开发，该功能可由 ArcEngine 二次开发技术集成调用），对四期的湿地类型面积进行了计算；得出近 20 年辽河口不同湿地类型的面积变化值及其变化速度的结果；绘制了不同湿地类型的面积比例随时间变化图和面积变化率图。

（2）利用 ArcGIS 中 GRID 模块的空间分析功能分别将 1988 年、1995 年、2001 年、2007 年的大辽河地区湿地景观类型图两两进行叠加计算及统计整理，得到湿地类型之间的转移矩阵表，从而通过主要景观类型的转化过程的分析，使我们更能清楚地认识到湿地景观演变的方向、速度和空间差异，而且方便我们从中分析引起这种演变的驱动因子。

（三）大辽河流域水生态功能分区——生态环境敏感性评价

1．生态环境敏感性评价

生态环境敏感性是指生态系统对人类活动干扰和自然环境变化的反映程度，说明发生区域生态环境问题的难易程度和可能性大小。具体地说就是，在同样的人类活动影响或外力作用下，各生态系统出现区域生态环境问题的概率大小。生态环境敏感性评价的实质是评价具体的生态过程在自然状况下潜在变化能力的大小，用来表征外界干扰可能造成的后果。敏感性高的区域容易产生生态环境问题，是生态环境保护与恢复的重点。进行生态环境敏感性评价，了解某一地点或区域的空间分布状况，确定优先或者重点开展生态建设和保护的区域是首先要面对的问题。

本项目利用 GIS 技术，选取人类干扰因子和自然因子相结合对大辽河流域的生态环境敏感性进行分析评价，采用层次分析法（AHP）和模糊综合评判相结合的方法，摒弃了以往利用 ArcGIS 软件进行栅格图层叠加的评价方法，进行了 GIS 系统开发，得到大辽河流域生态环境敏感性评价系统，操作更加方便快捷。

2．评价指标体系建立

遵循主导性、差异性、综合性和实用性，以及所需指标的可获取性等基本原则，建立评价指标体系见图 5-29。

研究中将整个系统分成 A、B、C 三层。其中，A 为目标层，B 为综合评价层，C 为评价指标层，并分别对每一层中的各个子系统以及子系统中的因子进行分析。

3．研究方法

（1）层次分析法（AHP）：将复杂的问题分解为其他的许多层次和因素，在分解出的各因素之间通过比较简单的比较和计算，可以得到不同方案的权重，从而为寻找最佳方案提供选择依据。通过层次分析法计算得到大辽河口生态环境敏感性评价指标体系权重值见表 5-11。

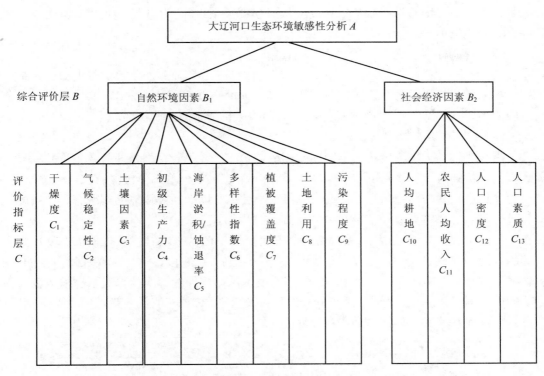

图 5-29　大辽河口生态环境敏感性评价指标体系

表 5-11　大辽河口生态环境敏感性评价指标体系

一级指标			二级指标		
代码	名称	权重	代码	名称	权重
			C_1	干燥度	0.004
			C_2	气候稳定性	0.004
			C_3	土壤因素	0.047
			C_4	初级生产力	0.029
B_1	自然环境因素	0.410	C_5	海岸淤积/蚀退率	0.015
			C_6	多样性指数	0.055
			C_7	植被覆盖度	0.055
			C_8	土地利用	0.097
			C_9	污染程度	0.105
			C_{10}	人均耕地	0.170
B_2	社会经济因素	0.590	C_{11}	人均纯收入	0.096
			C_{12}	人口密度	0.289
			C_{13}	人口素质	0.036

（2）模糊综合评判法：把要评判的事物看成是由多种因素组成的模糊集合，称为评价因素集 U；再设定这些因素所能选取的评审等级，组成模糊集合，称为评判等级集 V；分别求出各单一因素对各个评审等级的归属程度，称为模糊评价矩阵 **R**。权重是反映诸因素指标重要性大小的一种权衡分配，评价是在多因素作用下的一种综合评价。利用隶属度函

数求评价因子对敏感性级别的隶属度，构成模糊关系矩阵 **R**。（**U**，**V**，**R**）就构成了模糊综合评判决策模型。

（3）评判标准的构建

将生态环境敏感性的最终评价等级结果划分为五个级别：不敏感、轻度敏感、中度敏感、高度敏感、极敏感，将各评价因子的最终评价结果信息量化为 1、2、3、4、5，分别对应的敏感性等级为不敏感、轻度敏感、中度敏感、高度敏感、极敏感。

（4）GIS 开发与实现

由于研究区采用格网化矢量空间数据的分析方法，每一个网格即是一个评判单元，导致参与评价的数据量大，共有 30 000 多个评判单元，每个单元中包含的信息经过处理后，作为评价指标参与模型运算。数据运算量大，且二级以上矩阵运算的实现有一定难度，为此进行了 GIS 系统开发，能够更好更快地进行数据运算。

借助于 VB.Net2005 和 ArcEngine9.2 开发出以 GIS 为核心技术，以模糊数学评判为基础的系统。在该系统中，用户可以新建最终的评判等级字段，这样，在矢量数据的 DBF 表格里就有一个新的字段，且值为零。在开发的系统软件的等级计算对话框里可以选择相关的评判因子，输入各个评判因子的分级值以及权重，依据建立的模糊评判模型进行运算，最后得到评判等级。具体的操作实现界面如图 5-30 所示。

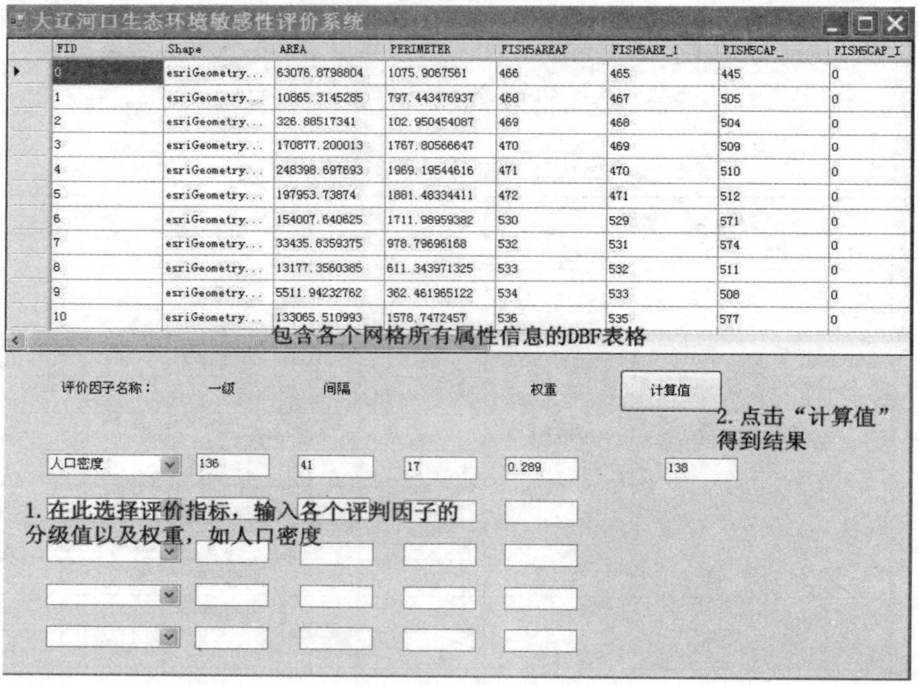

图 5-30　评价系统的实现界面

4. 评价结果及分析

利用开发的大辽河口生态环境敏感性评价系统将以上指标进行了模糊综合评判，计算出了最终等级，再利用 ArcGis 软件对其进行了空间分析，将计算结果可视化（图 5-31）。

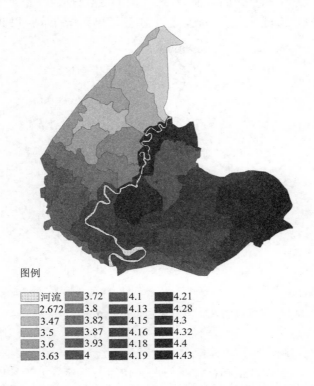

图例

河流	3.72	4.1	4.21
2.672	3.8	4.13	4.28
3.47	3.82	4.15	4.3
3.5	3.87	4.16	4.32
3.6	3.93	4.18	4.4
3.63	4	4.19	4.43

图 5-31　大辽河流域生态环境敏感性评价综合指数图

（四）大辽河流域水生态功能分区——水生态系统服务功能重要性评价

1. 生态服务功能

生态服务功能是指生态系统及其生态过程所形成的有利于人类生存与发展的生态环境条件与效用，例如森林生态系统的水源涵养功能、土壤保持功能、气候调节功能、环境净化功能等

目前对生态系统服务的评价研究主要集中于生态系统服务类型划分和价值评价，而对于生态系统服务重要性的评价则是根据典型生态系统服务能力和价值评估，评价生态系统服务的综合特征及其空间分布特征。

2. 小流域单元提取

小流域单元提取的主要思路是：

（1）利用高程图（DEM 或等高线图），识别出山脊和山凹，提取出河道或潜在河道以及分水岭；平坦地区可利用公路、小道、行政边界等进行提取。

（2）从河口开始，沿分水岭再回到河口，勾描出一个封闭的多边形，形成一个小流域。

（3）将提取结果与已有的同级别水资源分区图进行比对，调整相差较大的边界。

（4）利用实际水系图，对小流域间的边界和河口汇流处进行调整，应量保证一个河段只在一个流域内。

（5）可以忽略人工修整的河道和池塘。

根据大辽河流域水生态系统的特征，将大辽河流域划分为 27 个小流域单元，如图 5-32 所示。本次研究是以小流域单元为基础，建立小流域单元指标库，以此进行评价。

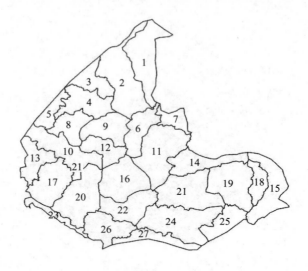

图 5-32   大辽河口小流域单元图

3. 评价指标体系建立与评价方法

建立水生态功能重要性评估指标体系如表 5-12 所示。建立如下评价指标体系后，在对各单项生态功能进行评价时，广泛征询专家意见并且对大辽河流域进行调查分析，根据各个指标在评价中的影响力差异以及该地区的实际情况，主要分 3 类人员进行赋值，第一类为科研专家，第二类为研究区内的管理人员，第三类为调查人员，最后用加权平均法计算各评价指标的分值。

表 5-12   大辽河口水生态系统服务功能评价指标体系

功能类型	评估指标	评估依据
水生生物多样性维持功能	生物丰富性	浮游植物多样性指数、浮游动物多样性指数、底栖动物多样性指数
	珍稀濒危物种保护	稀有性指数
野生生物栖息地维持功能	生境自然性	盐度值、流域土地利用
	生境多样性	河道弯曲度、河岸带景观多样性
	生境代表性	湿地和洪泛区的面积比例
滨岸带支持功能	滨岸带植被状况	植被覆盖度、植被完整性
	滨岸带稳定性	滨岸带稳定性状况
水环境支持功能	水质级别	水质污染状况
水文支持功能	生态流量满足率	水流状况现场判断法

4. 水生态系统功能重要性综合评价

上述 5 种功能指数范围为 0～10，在它们的基础之上，采用求和的方法，计算水生态系统综合指数，根据分级标准，确定水生态系统综合功能等级。计算公式如下：

$$I_{综合} = \sum_{i=1}^{5} I_i$$

式中：$I_{综合}$——水生态系统功能综合指数；

　　　I_i——单项功能指数。

　　水生态系统综合指数范围是 0～50，为了能够更好地对大辽河流域水生态系统服务功能重要性进行评价与分析，以及更好地反映当地的水生态系统功能状况，并且能为大辽河流域的不同地区提出适合当地发展的科学合理的管理对策，根据大辽河流域整个区域的实际生态特点，经过多次试验，最终制定了如表 5-13 所示的等级划分标准。

表 5-13　水生态系统功能综合评估分级

功能等级	分数
高	41～50
较高	31～40
一般	21～30
较低	15～20
低	<15

5．功能重要性综合评价结果与分析

　　利用 ArcGIS 软件将各项指标赋予属性，利用软件中的空间叠加分析功能，将各单项功能矢量图进行综合叠加，得到大辽河流域水生态系统功能重要性评价图，如图 5-33 所示。

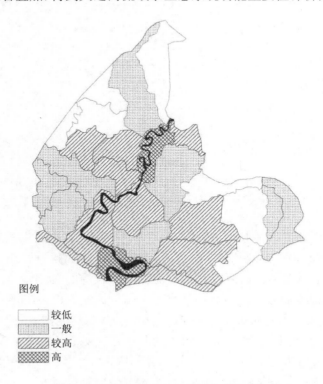

图例

较低
一般
较高
高

图 5-33　大辽河流域水生态系统功能评价图

（五）大辽河流域水生态功能分区——水生态系统功能区划

1. 分区方法

本项目采取定性分区与定量分区相结合的方法对大辽河流域进行水生态功能区划，利用计算机图形空间叠置法、相关分析法、专家集成等方法，按生态功能分区的等级体系，通过自下而上的划分方法进行分区划界。采用自下而上的划分方法，就是将具有相似性水生态系统功能的小流域聚合成为大的分区单元。根据研究区域环境要素和水生态系统异质性特征，选取基于生态系统结构的分类指标，并根据各指标反映的水生态功能信息，剔除一些信息量重复或相关度较大的指标，将原始数据标准化处理后，在 GIS 支持下分别提取和计算各指标的指数值，最后通过聚类分析获得区划结果。

2. 分区技术

分区技术如图 5-34 所示。其中涉及的关键技术包括以下 3 方面。

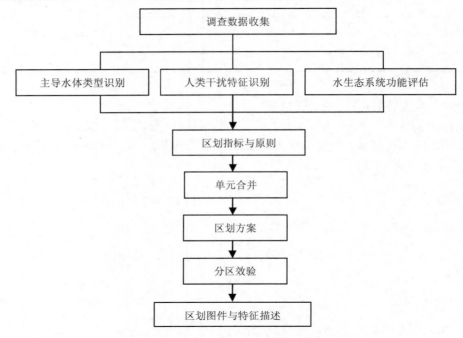

图 5-34　大辽河流域水生态功能分区技术路线

（1）水体类型识别技术。对小流域内的主要水体类型进行识别主要从三方面进行判断：盐度值、河流弯曲度和河道宽度。①盐度值：根据盐度值在样区的分布特点以及咸淡水盐度值的分异规律，表现为从三岔河向河口，盐度呈递增趋势，在河口地区已经接近为海水。②河流弯曲度：即河流的分维数＝河流总长度/河流的流域面积，具体计算步骤为：将河流线状图层与整个研究区格网面状矢量图进行叠加，在矢量格网图层属性信息中获得每个格网分维信息，最后进行归并与综合。③河道宽度：对照大辽河流域水系图，以所有采样点所在的横截面长度的平均值作为大辽河干流的河道宽度，一级支流以起点、终点和中间点三点所在横截面长度的平均值作为河流宽度，二级支流取每条河中间点横截面长度作为河流宽度，三级以下河流宽度则以随机采样（样点设 20 余条河流）平均值作为代表。以此获得整个流域河道宽度。利用 GIS 图层的叠加方式，将河流宽度信息输入到对应位置格网中。

根据大辽河流域盐度值、河流弯曲度和河道宽度的分布特点，将小流域单元进行水体类型分析，结果如图 5-35 所示。

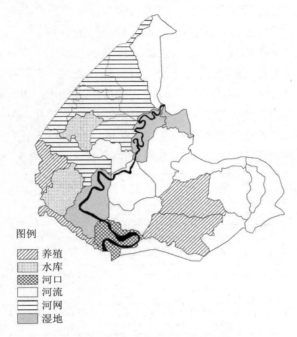

图例
```
养殖
水库
河口
河流
河网
湿地
```

图 5-35　小流域水体类型图

（2）人类干扰特征识别技术。根据 2007 年 TM 影像解译结果生成的大辽河流域土地利用图，各土地利用类型对生态环境施加的消极影响程度，计算各个评价单元的土地利用指数，划分不同区域的土地利用的影响强度大小，得到人类干扰强度图 5-36。

图例
```
轻度干扰
中度干扰
严重干扰
```

图 5-36　人类干扰强度分布图

（3）水生态系统功能评估技术。建立的水生态功能评估指标体系同水生态系统服务功能评价。建立如下评价指标体系后，在对各单项生态功能进行评价时，广泛征询专家意见并且对大辽河口区域进行调查分析，根据各个指标在评价中的影响力差异以及该地区的实际情况，主要分三类人员进行赋值，第一类为科研专家，第二类为研究区内的管理人员，第三类为调查人员，最后用加权平均法计算各评价指标的分值。

上述评估方法是建立在流域水生态系统特征现状的基础上，在评估过程中往往忽略了一些重要功能区以及人类对一些重要功能的期望目标。因此，需要参照流域历史状况及功能重要性特征，对以现状指标为基础的功能评估进行适当修正，以此得出能够确定水生态系统保护目标的水生态功能评价结果，有利于确定流域内重要生态功能区，并实现相应的保护及恢复措施，并以此确定流域水生态功能保护的目标及制定正确的管理措施，修正技术路线见图 5-37，得到大辽河流域水生态系统功能重要性评价图 5-38。

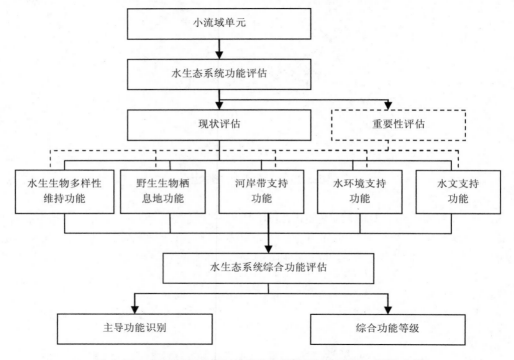

图 5-37   大辽河流域水生态系统功能重要性评估修正技术路线

大辽河流域水生态系统功能重要性评价结果分为较低、一般、较高和高 4 个级别，功能等级为较高级别的区域占据的面积比重最大，而高级别的区域占据的面积比重最小。

3. 大辽河流域水生态功能区划分

（1）水生态功能分区的命名及其原则。分区命名要本着能够准确体现研究区域内各分区的主要特征为原则，主要有以下几方面：①能够表明水体的主要类型；②能够表明研究区的生态功能类型；③同一级别生态功能区的名称要互相对应；④能够反映人类干扰对生态环境的影响程度。

功能区的命名方式主要依据"水体类型+干扰类型+功能类型"进行类别划分。首先根据水体类型，将其划分为河流、水库、湿地以及河口等水体类型；其次，根据人类干扰程度，分为城镇地区、农村地区等不同类型生境地区；最后，根据水生生物多样性维持功能、野生生物栖息地维持功能、滨岸带支持功能、水环境支持功能、水文支持功能五个单项功能的评估，确定主导功能，以此将大辽河流域划分成了 5 个一级区和 13 个生态亚区，结果如图 5-39 和表 5-14 所示。

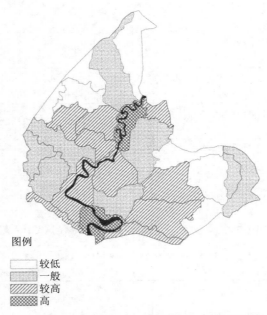

图例

□ 较低
▨ 一般
▧ 较高
▨ 高

图 5-38　大辽河流域水生态系统功能评价图

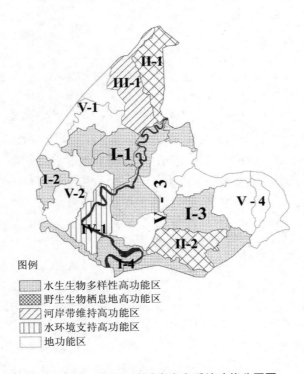

图例

▨ 水生生物多样性高功能区
▨ 野生生物栖息地高功能区
▨ 河岸带维持高功能区
▥ 水环境支持高功能区
□ 地功能区

图 5-39　大辽河流域水生态系统功能分区图

表 5-14　大辽河流域水生态功能区划

生态区	生态亚区	分布区域
Ⅰ-水生生物多样性维持功能区	Ⅰ-1 大辽河上游城镇水生生物多样性维持功能区	大辽河的上游地区、中游的大洼县、石佛镇及老边区北部
	Ⅰ-2 农村河网水生生物多样性维持功能区	大洼县的西部地区
	Ⅰ-3 城镇河流水生生物多样性维持功能区	大石桥市北部地区、营口东部的虎庄镇等地
	Ⅰ-4 大辽河河口城镇水生生物多样性维持功能区	大辽河下游入海口地区及西侧沿海一带、老边区及大石桥市南部
Ⅱ-野生生物栖息地维持功能区	Ⅱ-1 农村河流野生生物栖息地维持功能区	大辽河上游的西北部沙岭、坝墙子等地
	Ⅱ-2 城镇养殖野生生物栖息地维持功能区	营口市老边区的东部、大石桥市
Ⅲ-河岸带支持功能区	Ⅲ-1 城镇河网河岸带支持功能区	大辽河上游盘锦北部的新开镇等地
Ⅳ-水环境支持功能区	Ⅳ-1 城镇湿地水环境支持功能区	大洼县、沟沿镇及水源镇等地
Ⅴ 低功能区	Ⅴ-1，Ⅴ-2，Ⅴ-3，Ⅴ-4 水生态系统低功能区	兴隆台区和双台子区的部分区域、大洼县的西部、老边区的北部、营口市东部的感王镇、西柳镇等地

4. 区划结果分析

本研究项目将大辽河流域划分成了四类重要生态功能区和一类低功能区。重要生态功能区是指它的生态敏感性比较强，然而系统稳定性却较差，比较容易受到外界因素的干扰，该类功能区对维持生态平衡、促进社会与经济持续发展等方面发挥了重要的作用，并且该区的生态服务功能比较重要。这些生态区域内我们应该禁止所有可能对生态功能造成破坏的开发活动和人为破坏活动，对那些已经受到破坏的生态环境我们要加强生态修复工作；必须严格限制人口的继续增长；传统的生产经营方式逐渐改变，使之走生态经济型可持续发展的道路；并且可以有针对性地建立自然保护区，例如建立水源保护区、生态保护区、森林公园等；对那些已经遭到破坏的重要的生态系统，必须采取有效的生态环境建设措施，认真组织重建与恢复工作，尽量快速地遏制住生态环境继续恶化的趋势。

低生态功能区的生态环境稳定性比较好，对人类活动的影响有一定的承受力，并且有一定的生态服务功能，这样的功能区需要我们引导它的开发方向，因为这些区域的资源特点不同，如果对开发利用方向不加以限制，就可能会产生一定的生态灾害。这部分区域随着社会与城市的快速发展，城市建设规模的扩大，有部分土地会被用来当做未来的扩展备用地。但是我们必须遵循生态资源有限的原则，使城市发展与生态保护协调发展。

对于Ⅰ水生生物多样性维持功能区和Ⅱ野生生物栖息地维持功能区要对河口湿地的保护力度进一步加强，尽快建立湿地生态自然保护区，维护湿地生物的多样性；对已有的自然保护区要继续加强保护，提高生物多样性；继续加大封山育林、退耕还林的力度，建设生态公益林，保护森林资源，提高涵养水源、保持水土的功能；区域的资源优势要得到充分的发挥，使该区域的生态农业得到更好的发展，并且积极主动地发展生态旅游行业。

陆域入海污染源的治理工作要进一步加强，使得区域排放能够确保达标，以此改善湿地水环境质量。

对于Ⅲ河岸带支持功能区可以采取小流域综合治理的办法，减少水土流失，关键是预防人为干扰活动造成新的水土流失；生态公益林建设要加强，建立一定的水源涵养保护区，以此来提高森林覆盖率和水源涵养能力。

对于Ⅳ水环境支持功能区要杜绝污染型企业的建设，禁止对自然资源的掠夺性开发，把生态破坏与环境污染的源头给彻底切断；进一步加强环境的综合整治工作，加强巩固环境基础设施的建设，以此减轻对水体的污染。

第三节　EGIS 在水污染扩散模拟中的应用

水环境数学模型在水环境污染管理中具有预见功能，特别是将其与 GIS 结合在一起，能使数学模型的预测结果以可视化的方式逼真地展示在水环境管理者的眼前，为环境标准和污染物排放标准的制定、选择经济、科学、有效的水污染治理方案提供支持。

目前，国外在此方面的研究成果很多，已经进行到了三维水体污染扩散模拟，国内的起步则较晚，至今的研究成果在一维的较多，二维和三维的较少。鉴于目前网络的发展，有必要将互联网与系统结合起来。

一、水污染扩散模拟模型

（一）一维水质模型

一维水质模型是水环境模型中相对简单的一种，是河流、河口和湖泊遭受污染时，实际的断面浓度分布与断面浓度的平均值偏差不大时常采用的水污染预测模型。它主要研究污染物浓度分布沿程的变化以及各个断面上污染物浓度随时间的变化，一维水质模型在河流中的应用最为常见。

对于河水流速为 V（该值较小）的小型河道，岸边排放的污染物能在较短的时间内到达对岸，且能与河水在断面上实现均匀混合（河流断面上污染物的最大浓度和最低浓度的差不超过 5%，均匀混合后的浓度为 c_0），其左端 $x \leq 0$ 段，充满污染液体，右端 $x > 0$ 段为清水，在 $t=0$ 时刻突然向右端排放，左边的污染液体则向右边对流、扩散，从而污染右边的清水。假设河水的平均流速为 V（m/s），污染液体的浓度为 c_0（mol/L），河床的扩散系数为 D（m^2/s），且排放的污染物物质守恒（不易降解），则其一维水质数学模型可表达成：

$$\begin{cases} \dfrac{\partial c}{\partial t} = D\dfrac{\partial^2 c}{\partial x^2} - V\dfrac{\partial c}{\partial x} (0 \leq x < L, 0 \leq T) \\ c(x,0) = 0 (x > 0) \\ c(0,t) = 0 (t \geq 0) \\ c(\infty,t) = 0 (t \geq 0) \end{cases}$$

为满足河水一维水质模型的前处理、后处理数据与 GIS 集成的要求，采用正方形网格的有限差分法求解，即对时间区域[0，T]和空间区域[0，L]做等距剖分（图 5-40）。设时间步长为Δx，将第 i 个网格点 x_i 处在时 t_n 的浓度值记为 $c_{i,n}$（mol/L）。方程左端采用向后差分近似，方程右端采用中心差分近视（隐式差分），对所有的内部网格中心点列出对应的离散方程，在利用边界条件即得到一个三对角形方程组，利用"追赶法"求解，结果便得到 $tk+1$ 时刻各中心网格点处的浓度值。

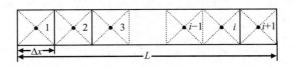

图 5-40　河流一维水质模型有限差分求解剖分网格图

（二）二维水质模型

污染物进入水体后，不能在短距离内达到全断面浓度混合均匀的河流均可采用二维水质模型。实际应用中，如果水平宽度不超过 20 m 的河流可采用二维水质模型计算。二维计算模型模拟速度快、实时而精度无需很高，可忽略基本控制方程中的一些非主要因素，模型结构简单、实用性强。

1. 二维水质模型的分类

按河流水文特征可分为静止水体二维水质模型、平流段二维水质模型、赶潮段二维水质模型、潮汐段二维水质模型。

按投放方式可分为瞬时投放：瞬时岸边投放水质模型、瞬时江心投放水质模型；连续投放：点源岸边连续投放水质模型、点源江心连续投放水质模型、线源岸边连续投放水质模型、线源江心连续排放水质模型。

按水质组分类别可分为有耗氧有机物模型（BOD-DO）、难降解有机物水质模型、重金属迁移转化水质模型。

2. 不同应用条件下的二维水质模型

进入水体的污染物可以分为两大类：守恒污染物和非守恒污染物。守恒污染物是指随着水体的分散作用而不断向周围扩散而降低其初始浓度，但不会因此而改变总量、不发生衰减的污染物，如重金属、很多高分子有机化合物等。非守恒污染物是指不仅会随着水体的扩散作用而降低浓度，而且还会因自身的衰减而加速自身浓度下降的污染物。非守恒污染物的衰减有两种方式：一是由其自身的运动变化规律决定的，如放射性物质的蜕变；另一种是在环境因素的作用下，由于化学的或生物化学的反应而不断衰减的，如可生化降解的有机物在水体中微生物的作用下的氧化分解过程。

对于守恒污染物在运动过程中不发生衰减，在移流扩散方程中应有 $S=0$（即只扩散，不衰减）。在均匀流场中，流速应为常数，扩散参数也应为常数。因此，移流扩散方程式有下列形式：

二维空间扩散方程式：

$$-\frac{dC}{dt} = E\left(\frac{\partial^2 C}{\partial x^2} + \frac{\partial^2 C}{\partial y^2}\right)$$

对于瞬时点源，守恒物质在均匀无限大流场中，污染物浓度的分布呈高斯分布。若坐标原点设在污染物排放点，则方程式的解为

$$C = \frac{M}{4\pi Et} \exp\left[\frac{1(x-ut)^2 - y^2}{4Et}\right]$$

假定污染物排入河流后在水深方向（z 方向）上很快均匀混合，则 $\partial C / \partial z = 0$，成为二维的问题。由于是静态的，则 $\partial C / \partial t = 0$。则河流的二维静态水质模型的基本方程为

$$\bar{u}\frac{\partial C}{\partial x} = E_x\frac{\partial^2 C}{\partial x^2} + E_y\frac{\partial^2 C}{\partial y^2}$$

设污染物排入河流的点在 $x=0$ 处，对于连续点源二维静态的扩散方程的解为

$$C = \frac{m}{uh\sqrt{4\pi E_y x\sqrt{u}}} \exp\left(-\frac{y^2\bar{u}}{4E_y x}\right)$$

上式适用于无限大水面。自然界的河流都有一定的宽度。河岸对污染物的扩散可以起到阻挡和反射作用，增加了河水中污染物浓度。这类问题可以用像源法解决。多数排污口位于岸边的一侧。当岸边排放源位于河流纵向坐标 $x=0$ 处，河宽为 B 时，考虑河岸一次反射时的二维静态河流岸边排放连续点源水质模型为

$$C = \frac{m}{h\bar{u}\sqrt{4\pi E_y\frac{x}{\bar{u}}}}\left[\exp\left(-\frac{y^2 u}{4E_y x}\right) + \exp\left(\frac{-(2B-y)^2 u}{4E_y x}\right)\right]$$

因点源二维扩散的横向浓度分布为正态分布，随着纵向距离的增加，横向浓度分布曲线会变得愈加平坦而趋向均匀化。若断面上最大浓度与最小浓度之差不超过 5%，可以认为污染物已经达到了均匀混合。由排放点至完成横向均匀混合的断面的距离称为完全混合距离。由理论分析和实验室确定的完全混合距离计算公式如下：

对于污染源在河流中心排放情况，完全混合距离为

$$x = \frac{0.1\bar{u}B^2}{E_y}$$

对于污染源在河流岸边排放的情况，完全混合距离为

$$x = \frac{0.4\bar{u}B^2}{E_y}$$

在上述各式中：ρ——河水中污染物质量浓度，mg/L；

$\qquad\qquad E_x$——x 方向扩散系数，m^2/s；

$\qquad\qquad E_y$——y 方向（横向）扩散系数，m^2/s；

　　M——瞬时点源在 $x=0$ 断面上排放污染物的总量，mg；

　　$\bar{u}$——河流纵向（x 方向）的断面平均流速，m/s；

　　h——水深，m；

　　t——纵向流动时间，s；

　　$x，y$——纵向和横向坐标距离，m；

　　B——河宽，m；

　　m——连续点源排放污染物的强度，mg/s。

（三）三维水质模型

　　三维水质模型较为复杂，需要结合水动力模型综合考虑，且不同指标的水质模型有不同的对应方程。不同水环境下的三维水质模型在实际应用中，应用者大都要结合应用实际对模型进行修正。

　　目前国内做三维水质模型与 EGIS 集成的不多，但是有做水污染三维可视化的。水污染三维可视化包含两方面的内容：河道地形地貌三维仿真与污染扩散可视化，二者通过地理坐标进行空间叠加形成河道污染扩散可视化展示平台，在此基础上进行各种统计分析功能。

二、水污染扩散模拟流程与现实需求

（一）一维水污染扩散模型与 EGIS 集成基本流程

　　GIS 与一维水体污染扩散模型的集成基本流程如图 5-41 所示。

　　（1）河网数据：河网基础数据的给定。

　　（2）边界条件：水流边界条件（潮位过程控制、潮流过程控制、潮位和潮流共同控制）、水质边界控制（所有流入边界的污染物浓度）。

　　（3）初始条件：可以使用实测资料内插给出，也可以任意给定，并能实现输入、修改和查询。

　　（4）模型参数和方法的选择。

　　（5）结果输出：提供时间过程、时空变化和结果查询 3 个操作来实现图形输出和查询。时间过程向用户提供某一物理量随时间的变化情况，空间分布表示某一图物理量在某一时刻的平面分布信息，时空变化则两者皆有。在每一种情况下，用户都可以进行各种设计条件的逻辑查询和统计分析。例如，用户可以选择用不同颜色来对应河流的水质浓度值；用户可以自己控制显示速度或锁定某一时刻的画面进行打印输出等。

（二）二维水污染扩散模型与 EGIS 集成

　　二维水质模型 GIS 表达实现二维水质模型 GIS 表达实现的过程，如图 5-42 所示。在客户端界面上用鼠标获取上游开边界左岸、下游开边界左岸的点位数据（具有上下游的顺序）；获取上游开边界右岸、下游开边界右岸的点位数据（具有上下游的顺序）；这些数据可能就是水文站所在的位置，坐标可使用 GPS 获得，也可能从数据库中提取。

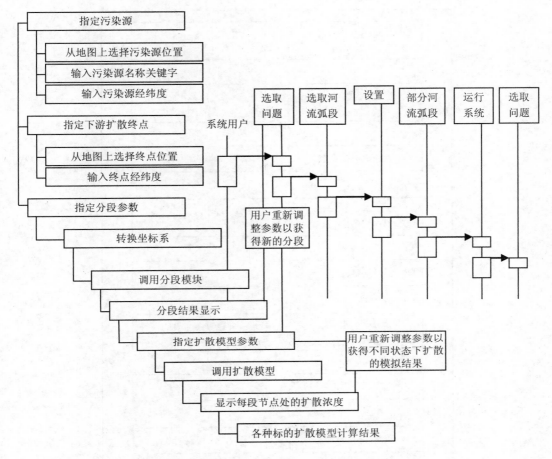

图 5-41　一维模型在 GIS 中的模拟流程图

在图形上查找污染源所在的位置，如通过污染源名称从数据库到图形定位，获得污染源的 X、Y 坐标；或用鼠标在图形上定位获得污染源的 X、Y 坐标，或者直接从界面上输入污染源的 X、Y 坐标。

在数据库得到客户端提交的数据后，要进行数据转换，即将地图上的各个坐标点（上下边界、污染源等）以及计算河段的经纬度数据转换成公里数据。

GIS 系统在得到数据库的各种参数后，首先要将点位数据与汁算河流数据进行自动配准。由于在客户端界面上点取的点位数据、GPS 所测的点位数据以及在数据库中所存放的点位数据等与地图数据之间可能存在误差，点和线可能不能完全配准，即点可能不是线上的点，这时需要通过最邻近分析将点与线配准，确定在上下游左右岸的起点和终点的准确位置。

根据用户提供的断面格点和河段上下游的剖分网格数，利用正交曲线网格自动生成的模型自动生成计算网格。用户可能要对计算网格进行调整，要求交互。

如果用户认为划分的空间计算步长可行，则进行一维模型的运行，否则，用户重新确定空间计算步长，反复循环，直到用户认为空间计算步长可行为止。

图 5-42   二维水质模型的 GIS 表达流程

从界面上获得污染源的排放浓度、上下开边界条件（流量、流速、水位等）、左右岸的闭边界条件、计算的时间步长、扩散系数等数据作为模型计算所需要的基本参数。同时在服务器端有相应的数据库记录上述参数。从界面上获得水下地形数据文件（DEM）、糙率系数数据文件。

在空间的计算网格生成好后，需要进行网格覆盖区域与 DEM 的配准，取出计算区域的 DEM。并根据网格结点的 X、Y 坐标，获得结点上模型计算的水下地形数据和糙率系数数据，形成数据文件。

在模型得到了数据库的数据支持和 GIS 预处理的数据后生成一个新的数据库，记录每个计算结点上每个时刻模型计算的水位、流量、流速和污染物浓度数据。

二维水质模型 GIS 表达实现中，二维水污染扩散模型计算网格的自动生成是其中的难点。二维水污染扩散模型计算网格可分为规则网格和不规则网格。规则网格主要包括矩形网格及贴体曲线网格，后者可通过坐标变换映射成矩形网格。不规则网格主要是指由任意三角形或四边形组成的网格。还有（曲）四边形网格，即曲线网格，这种网格经坐标变换可成为规则的矩形网格。由于上述计算网格各有优缺点，我们开发了一套基于 GIS 的计算网格自动生成工具，可以自动生成矩形网格、正交曲线网格和任意三角形网格。基于不同的模型计算网格，模型的求解我们采用了有限差分法和有限单元法。

另外，模型的边界处理也是二维水质模型 GIS 表达实现中的难点。模型的求解与模型的边界条件有着密切的关系，针对二维水污染扩散模型的边界处理，我们提出基于矩形网格的线边界法的处理技术。这种边界处理技术能形象逼真地反映浅滩等的自然裸露过程，处理技术简捷可行。其步骤为：

（1）水深布置在交替网格的流速点上，这样水深数据量比一般方法增加很多，但地形得到更为真实的反映。

（2）判断网格各边的总水深值，若总水深小于零，则该边裸露，并做线边界处理。

（3）对一个单元而言，随着潮位的下降，一般先有一条边线裸露。然后根据其余三条边的不同水深状况，有三种可能的裸露范围为三角形单元（半个网格单元）。

（4）进一步，当第三条边裸露时，网格单元仍与外界有水量和动量的交换，只有当四条网格边都露出后，才认为该网格是露滩单元。

（三）水污染扩散模型的现实需求

作为水资源规划和管理、水环境影响评价和水质预测以及污染治理和水资源利用的有效工具。水质模型在环境问题中扮演着非常重要的角色，且其应用越来越广泛。国外一些在 20 世纪五六十年代曾经严重污染的河流，如芝加哥河、泰晤士河、莱茵河以及特拉华河等，利用所建立的水质模型进行水质规划和管理，近年来水质大幅度提高。我国利用水质模型在对苏州河进行综合整治、大汶河水污染控制，太湖流域网水环境治理以及其他河流的水资源综合利用及管理等方面均取得了初步成效。

水质模型的应用大致有以下方面：

（1）污染物水环境行为的模拟与预测；

（2）水质管理规划；

（3）水质评价；

（4）水质监测网络的设计；

（5）水质模型与其他学科（如模糊数学、有限元、人工神经网络、地理信息系统等）的结合。

三、水污染扩散模拟 EGIS 解决方案（含案例）

下面以胶州湾水质预报可视化系统为例（图 5-43），说明 GIS 与二维水体污染扩散模型集成应用结果。

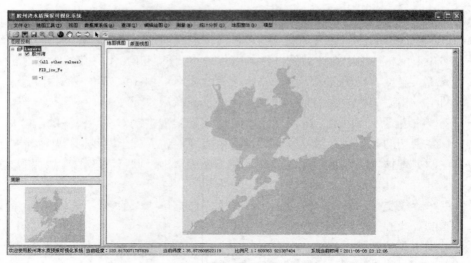

图 5-43   胶州湾水质预报可视化系统主界面

（一）功能结构

胶州湾水质预报可视化系统中含有十大模块，如图 5-44 所示。

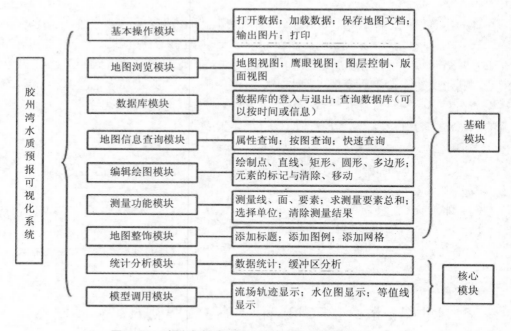

图 5-44   胶州湾水质预报可视化系统功能结构图

（二）核心模块说明

1. 统计分析模块

（1）数据统计。胶州湾水质数据涉及多个图层、多种指标，如果只是通过查数据库数据的话，无法得到用户（管理者）想要的数据。数据统计模块的功能就是便于用户（管理者）随时、便捷地拿到需要的水质数据（图 5-45）。

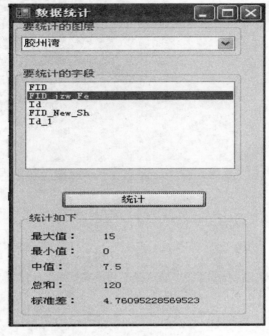

图 5-45　数据统计模块界面

（2）缓冲区分析（图 5-46）。

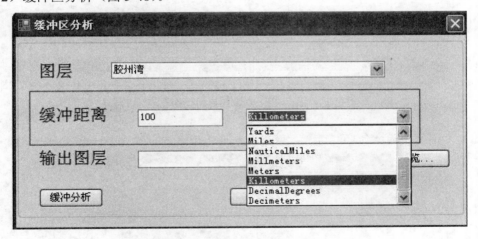

图 5-46　缓冲区分析界面

2．模型调用模块

（1）流场轨迹显示。点击"模型"——"流场轨迹显示"，然后就可显示流场，图 5-47 为范图。

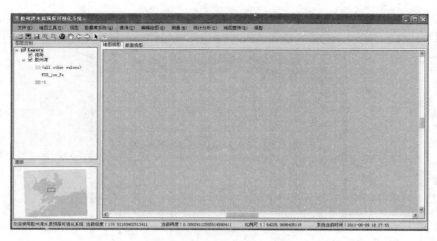

图 5-47　流场轨迹显示界面

（2）水位图显示。点击"模型"—"水位图显示"，可显示水位图（图 5-48），并可对其进行保存。

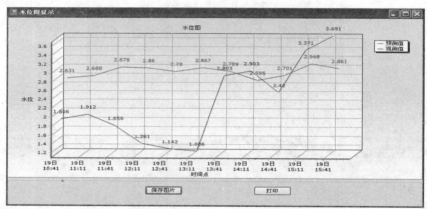

图 5-48　水位图显示界面

（3）等值线生成。包括温度、盐度以及水质等值线的生成（图 5-49 至图 5-51）。

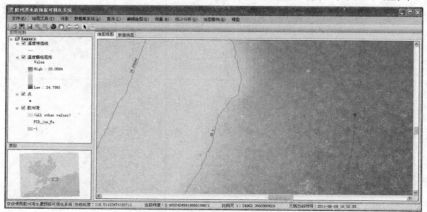

图 5-49　温度等值线图

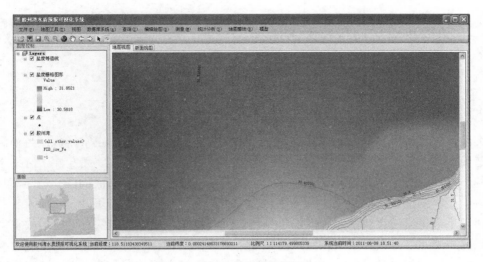

图 5-50   盐度等值线图

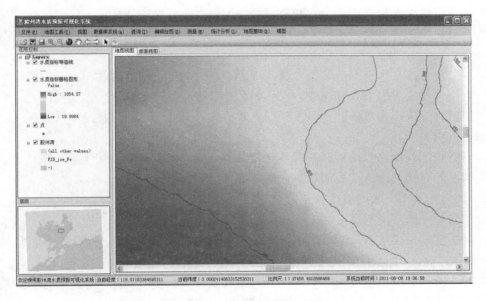

图 5-51   水质指标等值线图

第四节   EGIS 在突发性水污染事故应急管理中的应用

　　突发性水污染事故是威胁人类健康、破坏生态环境，严重制约生态平衡及经济、社会持续发展的重要因素。把 GIS 应用到突发性水污染事故的应急管理，是解决问题的一条有效途径。

一、水污染事故应急管理概述

（一）突发性水污染事故

1. 突发性水污染事故的概念与特点

突发性环境污染事故是指发生突然、污染物在较短时间大量非正常排放或者泄漏、对环境造成严重污染，影响人民群众生命安全和国家财产的恶性事故。突发性水污染事故是其中的一种，主要是由水、陆交通事故，企业排放和管道泄漏等造成的。其特点表现为：

（1）不确定性。①突然性水污染事故发生时间和地点不确定，可能是由于水上作业、企业违规生产、交通事故以及管道长年失修或意外爆裂等原因造成的，这些事故发生时间和地点的不确定性，决定了突发性水污染事故的不确定性。②污染源性质的不确定性。事故排放的污染物的类型、危害方式以及对环境的破坏能力都具有不确定性。这些污染源数据对于应急救援是很重要的参数。

（2）突发性。水体是移动源，此类事故发生没有预兆，无法预报，所以发生水污染事故就很难预料，而且时间、地点、污染源类型和危害程度都不确定，这给事故预防带来很大的困难。

（3）扩散性。水体具有流动性，这就决定了水中污染物的扩散性。水流的类型和速度直接影响污染物的扩散方式和速度。水体被污染后会呈条带状，危害容易被放大，影响范围由点扩散到线，再由线扩散到面，范围逐渐扩大，而且还会使与被污染水体有关联的环境因素受到影响。

（4）影响的长期性。污染事故得不到控制，会对当地环境和自然生态造成严重破坏，对当地居民的身体健康造成长期影响，需要很长时间去整治和恢复。

2. 国内近几年发生的突发性水污染事故

近年来，全国水污染重大突发性事故屡有发生。比如 2001 年洛阳市某公司的卡车途经河南洛宁时发生交通事故，卡车翻入洛阳支流涧河附近的沟壑中，车上 11 t 氰化钠流入洛河；同年广西陆川钛白粉厂 3 t 货物泄漏造成九江重大污染事故；2002 年 12 月西江上游砒霜坠河造成重大污染事故；2003 年 8 月停泊在黄埔江上的"长江"号轮船被撞击造成油舱溢油 85 t，油污扩散 10 km；2004 年 2 月四川一化肥厂因生产事故导致约 2 000 t 氨氮排入沱江支流，造成简阳等三市停水 26 天，影响 80 多万人的正常生活和工作；2005 年 11 月 13 日位于吉林市的中石油吉林化学工业公司双苯厂发生爆炸，约 100 t 化学品泄漏入松花江，其中主要化学品为硝基苯，造成松花江流域重大水污染事件，给流域沿岸的居民生活、工业和农业生产带来了严重影响；2005 年 12 月 15 日，广东省环保监测发现，北江韶关段高桥断面江水中镉超标近 10 倍；北江发生严重水污染事故，下游韶关、清远、英德等市的饮用水水源受到威胁 2009 年 9 月陕西丹凤县境内，一辆载有 10 t 剧毒氰化钠溶液的卡车翻入汉江支流，约有 5 t 氰化钠溶液溢出，造成河中生物大面积中毒死亡。这些重大突发性事故都严重破坏了流域环境，特别是严重污染饮用水水源，直接对人民群众的身体健康构成威胁，同时也影响社会稳定。

（二）突发性水污染事故应急管理

1. 突发性水污染事故应急管理概念

突发性水污染事故应急管理是指预测突发性水污染事故的发生、发展，当突发性水污染事故刚刚发生或者出现某种征兆时，在极短的时间内收集、处理有关的信息，模拟其影响范围与历时，实时监测各种指标的变化，快速应急决策进行处理、处置和灾后恢复，最大限度地减轻突发性水污染事故造成的不良影响的全过程。

2. 突发性水污染事故应急管理现状

目前突发性水污染事故应急管理主要是采取风险管理的方法和技术来应对突发性水污染事故，主要包括风险识别、风险分析、风险监控、风险应对等内容。主要包含 4 个方面的工作内容：

（1）风险源识别分析和数据库构建。目前国内主要是对各个流域风险源进行排查统计，采用头脑风暴法、德尔菲法、专家个人判断法等风险识别方法对风险源进行识别。对识别出的风险，利用模糊评价法、故障树分析法等风险分析方法找出其致因，确定其与其他风险的关系并用发生概率和后果表征其影响程度，进而确定风险源的风险等级。在此基础上对风险源识别分析信息汇总构建数据库，为应急管理和决策提供科学的依据。

（2）应急监控网络化建设。应急监测的主要目的是在已有资料的基础上，迅速查明污染物的种类、污染程度和范围以及污染发展趋势，及时准确地为决策部门提供处理处置的可靠依据。国内大多数流域都建立了包括国家、省、市、县四级的常规监控网络体系。监控方式上以常规监测和自动监测为主。

（3）突发性水污染事故预警。近年来，利用网络、GIS、遥感、计算机仿真等先进的信息技术，建立突发性环境预警应急系统保障环境安全，已成为环境保护领域的研究热点。多瑙河流域的德国、奥地利等 9 个国家设计了"多瑙河突发性事故应急预警系统"，经过不断地更新和改进，已具有快速的信息传递能力，较为完备的危险物质数据库，较为准确的污染物影响模拟水准，逐渐成为多瑙河突发性污染事故风险评价和应急响应的主要工具。我国从 20 世纪 90 年代中期开始对环境污染预警系统进行研究。目前对预警应急系统研究大多围绕应急联动主题的开发方案，现有的解决方案为应急监测和预警的信息系统的开发，比较注重应急情况下的组织逃离的行为，往往忽略环境污染事故本身的萌芽、发展、干预和事故的歼灭。

（4）突发性水污染事故应急处置。水污染事故的应急处置主要包括制定应急预案（现场反应处理方案、应急处理指挥控制方案、安全供水应急方案等）、确定处理方法。常用处理方法有人工工程处理法、物理处理法、化学处理法等。人工处理法是将污染物（如燃油、未 破损包装的有毒物质）清理及打捞出水或进行拦污隔离等，必要时可采用修筑丁坝、导流堤、拦河坝、围堰等工程措施，改变原来的主流方向和流场，防止污染向外扩散。物理处理法包括吸附法、强化混凝法、固化法等。化学处理法有化学预氧化法、化学中和法、化学沉淀法等。

3. 突发性水污染事故应急管理存在问题及对策

（1）风险源识别及数据库构建。污染源识别分析不充分、数据库构建不完善是突发性水污染事故应急管理面临的一大问题。污染事故发生后，不能快速准确判断污染源性质，造成应急预案无法有针对性地实施。突发性水污染事故污染的大多数是油类、危险性化学物品，成分复杂、种类繁多，要对突发性水污染事故进行处置，必须快速准确地判断污染物种类、污染物浓度、污染范围及其可能的危害。因此，建立污染源数据库是应急体系必不可少的一部分，能在突发水污染事故的预警和应急中起到关键作用。数据库的构建应包括专家数据库、救援机构数据库、危险品数据库、应急人员数据库、监测方法数据库、应急监测数据库、污染源数据库。

（2）应急监控网络优化。目前大部分地区水质监控只有常规监控网络，现有监控网络监测点位布点不合理、监测指标有限，且存在监测人员缺乏专业培训、对污染事故敏感性认识不足、水质监测任务繁重、仪器装备不足等问题，不能满足突发性水污染事故应急监测需要。为满足应急监控的需要，应在加强实验室监测、移动应急监测和自动监测设备和技术建设的同时，充分利用环保、水利等部门已有的监测站网，在重点风险源排放口、各级河流交汇口、截蓄库塘等位置进行监控点位优化，增加满足突发性水污染事故监控要求的站点，迅速、准确地查明污染的来源、种类、程度、范围，为控制污染蔓延、采取应急处理措施提供正确的信息和依据。

（3）完善信息渠道、保障预警及时。水污染事故信息渠道不畅，预警不及时。在水污染事故中，必须做到第一时间发现，第一时间处置。这样才能保证污染被控制在最小范围内。导致水污染事故信息渠道不畅的原因包括主观原因和客观原因。如发生突发性水污染事故后，肇事者常常不愿承担污染造成的后果，刻意隐瞒污染事实。客观上由于预警系统反映不及时，从而延误了处理污染事故的最佳时机。为尽量缩短突发性水污染信息预警时间，各级政府应尽量利用现有的消防、交通、公共安全、环境保护、消费权益等各种公共服务网络，在社会媒体上公布突发性水污染事故预警电话，同时纳入 119、110、120 联网服务，将群众预警信息及时反映给应急处理部门。同时应以计算机仿真、遥感、地理信息系统、全球定位系统等先进信息技术为依托，构建适于各流域突发性水污染事故的预警指标体系，根据各监测断面指标的动态数值，结合风险识别分析数据库，分析风险源的风险程度，根据相应的预警区间和预警级别发出预警信号，以便主管机构及时采取必要的调控和控制手段，从而降低风险，防范事故发生。

（4）健全应急处置机制、完善应急资源储备。现有应急预案只是初步构建了应急组织指挥机构和人员联络方式，对可能发生事故的应急处置方法不明确，认识不充分，造成应急预案的可操作性差，不能高效组织政府部门和各级应急机构充分发挥其应急能力。同时突发性事故的紧迫性也对应急监测人员、应急处置物资等应急资源的储备、使用提出了更高的要求。

因此，需要结合各类突发性污染事故制定切合实际的应急预案，健全包括预案适用范围、应急救援组织机构设置、咨询专家组设置、人员紧急疏散撤离方法、抢险救援及控制措施、应急救援保障方案等在内的应急处置机制。定期评估应急资源的可获得性和数量。

二、突发性水污染事故应急管理的 EGIS 需求

（一）应用 GIS 建立突发性水污染事件预警预报系统

GIS 具有很强的空间表达能力，能以矢量场、浓度场对各种污染物的时间分布进行有

效表达。GIS 这一功能使得它在水质预警预报系统中的应用越来越广泛。

水质预警预报系统是以信息技术、水质模型技术为基础，综合运用 GIS、RS、网络、多媒体及计算机仿真等现代高科技手段，针对某一区域的地形地貌、水质状况、生态环境、水资源分布等各种信息进行数字化采集与存储，实施动态监测，模拟各种污染物的迁移转化过程，并将其发布给公众，成为一个集监测、计算、模拟、管理为一体的系统，为行政主管部门提供事故应急处理的决策依据。

如果已经发生了水污染事故发生，只需在水质预警预报系统中输入事故发生的时间、浓度等参数，即可模拟水污染事故造成的污染物随时间变化的污染范围和影响程度。

（二）建立潜在危险源管理系统

突发性水污染事故潜在危险源包括一些有毒、有害、易燃、易爆、具有放射性等物质，利用 GIS 对这些危险源进行管理，建立各种污染物质的化学特性数据库以及它们可能污染环境的模型库；建立易燃物质燃烧的模型库，易爆物质爆炸的模型库等。尤其是一些重点污染源，利用 GIS 把重点污染源的地理位置、污染类型、污染负荷及对该地区环境质量的影响在区域地图上清楚地反映出来。通过危险源管理系统，掌握重点企业、重点敏感地带（如饮用水水源地附近）、河段等的污染事件隐患情况，建立详细的档案库，对可能造成突发性水污染事件的污染源及时跟踪，提高应急反应的科学性、合理性和智能化水平。

此外，还可以把 GIS 与 ES（专家系统）集成起来，加强突发性事故特征和实例的研究，总结以往各种事故的发生和处理情况，以便建立各种事故预防、监测、处理、灾后恢复的知识库。

（三）建立快速应急响应

水污染事件一旦发生，要求区域或流域水环境管理部门必须在极短的时间内处理有关信息，明确事故类型和应急目标，拟定各种可行的方案，并经分析评价后选择一个满意的方案，组织实施和跟踪监测，直到突发性事故最终得以控制或消除为止。

利用 GIS 建立突发性水污染事件应急响应系统具有快速定位、查询和应急决策支持的功能。快速定位包括省市定位、危险源定位和污染事故定位；查询功能包括关注焦点查询和专家查询；决策支持包括测量和缓冲选择功能，是应急响应的核心，因为决策的正确与否是行动成败的关键。

（四）事故后恢复阶段的管理

对于突发性水污染事件，不仅要重视它的预防、预警和应急响应，还要重视在发生环境污染甚至重大灾害后的恢复阶段的管理。根据事故情况，对事故发生地进行必要的跟踪监测，参与事故原因调查，评价事故造成的损失，总结经验教训，提供索赔与赔偿方案；根据事故应急监测的实战经验，给出有效的灾后恢复方法，以使突发性事故造成的危害减少至最小，同时使受到损害的环境系统基本功能得到恢复和改善。同时要及时修订和完善应急监测预案及技术方案；完善事故预防、监测处理、灾后恢复的知识库。

三、突发性水污染事故应急管理 EGIS 解决方案

（一）突发性水污染事故应急管理 EGIS 解决方案

对于突发性水污染事故应急管理与 GIS 的结合，大致有以下内容就可以满足用户（管理者）的需要：GIS 系统基本功能、水污染事故污染物水质评价研究和应急响应系统。当然也可以结合实际需要加入其他功能模块。系统的结构如图 5-52 所示。

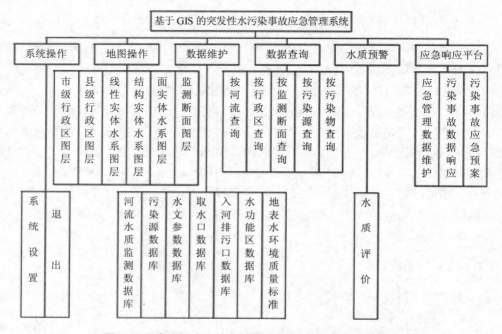

图 5-52　突发性水污染事故应急管理 EGIS 功能结构图

数据库要包括图层属性数据库和环境信息数据库。在一定数据库设置原则和编码方式上，建立流域（或其他水环境）水环境质量、污染源库、水环境质量标准库以及水文库。

水质评价主要是结合水环境的信息，使用户（管理者）可以便捷地对水环境进行水质评价。

污染事故应急响应主要是根据事故污染的实际情况进行分析，为污染事件的处理、处置及其他善后工作提供科学、必要的参考。

（二）突发性水污染事故应急管理 EGIS 实例

这里给出的实例是黄渤海溢油预测预警系统。海上溢油是指在海上石油开采和运输过程中，由于自然因素和人为因素造成的大量石油倾入海洋的事故。溢油污染危害极大，被称为海洋污染的超级杀手，海上溢油事故不仅是对石油资源的浪费，更不可小觑的是它对海洋生态造成的巨大危害。即使组织大量人力物力进行清污，但其影响短时间内仍难以消除。

　　为了最大限度地降低溢油事故带来的社会、环境、经济等方面的损失，对溢油在海上的动态变化做出科学的预测是十分必要的，只有这样才能使决策者制定行之有效的措施，充分发挥溢油应急设备的作用。在溢油事故的应急治理过程当中，海上溢油的漂移和扩散行为是应急指挥人员最关心的问题，所以研究溢油进入海洋环境后的行为，对于确定预警方案和相应治理措施具有重要意义。

　　1. 黄渤海溢油预测预警系统的主要内容

　　（1）动态溢油模型的建立。在充分分析油膜的动力学过程和非动力学过程对溢油行为归宿影响的基础上，建立结合溢油风化模式和输移扩散模式的渤海湾动态溢油模型，并用 Fortran 语言编写成 DLL 文件，为和 GIS 的集成做准备。

　　（2）GIS 系统开发。采用组件式 GIS 开发原理，选 Visual Studio.net 为开发语言、ArcEngine 为组件来开发溢油预测系统的 GIS 部分。

　　（3）GIS 系统和溢油模型集成。研究 Visual Studio.net 语言和 Fortran 语言之间的约定，依据模型内封装函数的具体状况，主要包括函数名和函数所拥有的参数以及各个参数的类型等，把溢油预测系统的 GIS 部分和 Fortran 语言编写的动态溢油模型的 DLL 集成起来，在成功调用 DLL 模型后，应用程序均在后台运行，形成一个可操作性强、界面友好的溢油预测系统。

　　（4）溢油轨迹的动态显示研究。溢油预测系统运行溢油模型后，产生的溢油轨迹数据结果有三种格式：①SHP 矢量格式数据。可以通过本系统或 GIS 工具软件模拟溢油过程；②动态图层。经过 Fortran 动态溢油模型计算后产生的运动轨迹和扩散面积文件是一系列点组成的，由于溢油运动轨迹和扩散面积的显示属于大量粒子移动的过程，既要反映每个时刻油粒子的最新状态，又要实时反映流场和风场的最新状态，传统的动态显示方法已经不能解决如此庞大的数据，用 GIS 动态图层能很好地解决这一问题；③通过 Google Earth 软件显示。溢油预测系统可以把油粒子的轨迹生成.SHP 矢量格式，同时通过 Google Earth 开发把轨迹转成 KML 文件，通过 Google Earth 这个浏览器展示溢油过程。

　　2. 黄渤海溢油预测预警系统的技术路线

　　首先根据溢油的动力模式和非动力模式来建立动态溢油模型并生成 DLL，完成溢油预测系统的模型部分，因为 Fortran 语言在处理大规模的数值模拟方面具有巨大的优势，所以选用 Fortran 语言来编写动态溢油模型。其次以 Visual Studio.net 为可视化开发语言平台、ArcEngine 为插件进行组件式 GIS 开发，设计开发溢油预测系统的 GIS 部分，因为 GIS 在地图显示、编辑、操作方面有很好的应用，借助于 GIS 平台可以很好地显示溢油运动。然后根据 Visual Studio.net 和 Fortran 语言之间的调用约定以及 GIS 系统和环境模型相集成的原则把溢油模型的 DLL 嵌入到 GIS 平台中，开发出完整的渤海湾溢油预测系统。最后采用动态图层的方法来实现风场、流场、溢油轨迹的三者联动，根据 Google Earth API 开发实现和 ArcGIS 和 Google Earth 链接并可以通过它们显示出来。

　　系统研究的技术路线如图 5-53 所示。

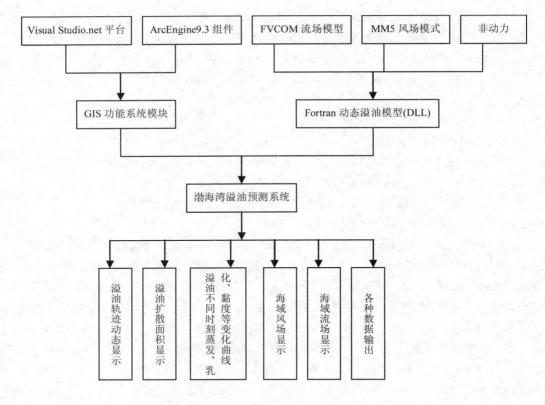

图 5-53   溢油预测系统的开发技术路线

3. 黄渤海溢油预测预警系统的功能实现

（1）GIS 的基本功能。①海图的加载、保存、输出、打印。在操作渤海湾溢油预测系统的各项功能之前，首先要先加载海图，系统可以加载的海图类型有*.SHP，*.DWG，*.IMG，*.MXD 等格式。在输出软件界面中的海图时，用户可以选择保存海图文件的类型和路径，类型主要有*.bmp，*.jpeg，*.gif，*.png，*.tif，*.pdf。在打印界面海图时，设置好纸张的长宽以及分辨率即可进行预览和打印。②浏览功能。渤海湾溢油预测系统的海图浏览功能主要实现了海图文档放大、缩小、漫游、全屏显示、设定比例尺显示、鹰眼导航、地图选择、海图缩放至选择区域、属性数据和空间数据的联动显示。③数据管理功能（图5-54）。④空间数据查询和海图量算。为了最大限度地方便用户获得所希望的信息，在系统提供的智能查询工具中，用户不必知道任何海图名称的信息，也可以查看到所希望的海图信息。用户可以选择系统给出的任何一个海图图层，以缩小查询范围，也可以选择全部海图类别，以便查看到所有海图图层的信息。在查询关键字方面，如果用户知道图层字段名称中的一个或几个关键字，则输入后可以进一步减少查询的范围，如不知道任何字段的名称，也可以不输入任何查询关键字，从而查询所选定图层字段中的全部信息。渤海湾溢油预测系统提供海图量算功能（图 5-55），包括量算海图窗口任意折线的长度和量算海图窗口任意多边形的面积。所要测量的折线和多边形的长度和面积总和对话框同时显示，并且所选区域的折点是可以移动的，随着折点的移动，对话框中的总长度和总面积也应随着变化。⑤标注、选择、屏幕录像功能。渤海湾溢油预测系统可以让用户选择海图文档某一图层的字段，然后将这些字段值显示在软件界面上的要素上从而实现标注功能并可根据用户爱好进行字段值的字体格式和颜色设置。系统允许用户选择某一个要素或者是某一个图层，然后将选择的要素充满整个屏幕。

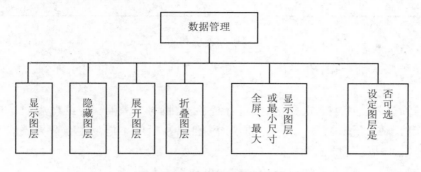

图 5-54　系统数据管理功能

此外，系统还提供了屏幕录像功能，可以将溢油轨迹、流场、风场等运动过程进行录像并存档。

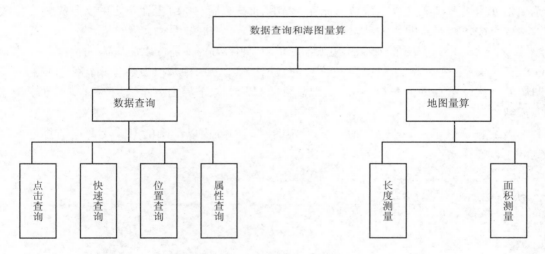

图 5-55　系统查询和量算功能

（2）溢油预测功能。渤海湾溢油预测系统的核心功能是对溢油的轨迹进行预测。溢油事件发生时，把 FVCOM 和 MM5 调和的流场和风场放入特定的文件夹内，选择或输入溢油事故发生时的各种参数（流场、风场、溢油属性、溢油发生位置等）（表 5-15），通过系统输入界面调用动态溢油模型将模拟结果显示在海图上，从而为应急指挥人员提供辅助决策。

表 5-15　溢油事故相关信息

时间参数	位置参数	过程参数	风场参数
溢油起始时间	溢油发生位置	溢油品种选择	选择是 MM5 模式风场或者定长风
模型运行时间	溢油量、溢油速度	油粒子个数设置	风应力系数和偏向角设置

在进行溢油预测时，首先自定义路径建立一个新的文件夹，所有关于这次溢油事故的信息和各种格式的数据，都将会存储在这个文件夹内，这样易于作为历史数据方便存档管理。

根据溢油事故的类型，选择是连续型溢油还是瞬时型溢油。连续型溢油是指船舶在行驶过程中连续不断的溢油，瞬时型溢油是指溢油一次后就不再发生。选择溢油方式，点击确定后，即进入所选定的溢油模式界面中。

输入溢油事件的时间参数、事故参数、过程参数和风场参数。

系统会把这 4 个参数传给后台溢油模型的 DLL，DLL 会自动读取放入在系统文件夹里的风场和流场文件并自行运算，产生的所有关于本次溢油的结果文件都在自定义路径的文件夹里面。

当使用渤海湾溢油预测系统预测完一起溢油事故后，系统会在指定的文件夹内产生关于本次事故各种要素的预测结果，包括轨迹、油粒子的扩散面积、蒸发量、密度、含水量、溶解率、黏度。其中溢油轨迹的数据格式有 3 种，第一种是可以通过溢油预测软件或者 GIS 工具软件来显示的以 SHP 矢量格式的数据形式，第二种是以溢油预测软件显示的动态图层的形式，第三种是在 Google Earth 软件上显示。以下界面展示选用瞬时型溢油模型的模拟结果。

溢油轨迹显示，油粒子会在用户设定的时间间隔内以动画的形式不断向前推进（图 5-56 至图 5-64）。

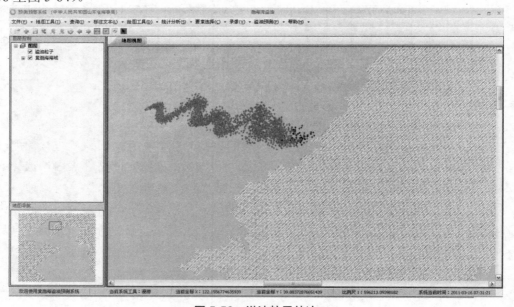

图 5-56　溢油粒子轨迹

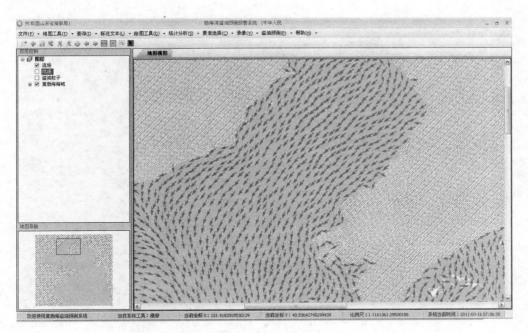

图 5-57　动态流场显示

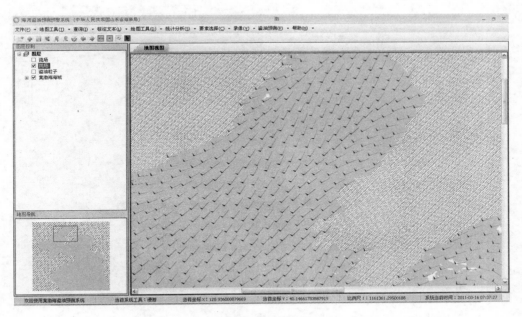

图 5-58　动态风场显示

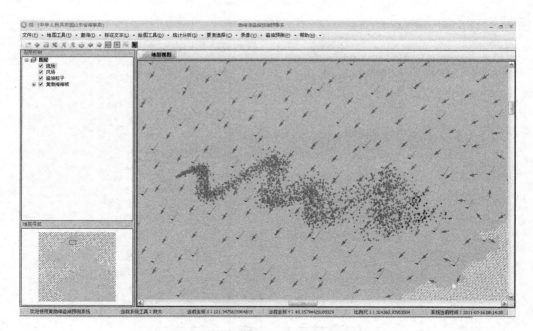

图 5-59　溢油轨迹、风场、流场联动

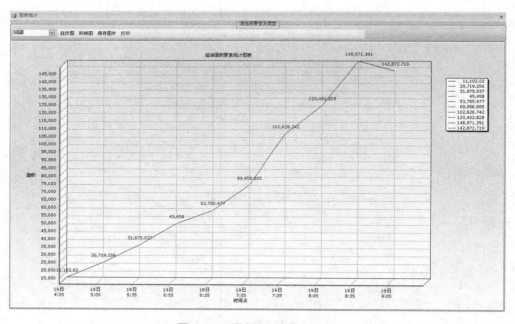

图 5-60　溢油面积变化折线图

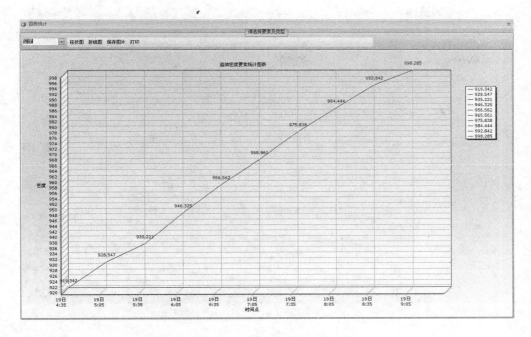

图 5-61　溢油密度变化折线图

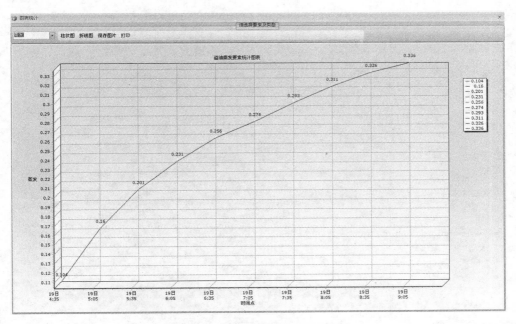

图 5-62　溢油蒸发变化折线图

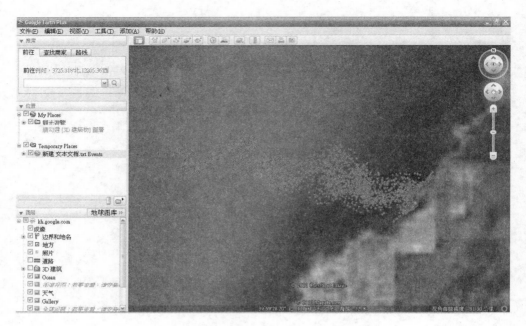

图 5-63　Google Earth 轨迹显示

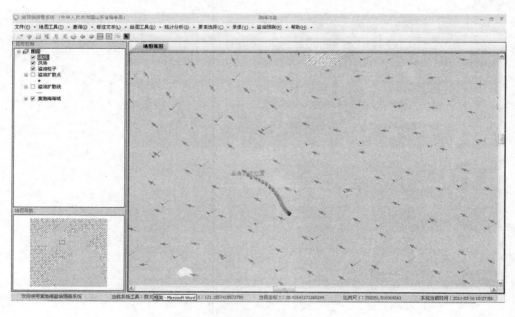

图 5-64　溢油预测结果显示

思考题

1. 简述水体、水质、水环境的概念。
2. 水质评价标准及方法是什么？
3. 简述水环境质量信息管理系统的设计原则。
4. 概述水生态功能分区的必要性。
5. 简述一维水污染扩散模型与 EGIS 集成基本流程。
6. 论述 EGIS 在突发性水污染事故应急管理中如何应用。

参考文献

[1] 王桥，张宏，李旭文，等. 环境地理信息系统[M]. 北京：科技出版社，2004.

[2] 环境科学大辞典（第二版）[M]. 北京：中国环境科学出版社，2008.

[3] 刘林. 东昌湖水环境管理系统的设计与实现[D]. 中国海洋大学.

[4] 傅国伟，程振华. 国家水环境质量管理信息系统的研究[J]. 环境保护，1988.

[5] 李红伟. 基于组件 GIS 的义马市水环境信息管理系统研究[D]. 郑州大学.

[6] 金腊华，徐峰俊，等. 环境规划与管理[M]. 北京：化学工业出版社，2007.

[7] 黄敏儿，张馨方，袁星. 基于 ASP.NET 与 ArcServer 的水环境信息管理系统研究设计[J].科技致富向导，2011（20）.

[8] 王志宪，唐永顺. 山东东昌湖生态功能区划及保护与建设[J]. 湖泊科学，2004，16（4）：381-384.

[9] 杨桂山，马荣华，张路，等. 中国湖泊现状及面临的重大问题与保护策略[J]. 湖泊科学，2010，22（6）：799-810.

[10] 我国第一套江河综合信息管理和决策支持系统通过验收[J]. 水利发展研究，2001（6）：2.

[11] 彭盛华，赵俊琳，袁弘任. GIS 技术在水资源和水环境领域的应用[J]. 水科学进展，2001，12（2）：264-269.

[12] 孙永旺，朱建军，王蕾，等. 基于 GIS 的水环境管理信息系统的研究[J]. 测绘科学，2007，32（5）：165-167.

[13] 黄杏元，马劲松，等. 地理信息系统概论[M]. 北京：高等教育出版社，2001.

[14] 韩鹏，王泉，王鹏，等. 地理信息系统开发——ArcEngine 方法[M]. 武汉：武汉大学出版社，2005.

[15] 微软公司，东方人华. Visual Studio.NET 开发环境使用指南[M]. 北京：清华大学出版社，2001.

[16] 李印清，等. Visual Basic.NET 程序设计实用教程[M]. 北京：清华大学出版社，2006：1-2.

[17] 初征. 水环境质量评价中的几种方法[J]. 有色金属，2010，63（03）：160-162.

[18] 魏思源，付宇，黄钊. 水环境现状评价方法的分析与探讨[J]. 华北水利水电学院学报，2010，31（4）：134-136.

[19] 孟伟，张远，张楠，等. 流域水生态功能分区与质量目标管理技术研究的若干问题[J].环境科学学报，2011（7）.

[20] 龚磊，卢文喜，张蕾. 东辽河流域水生态功能分区研究[J]. 人民黄河，2012（5）.

[21]   黄晓霞，江源，熊兴，等. 水生态功能分区研究[J]. 水资源保护，2012（3）.

[22]   李艳梅，曾文炉，周启星. 水生态功能分区的研究进展[J]. 应用生态学报，2009（2）.

[23]   孟伟，张远，郑丙辉. 辽河流域水生态分区研究[J]. 环境科学学报，2007（6）.

[24]   陈爽. 基于 ArcGIS 的大辽河流域水生态系统功能区划研究[D]. 中国海洋大学.

[25]   王泽良. 二维对流扩散问题的数值方法研究及其在渤海湾水污染扩散研究中的应用[D]. 天津大学.

[26]   郑巍. 水污染扩散三维可视化关键技术的研究及应用[D]. 西安交通大学.

[27]   吴迪军，陈建国，黄全义，等. 水污染扩散的二维数值模拟及其可视化[J]. 武汉大学学报（工学版），2009（3）.

[28]   吴迪军，黄全义，孙海燕，等. 突发性水污染扩散模型及其在 GIS 平台中的可视化[J]. 武汉大学学报（信息科学版），2009（2）.

[29]   曾小健. 基于 IDL 的数值模拟在评价水污染扩散中的应用[J]. 企业技术开发（学术版），2009（6）.

[30]   李娜. 基于 WebGIS 的一维水体污染扩散模拟的实现[J]. 现代电子技术，2011（11）.

[31]   马莉，桂和荣，曹彭强. 河流污染二维水质模型研究及 RMA4 模型概述[J]. 安徽大学学报（自然科学版），2011（1）.

[32]   刘中峰，李然，陈明千，等. 大型水库三维水质模型研究[J]. 水利水电科技进展，2010（2）.

[33]   苏金林，单广荣，刘华，等. 长江水污染预测模型[J]. 西北民族大学学报（自然科学版）2006，（3）.

[34]   曹学新. 几种河流水污染预测模型使用的介绍[J]. 有色冶金设计与研究，1990（3）.

[35]   黄斌维，郝玉莲，贾如磊. 突发性水污染事故应急处理[J]. 北方环境，2012（5）.

[36]   解建仓，姜仁贵，李建勋，等. 面向突发性水污染事件的三维可视化系统[J]. 自然灾害学报，2012（3）.

[37]   胡承芳，肖潇. 突发性水污染监测预警系统设计研究[J]. 人民长江，2012（8）.

[38]   韩晓刚，黄廷林. 我国突发性水污染事件统计分析[J]. 水资源保护，2010（1）.

[39]   雷晓霞，莫创荣，肖泽云. GIS 与水质模型集成的邕江突发性水污染事故模拟[J]. 重庆理工大学学报（自然科学版），2011（9）.

[40]   吴迪军，黄全义，孙海燕，等. 突发性水污染扩散模型及其在 GIS 平台中的可视化[J].武汉大学学报（信息科学版），2009（2）.

[41]   王琪，闫炜炜. 公众参与海洋环境管理的实现条件分析. 中国海洋大学学报（社会科学版），2010，（5）：16-21.

[42]   娄云，水艳，王海青. 突发性水污染事故应急管理现状浅析[J]. 治淮，2010（12）.

[43]   刘恋. 基于 GIS 的突发性水污染事故应急管理系统研究[D]. 吉林大学.

[44]   张和庆，李福娇. 近海海面油类漂流扩散的研究和预测实践[J]. 热带气象学报，2001，17（3）：83-89.

[45]   刘彦呈，袁士春，林建国，等. 海上溢油应急反应地理信息系统的开发[J]. 大连海事大学学报，2001，27（2）：42-45.

[46]   焦俊超. 基于 GIS 的渤海湾溢油预测系统研究. 中国海洋大学.

[47]   刘仁义，刘南. ARCGIS 开发宝典-从入门到精通[M]. 北京：科学出版社，2006.

[48]   Anderson E L The OILMAPWin/WOSM oil spill model：Application to hindcast a river spill.In：Proceeding of the 18th Arctic and Marine Oil Spill Program，Technical Seminar，Edmonton，Alberta，Canada：1995，793-817.

[49]   Reed M，N Ekrol，H Rye，L Turner.Oil Spill Contingency and Response（OSCAR）Analysis in Support

of Environmental Impact Offshore Namibia.Spill Science and Technology Bulletin，1999，5（1）：29-38.

[50] Wiken E B.Terrestrial Ecozones of Cannada：Ecological Land Classification.Series No.19.Environment Canada.1986.

[51] Snelder T H；Biggs B J F.Multi-scale river environment calssification for water resources management[J].River Research and Application，2002，21（6）：609-628.

[52] Moog O，Kloiber A S，Thomas O，et al.Does the ecoregion approach support the typological demands of the EU'Water Frame Directive[J].Hydrobiologica，2004，516：21-33.

[53] Abell R，Thicme M L，Revenga C，et al.Freshwater ecoregions of the world A new map of biogeographic units for freshwater biodiversity conservation [J]. Bioscience，2008，58（5）：403-414.

[54] D. G. Jamieson，K. Fedra. The"waterware"decision support system for river-basin planning. l. conceptual design[J]. Journal of Hydrology，1996，177（3-4）：163-175.

[55] USEPA BASIBS3.0 User's Manual：System Overview[M/CD]. EPA28232B2012001，June 2001.

[56] Erik W H，Toorn W H. Culture and the adoption and use ofGISwithin organizations[J]. International Journal of Applied Earth Observation and Geoinformation，2002，41（6）：51-63.

[57] Adamus J. Vertical components and flatness of Nash mappings[J]. Journal of Pure and Applied Algebra，2004，193（3）：1-9.

[58] James D，Carhty M，Graniero P A. A GIS-based borehole data management and 3D Visualization system[J]. Computers & Geosciences，2006，32（10）：1699-1708.

第六章　EGIS 在大气环境质量管理中的应用

大气环境质量问题已经成为国家和社会面临的严峻问题，人们也越来越深刻地认识到保护大气环境的重要性，特别是信息技术对大气环境质量管理具有重要作用。建立基于 GIS 的大气环境质量管理系统对于方便、快捷和有序地管理和应用大气环境信息，并为大气环境保护提供决策支持，具有重要的意义。本章主要介绍了 EGIS 在大气环境质量信息管理中的应用、EGIS 在大气污染扩散模拟中的应用和 EGIS 在突发性大气染事故应急管理中的应用。

本章学习重点：
- 了解大气环境质量的相关概念
- 掌握大气环境质量评价方法
- 知道 EGIS 在大气环境质量信息管理中的应用
- 知道 EGIS 在大气污染扩散模拟中的应用
- 知道 EGIS 在突发性大气染事故应急管理中的应用

第一节　EGIS 在大气环境质量信息管理中的应用

一、大气环境质量信息管理概述

大气环境质量问题已经成为国家和社会面临的严峻问题，人们也越来越深刻地认识到保护大气环境的重要性，特别是信息技术对大气环境保护所起的重大作用。为了更为方便、快捷和有序地应用大气环境信息，辅助大气环境保护，做好 GIS 支持下的大气环境质量信息管理也是十分重要的一个方面。在介绍大气环境质量信息管理及管理系统之前，将与大气环境相关的基础知识进行简要介绍。

（一）大气环境

大气（atmosphere）是环境的一个要素。关于"大气"和"空气"的概念，根据国际标准化组织（ISO）对它们的定义，其区别仅在于所指的范围大小不同，所以不论使用"大气"还是"空气"，皆指"环境空气"，它们是可作为同义词使用的。

1. 大气组成

大气是由多种气体混合而成的，其组成可以包括 3 个部分：干洁的空气、水蒸气和各种杂质。干洁的空气组成主要是氮、氧、氩，可占全部空气的 99.96%。水蒸气含量平均不到 0.5%，其变化范围一般在 0.01%～4%。杂质主要是自然过程和人类活动排放到大气中各种气体和悬浮微粒。大气中的悬浮微粒除了水蒸气凝结成的水滴和冰晶外，主要是各种有机的或无机的固体微粒。有机微粒较少，主要是植物花粉、微生物等，无机微粒较多，主要有岩石或土壤风化的土粒、海洋浪花溅起在空中蒸发的盐粒、火山灰、燃料燃烧与人类活动产生的烟尘等。

2. 大气圈

大气圈为随着地球引力而旋转的大气层，从地球表面向外空间气体越来越稀薄，并且厚度较难界定，在大气物理学中，常认为大气上界在 1 200～1 400 km。根据各层大气的不同特点（如温度、成分及电离程度等），大气圈从地表向外可以依次分为对流层、平流层、中间层、暖层和散逸层。

3. 气象要素

表征大气状况的物理量或物理现象，称为气象要素。气象要素主要包括：气温、气压、气湿、云况、能见度、风速和风向等。

（1）气压。气压是指大气的压力，单位为帕（斯卡），气象学中常用百帕（hPa）表示。定义温度为 273.15K 时，位于纬度 45°平均海平面上的气压值为 1 013.25 hPa，称为一个标准大气压。

（2）气温。气温是指离地面 1.5 m 高处的百叶箱内测量到的大气温度。气温的单位一般为摄氏度（℃），理论计算中则用热力学温度 K 表示。

（3）气湿。大气的湿度简称气湿，表示空气中的水蒸气含量的多少，气象学中常用绝对湿度、水蒸气分压、露点、相对湿度和比湿等来表示。

（4）云况。云是漂浮在大气中的水汽凝结物。云高和云量可以用来确定大气稳定度。云底距地面的高度称为云高。按云高的不同范围分为：低云（小于 2 500 m）；中云（2 500～5 000 m）；高云（大于 5 000 m）。云量是指云的多少。我国将视野能见的天空分为 10 等份，国外则分为 8 等份，其中云遮蔽了几份，云量就是几。

（5）能见度。能见度是指视力正常的人在当时的天气条件下，从水平方向中能够看到或辨认出目标物的最大距离，单位是米（m）或千米（km）。

（6）风。风是指空气在水平方向的运动。风的运动规律可用风向和风速描述。风向是指风的来向，通常可用 16 个或 8 个方位表示，如风从东方来成为东风，也可用角度表示。风速是指空气在单位时间内水平运动的距离。气象预报的风速指的是距地面 10 m 高处在一定时间内观测到的平均风速。

4. 大气温度的垂直分布

（1）气温直减率。实际大气的气温沿垂直高度的变化率称为气温垂直递减率，简称气温直减率，可用参数 $\gamma=-dT/dz$，负号表示气温随高度的升高而降低。

（2）大气的温度层结。气温随垂直高度的分布规律称为温度层结，温度层结反映了沿高度的大气状况是否稳定，其直接影响空气的运动，以及污染物质的扩散过程和浓度分布。

温度层结包括 3 种基本类型（图 6-1）：①递减层结。气温沿高度增加而降低，即 $\gamma>0$，如曲线 1 所示。此时上升空气团的降温速度比周围气温慢，空气团处于加速上升运动，大气为不稳定状态。②等温层结。气温随高度增加但不变，即 $\gamma=0$，如曲线 2 所示。此时上升空气团的降温速度比周围气温快，上升运动将减速并转而返回，大气趋于稳定状态。

③逆温层结。气温随高度增加而升高，即$\gamma < 0$，如曲线 3 所示。逆温层结简称逆温，其形成有多种机理。当出现逆温时，大气在竖直方向的运动基本停滞，处于强稳定状态。通常，按逆温层的形成过程又分为辐射逆温、下沉逆温、湍流逆温、平流逆温、锋面逆温等类型。

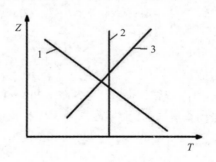

图 6-1   温度层结示意图

（3）干绝热直减率。干空气在绝热垂直运动过程中，升降单位距离（通常取 100 m）的温度变化值称为干空气温度的绝热垂直递减率，简称干绝热直减率，用γ_d表示，在干绝热过程中，干空气每上升或下降 100 m，温度降低或升高 0.98 K。

5. 大气的稳定度

污染物在大气中的扩散与大气稳定度关系密切。大气稳定度是指在垂直方向上大气的稳定程度。一空气块受到某种外力作用而产生上升或者下降运动，当运动到某一位置时消除外力，此后气团的运动可能出现 3 种情况：

（1）气团仍然继续加速运动，这时的大气为不稳定大气；

（2）气团不加速也不减速而是匀速运动，或保持不动，这时的大气为中性大气；

（3）气团逐渐减速并有返回原来高度的趋势，这时的大气为稳定大气。

大气稳定度不同，高架点源排放的烟流扩散形状也不一样，造成的污染状况差别很大。典型的烟流包括五种，分别为波浪形、锥形、带形、爬升形和熏烟形，如图 6-2 所示。

（1）波浪形。这种烟形发生在不稳定大气中，即$\gamma > 0$，$\gamma > \gamma_d$。大气湍流强烈，烟流呈上下左右剧烈翻卷的波浪状向下风向输送。污染物随着大气运动向各个方向迅速扩散，地面落地浓度较高，最大浓度点距排放源较近。

（2）锥形。大气处于中性或弱稳定状态，即$\gamma > 0$，$\gamma < \gamma_d$。烟流呈圆锥形扩散，大气污染物输送距离较远，落地浓度也比波浪型低。

（3）扇形（带形）。这种烟形出现在逆温层结的稳定大气中，即$\gamma < 0$，$\gamma < \gamma_d$。烟流在竖直方向上扩散速度很小，其厚度在漂移方向上基本不变，像一条长直的带子，从上面看，烟流呈扇形在水平方向缓慢扩散。由于逆温层的存在，污染物不易扩散稀释，但输送较远。若排放源较低，污染物在近地面处的浓度较高，遇到高大障碍物阻挡时，会在该区域聚积以致造成污染。如果排放源很高时，近距离的地面上则不易形成污染。

（4）爬升形（屋脊形）。爬升形为大气某一高度的上部处于不稳定状态，即$\gamma > 0$，$\gamma > \gamma_d$，而下部为稳定状态，即$\gamma < 0$，$\gamma < \gamma_d$。这种烟云多出现于地面附近有辐射逆温日落前后，而高空受冷空气影响仍保持递减层结。由于污染物只向上方扩散而不向下扩散，所以地面污染物的浓度小。

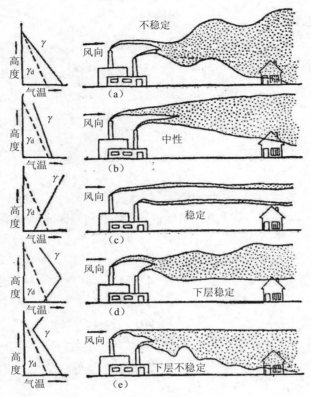

（a）波浪形　（b）锥形　（c）扇形　（d）爬升形　（e）熏烟形

图 6-2　典型烟云与大气稳定度的关系

（5）熏烟形（漫烟形）。与爬升形相反，熏烟形为大气某一高度的上部处于稳定状态，即 $\gamma<0$，$\gamma<\gamma_d$，而下部为稳定状态，即 $\gamma>0$，$\gamma>\gamma_d$。若排放源在这一高度附近，上部的逆温层好像一个盖子，使烟流的向上扩散受到抑制，而下部的湍流扩散比较强烈。这种烟流可以迅速扩散到地面，在接近排放源附近的区域污染物浓度很高，地面污染最为严重。

（二）大气污染

大气污染（air pollution；atmospheric pollution）是环境问题的一个分支，它是指大气中污染物质的浓度达到有害程度，以致破坏生态系统和人类正常生存和发展的条件，对人类和生物造成危害的现象。早在 12 世纪便有人开始关注大气环境问题，然而直到 1944 年洛杉矶光化学烟雾和 1952 年的伦敦烟雾事件后，大气污染问题才逐渐受到人们的重视。而人们为了寻求经济发展，大气污染问题仍频频出现。前面提到大气组成成分包括各种气体成分和悬浮微粒，而这些气体和微粒中有很多是引起大气污染的物质，比如硫氧化物、氮氧化物、一氧化碳、硫化氢、甲烷等。目前全球性的大气环境问题包括温室效应、臭氧层破坏和酸雨。近年来在我国多个城市发生了较为严重的雾霾天气，已经成为中国民众关注的焦点，大气污染远远没有结束。

（三）大气环境质量

大气环境质量是环境质量的一个子类，其定义为大气环境对人类生存与发展而言的优劣程度。大气环境质量的好坏，常用大气污染物浓度的大小来衡量。以不危害人体、生态系统与物品为前提而人为规定污染物浓度的允许值，称为大气环境质量标准。空气中相应污染物浓度低于规定值为大气质量标准，高于规定值为大气质量超标准（简称超标），超标越多，则大气环境质量越差。世界各国都先后制定了各自的大气环境质量标准，我国于1982 年首次颁布了大气环境质量标准，按地区类别执行三种等级的标准。对于风景名胜和自然保护区等，执行一级标准；对于居民区、商业与文化区等，执行二级标准；对于工业区等执行三级标准。2012 年，我国颁布了新的《环境空气质量标准》（GB 3095—2012），环境空气功能区分为两类：一类区为自然保护区、风景名胜区和其他需要特殊保护的区域；二类区为居住区、文化区、工业区和农村地区。新标准于 2016 年起实施。

大气环境质量用空气质量指数（Air Quality Index，AQI）来反映和评价，是定量描述空气质量状况的无量纲指数。针对单项污染物还规定了空气质量分指数（Individual Air Quality Index，IAQI）。AQI 与原来的空气污染指数（API）有着很大的区别。AQI 分级计算参考的标准是新的《环境空气质量标准》（GB 3095—2012），参与评价的污染物为 SO_2、NO_2、PM_{10}、$PM_{2.5}$、O_3、CO 等六项，相比 API 增加了对 $PM_{2.5}$、O_3、CO 的评价，并且 AQI 采用分级限制标准更严，环境质量指数分为 6 级，见表 6-1。利用这种数值形式、分级表示空气质量状况，结果简明直观，有利于普通民众了解空气质量的优劣。

表 6-1　空气质量指数范围及相应的空气质量类别

空气质量指数（AQI）	空气质量指数级别	空气质量指数类别及颜色表示颜色		对健康的影像情况	建议采取的措施
0～50	一级	优	绿色	空气质量令人满意，基本无空气污染	各类人群可正常活动
51～100	二级	良	黄色	空气质量可以接受，但某些污染物可能对极少数异常敏感人群健康又较弱影响	极少数异常敏感人群应减少户外活动
101～150	三级	轻度污染	橙色	易感人群症状有轻度加剧，健康人群出现刺激症状	儿童、老年人及心脏病、呼吸系统疾病患者应减少长时间、高强度的户外锻炼
151～200	四级	中度污染	红色	进一步加剧易感人群症状，可能对健康人群心脏、呼吸系统有影响	儿童、老年人及心脏病、呼吸系统疾病患者应避免长时间、高强度的户外训练，一般人群适量减少户外运动
201～300	五级	重度污染	紫色	心脏病和肺病患者症状显著加剧，运动耐受力降低，健康人群普遍出现症状	老年人和心脏病、肺病患者应停留在室内，停止户外运动，一般人群减少户外运动
>300	六级	严重污染	褐红色	健康人运动耐受力降低，有明显强烈症状，提前出现某些疾病	老年人和病人应当留在室内，避免体力消耗，一般人群应避免户外活动

（四）大气环境质量评价

大气环境质量评价包括大气环境质量现状评价和大气环境影响评价。

1. 大气环境质量现状评价

大气环境现状评价应用最多的是监测评价，评价工作一般可分为 4 个阶段，包括调查准备阶段、环境监测阶段、评价分析阶段和成果应用阶段。

在评价的准备过程中，以大气污染调查和气象条件分析为基础，拟定地区的主要大气污染源和污染物以及发生重污染的气象条件，据此制定大气环境监测计划，人员组织和器材准备。进行大气污染监测评价的评价因子包括尘、有害气体、有害元素和有机物 4 类，评价标准的选择主要考虑评价地区的社会功能和对大气环境质量的要求，评价时一般根据环境空气质量标准，对于标准中没有规定的污染物，可参照国外相应的标准。也可选择本地区的本底值、对照值、背景值作为评价的依据，但可能会受到地区限制，使评价结果无法互相比较。

监测过程中，监测布点包括网格布点法、放射状布点法、功能分区布点法和扇形布点法等，监测频率一般以 1 月、4 月、7 月、10 月分别代表一年冬、春、夏、秋四季，每个季节采样 7 天，一日数次，每次采样 20~40 分钟。以一日内几次采样的平均值代表日均值，以 7 日的平均值代表季平均值。

最后评价和分析的过程主要是针对监测数据进行统计分析，并选用适宜的大气质量指数模型求取大气质量指数，根据大气质量指数进行污染分级，绘制大气质量分布图，确定监测区域大气污染的主要污染源和污染物，研究其对人群和生态的影响并进一步指出改善大气环境质量防止进一步污染的防治措施。

大气污染的生物学评价主要是利用植物的生理功能和形态特征在污染条件下发生的变化，以此评价大气质量的好坏，是监测评价的补充与综合，进行生物学评价经济方便，同时也可以提供相对的大气浓度并能同时监测多种污染物。

到目前为止，已应用于评价和正处于研究阶段的环境影响评价方法就有数十种。归纳起来可分为：化学指标评价、生物学评价和数学模式评价。主要的评价方法有：大气环境质量指数评价法、层次分析法、模糊综合评价法、聚类分析法、灰色系统评价法、物元分析评价法、人工神经网络法等。

2. 大气环境影响评价

进行大气环境影响评价，定量地评价拟建设项目建设前大气环境质量的现状，预测建设项目建成投产后大气质量的变化，并解释大气中污染物的输送、扩散和变化规律，为建设项目提出有效的污染源治理措施。

大气环境影响评价的程序主要有：影响识别、工程分析现状监测与评价、收集地形和气象资料进行预测评价等。

大气环境影响评价的工作分级方法：根据项目的初步工程分析结果，选择 1~3 种污染物，首先计算每一种污染物的最大地面浓度占标率 P_i，然后计算第 i 个污染物的地面浓度达标准限值 10% 时所对应的最远距离 D_{10}%。P_i 可用下式求得：

$$P_i = Q_i / C_{0i} \times 100\%$$

式中，P_i——第 i 个污染物的最大地面浓度占标率，%；

C_i——采用估算式计算出第 i 个污染物的最大地面浓度，mg/m^3；

C_{0i}——第 i 个污染物的环境空气质量标准，mg/m^3。

评价工作等级按表 6-2 的分级依据划分。

表 6-2 评价工作分级

评价工作等级	评价工作分级依据
一级	$P_{max} \geqslant 80\%$，且 $D_{10}\% \geqslant 5\ km$
二级	其他
三级	$P_{max} \leqslant 10\%$，且 $D_{10}\% <$ 污染源距厂界最近距离

评价范围的确定：以排放源为中心点，以 $D_{10}\%$ 为半径的圆或 $2 \times D_{10}\%$ 为边长的矩形作为大气环境影响评价范围。评价范围的直径和边长一般不小于 5 km。以线源为主的建设项目，如城市道路等，评价范围可为线源中心两侧各 200 m 的范围。

污染源调查与分析：对于一、二级评价项目，需要调查分析项目的所有污染源，评价范围内与项目排放污染物有关的其他在建项目、已批复环境影响评价文件的违建项目等污染源。三级评价项目可只调查分析项目污染源。

大气环境影响评价的方法：环境目标值判断法、允许排放量判断法、评价指数法、污染分担率法等。

大气环境影响评价的内容包括：建设项目的厂址和总图布置的评价、生产工艺评价、排气筒高度合理性评价、大气环境防护距离和卫生距离、环境保护对策和评价结论。

（五）大气环境质量信息管理

解决大气环境污染问题，提高大气环境质量的主要依据是经过各种处理而得到的大气环境数据。大气环境信息是环境信息按照要素分类的一个子类别。大气环境信息的来源主要有自然污染信息和人为污染信息。其中，自然污染信息包括恶臭物质、颗粒物质、一氧化碳、氮氧化物、硫化氢、二氧化碳等信息。人为污染信息主要包括工业污染信息，如二氧化碳、氮氧化物、二氧化硫、粉尘物质等；生活污染信息，如一氧化碳、固体垃圾恶臭物质等；交通污染信息，如排放的废气、噪声等；农业污染信息，如残余农药、微生物等。随着大气环境科学研究的不断深化，需要处理与存储的数据也变得十分庞大，所以，进行大气环境质量信息管理能够有效地利用数据资源、便于科学分析与在用户间传播，同时，可以很好地保障其他环境信息系统功能的实现。大气环境质量信息管理的主要内容包括规定大气数据的种类、名称、内容等，规定存储数据的逻辑组织方式、存储介质、传输方式、保存时间等，规定信息的操作规程、处理流程等，以及对管理信息系统进行维护等。

（六）大气环境质量信息管理系统

大气环境质量信息管理系统可以认为是基于 GIS 技术，实现对各种大气环境质量信息的收集、传递、存储、管理和显示的系统，同时还可以对大气环境进行监测、分析和评价，并可将结果用各种直观的图表形式显示出来。

相比缺少空间信息的大气环境"数据"管理系统，以 GIS 为基础的大气环境质量信息管理系统可以为环境评价和预测分析提供图形信息的需要，并进行大气环境污染的动态模拟。除了以数据库程序和表格记载的方式保存大气数据外，还增加了带有空间特征的大气数据，使大气环境信息得到更加充分的利用，更有利于管理者对大气污染问题进行决策。

　　大气环境质量管理信息系统在大气环境规划与管理、区域大气环境整治等方面都有应用：利用 GIS 的模型应用功能，可以进行大气环境污染状况进行模拟、评价、预测和决策，为环境保护部门制定科学有效的大气环境规划管理办法提供依据。GIS 对空间数据具有综合的处理能力，可以将 RS 与 GPS 获取的数据从定量、动态和机制等方面进行综合集成，同时建立的区域大气环境时空变化模型，具有实时、空间表达详尽等特点。通过对遥感图像的分析，能够了解过去若干年内某区域生态环境的变化过程，并将其与驱动因子联系起来，可以为区域大气环境整治提供科学依据。

二、大气环境质量信息管理的 EGIS 功能需求

（一）基本功能需求

1．数据的输入与输出

　　获得的大气监测数据可以第一时间录入系统，并转成数据库文件或文本文件以供分析、查询和评价等的需要，转换成其他格式导出系统外作为备份或者根据其他需要输出。

2．数据的增加、删除与修改

　　大气监测数据有很强的空间特征和时间特征，需要不断地输入不同时期不同地点的数据，并实现删除、修改等操作。

3．数据审核

　　管理员可以对录入的数据进行审核，审核过程中发现不合理数据以及时进行修改或删除。

4．数据查询

　　用户可以根据需要对数据进行查询。

5．数据处理与制图

　　能够对大气数据进行统计或报表显示，能利用输入的数据或用户提供的数据制作专题图，以了解污染的分布、浓度等情况，或者根据数据制作折线图、柱状图并输出。

6．打印

　　对用户需要的大气数据、制作完成的专题图、柱状图等信息进行打印。

（二）数据库需求

　　对于整个系统来说，数据库包括空间数据库和属性数据库，而按照存储数据的类型又可分为以下数据库：

1．污染物数据库

　　污染物数据主要包括区域污染物的名称、物理化学特性、主要环境危害和对人体健康的影响，排放标准等。

2. 污染源数据库

包括点源数据，如发电厂、印刷厂、工厂、民用炉灶等的污染物排放数据；线源数据，如移动源数据，包括如摩托车、轻型汽油车、重型柴油发动机等车型的测试数据，以及内燃机车、轮船、农业机械等非道路移动源数据；面源数据，如农业面源数据等。

3. 专题图数据库

如土地利用类型图，土地覆盖类型图，行政区划图，污染源空间分布图，监测点空间分布图等。

4. 大气环境监测设备数据库

监测点信息包括监测点名称、地址、坐标等；站点监测设备信息包括设备类别、型号、生产厂家、开始使用时间、校准情况、使用年限、维修情况等。

5. 气象数据库

包括气象台站的各类要素资料，如名称、坐标等；以及气象监测数据，如温度、相对湿度、风速、风向、降水量、日照时数等。

6. 遥感数据库

如遥感数据文件的名称、污染物名称、文件的格式、波段个数、图像宽度（X 方向上的像元数）与高度（Y 方向上的像元数）等。

7. 人口、社会经济数据库

包括人口普查数据、专业年鉴数据等。

（三）EGIS 功能需求

1. 大气环境质量信息数据的采集与管理

大气环境污染依旧是环境问题的一个重要方面，人们迫切需要大空间范围、实时监测的大气环境质量数据。进行大气环境质量信息的采集，可以获取监测地区大气环境实体的性质、空间特征、状态变化等数据。基于 3S 技术可以获取区域尺度上的大气环境质量信息，如污染源、污染物等的空间分布情况。GIS 支持下的数据库技术是进行大气环境数据管理的基础，是进一步做好大气环境质量的模拟与分析前提与保证。GIS 应用于大气环境数据的采集与管理包括数据的输入、编辑、存储、转换、分析及输出等。

2. 大气环境质量动态监测

大气环境监测是环境监测工作的重要组成部分。如果考虑环境监测的目的和任务，还包括监视性监测、特定目的监测和研究性监测。基于 GIS 的大气环境信息管理系统应不但能够对年、月、日不同时间段不同污染物的大气监测数据进行显示和查询，还可以在 RS 和 GPS 的支持下，实现对大气环境要素的动态监测。将遥感采集到的数据进行处理，并与 GPS 测定的坐标数据一同输入到 GIS 数据库中，然后利用 GIS 对大气环境质量进行分析和评价。同时，根据数据库中的历史数据，还可以获取大气环境质量的变化趋势，确定区域环境保护政策和规划实施的效果。

3. 大气环境质量评价

根据各种污染物浓度数据，运用前述的大气环境质量评价的方法，进行大气环境质量评价，判断监测地区的大气环境质量状况、首要污染物，并提出相应的防治措施。

（四）其他需求

用户界面需求：用户界面应简洁、美观，突出用户需要实现的要求。目前，Windows 系统是用户最多的系统，系统采用与 Windows 一致的菜单方式，即使是非计算机专业用户也可经过简单操作，实现自己的目的，便于推广和应用。

用户帮助需求：建立系统对用户的帮助功能，方便用户使用系统。

三、大气环境质量信息管理的解决方案

（一）系统总体设计

为了使用户方便、快速、高效地进行大气环境质量信息的处理与管理，满足环境保护部门的管理业务和技术的应用需求，在 GIS 的支持下，充分整合和利用空间信息数据和属性信息数据，编制应用程序,，建成一个具有大气环境质量信息采集、修改、删除、查询，并具有大气环境质量评价等功能的大气环境质量信息系统。实现环境保护部门的管理人员对大气环境质量信息的可视化管理，并进行大气环境质量监测信息的查询、大气环境质量专题分析和系统维护，为大气环境质量管理的决策部门提供有效的信息支持。

（二）系统设计原则

大气环境质量信息系统的总体设计应遵循以下基本原则。

1. 实用性原则

大气环境质量信息管理系统要能够满足用户的基本需求，为用户提供数据的存储、查询、检索、显示等基本服务。同时，系统数据组织应灵活，可以满足应用分析的需求，使系统真正实现办公自动化，管理信息化。

2. 可靠性原则

大气环境信息系统数据库中的数据必须准确可靠，能够真实地反映被监测地区的大气环境质量现状，并实现对大气环境质量数据的更新与维护。同时，系统的安全性也应为重点设计，因为这是保障大气环境质量信息管理系统安全运行的基础，而其中的数据的安全保障最为重要。

3. 共享性原则

系统数据可以实现共享，能够实现与不同的环境信息系统、其他应用型 GIS 之间的数据之间的交换，以利于进行环境质量的综合分析。同时，系统在数据的输入和输出方面应具有较强的兼容性，并完成不同数据格式的转换。

4. 可扩展性与可变性原则

随着系统应用时间的推移和处理业务的发展，系统的变更与应用需求的扩展是必然的。系统应具有良好的接口，采用开放式结构，以便系统可以根据应用需求的变化而不断深化、改进、扩展和完善。

5. 可操作性原则

系统界面设计应友好、简洁、美观，功能分割清晰，系统各个功能模块要操作方便，使用简单，有利于用户较快速的学习和掌握。

6. 经济性原则

不计成本的设计和过高的投入都是不可取的，需要在兼容性和有效性两方面取得合理的折中，同时，在保证实现大气环境质量信息系统各项功能的基础上，系统应以最好的性价比配置所需的硬件与软件。

（三）系统数据库的设计

大气环境质量信息系统中各种污染源数据、污染物数据、大气环境质量标准等参数是GIS 计算过程中不可缺少的数据。建立其大气环境质量信息管理的数据库及围绕数据库展开的应用系统，可以有效地对数据进行录入、管理、查询、输出及维护等，满足用户的信息需求和处理需求。大气环境信息系统的数据库包括空间数据库和属性数据库。

1. 空间数据库的设计

空间数据库中主要涉及的空间数据包括大气污染源空间分布图以及大气环境监测点空间分布图、行政区划图等。空间数据库的建库过程主要有：①栅格数据的矢量化，在对上述各类型图进行预处理，如扫描和配准等处理后，然后将栅格矢量化。②建立拓扑关系，主要是对栅格数据进行编辑，建立拓扑关系，并实现空间数据与属性数据的链接。③数据质量控制：要确保原图的信息的准确性、空间精度等。

2. 属性数据库的设计

可采用数据库管理系统 SQL Sevrer 来进行属性数据的存储、管理。属性数据库的设计根据比较著名的新奥尔良法，大致可分为概念模型设计，即采用实体—联系方法（Entity-Relation，简称 E-R 图法）。逻辑模型设计，其目的是将从概念模型导出特定的 DBMS可以处理的数据库的逻辑结构。物理设计，即给以确定的逻辑数据库结构设计出一个有效的可实现的物理数据库结构的过程。

3. 数据库的连接

可通过关键字段将空间数据库与属性数据库两者结合起来。

（四）系统功能设计

1. 基本 GIS 功能

能显示和管理用户所需要的各种分层分布图，采用符合标准规范的点、线、区域、颜色、符号，直观形象地显示和表示相应的环境信息数据类型，对生成的图形可以进行放大、缩小、还原、标注等。

2. 基本查询功能

系统的查询功能主要包括空间要素到属性要素的查询以及 SQL 查询。

（1）空间要素到属性要素的查询。当用户选中地图窗口中某个地理要素时，系统便会弹出一个新的窗口，显示该地理要素的属性值。

（2）SQL 查询功能。结构化查询语言（Structured Query Language，SQL）使用方便、功能丰富、语言简洁易学，易被大多数用户所接受，并已经成为国际标准。大气环境质量信息系统便可以利用这一语言进行关系数据库查询。系统可以进行 SQL 查询，根据属性信息给定条件，查询满足条件的所有空间对象，并显示所查询到的空间对象。

3. 大气环境质量评价功能

根据监测点的污染物浓度等数据，运用大气环境质量评价方法，得到区域相应的大气环境质量状况并显示给用户，同时，能够针对大气环境质量状况提出相应的预防措施。

4. 数据库管理功能

要能够对提供的诸如污染源、污染物、行政区划等数据进行处理，主要包括数据库建设、数据添加、数据修改、数据删除等，能完成对数据库的基本操作，并且能和其他属性数据库连接，使系统更加灵活，具有开放性。

5. 其他功能

包括用户管理功能以及帮助功能等。用户管理功能主要包括用户名和密码的设置，帮助功能主要是显示系统帮助文档。

四、大气环境质量管理决策支持系统实例

本节以李东东设计的济南市大气环境信息系统为例。

（一）系统总体设计

系统以 SQL Server2000 数据库作为属性数据和空间数据存储的物理实体，数据引擎负责数据的存储管理；系统的主要界面及功能模块以 Visual Basic 为主要开发环境，结合 MapObjects，采用面向对象的编程思想，实现系统的总体设计。

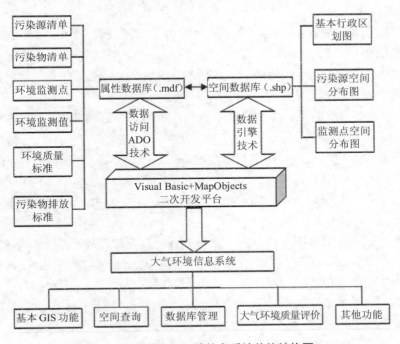

图 6-3　区域大气环境信息系统总体结构图

（二）系统界面及功能实现

1. 系统登录界面

对不同用户授予不同的权限，用户凭借自己的用户名与密码登录系统，只有管理员用户才能对数据库进行完全操作，其他用户可以根据各自的权限进行操作。不同权限的操作如：数据增加、数据查询等。系统登录界面如图 6-4 所示。

图 6-4　系统登录界面

2. 系统总体界面

系统主界面的设计采用 Windows 风格，由菜单栏、工具栏、图形显示窗口、地图工作空间窗口、鹰眼窗口、状态栏组成。

（1）菜单栏。系统的菜单栏集成了系统的所有功能，包括图层管理、污染源数据管理、空气质量数据管理、查询、大气环境质量评价等功能。

（2）工具栏。在系统的工具栏中集成了系统常用的大部分功能按钮，以方便用户操作，如放大、缩小、漫游等。

（3）图形显示窗口。系统的图形显示窗口主要用于显示系统中的图形、多个图层叠加以后的地图。

（4）地图工作空间窗口。系统的地图工作空间窗口主要用来显示、隐藏系统的各个图层。

（5）鹰眼窗口。在鹰眼图上可以像从空中俯视一样查看地图框中所显示的地图在整个图中的位置。在鹰眼图中，只要用户在鹰眼图中选择某一区域，则在地图窗口中同步显示该区域，从而实现快速浏览。

（6）状态栏。系统的状态栏主要用来显示系统的状态信息，如光标的地理坐标（X 表示经度，Y 表示纬度），当前系统的日期、时间等。

系统总体界面见图 6-5。

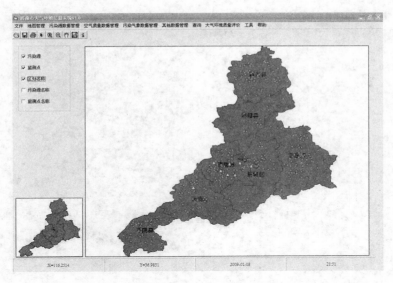

图 6-5　系统总体界面

（三）系统基本的 GIS 功能

1. 图层管理功能

图层的管理功能主要包括：图层的加载、卸载；图层的可见、不可见；图层的标注；以及地图的显示、隐藏。此功能可通过菜单栏的"地图管理—图层管理"以及地图的工作空间窗口来实现。

2. 基本地图操作功能

地图操作的基本功能包括放大、缩小、漫游以及还原功能。此功能可通过菜单栏的"地图管理—地图操作"来实现，或者也可以通过系统工具按钮 来实现，按钮从左向右依次为放大、缩小、漫游、还原。

3. 鹰眼图的实现

鹰眼图实现的思路如下：在主窗体上放两个 Map 控件——主图和鹰眼图，然后在鹰眼图上创建一个图层，并在其上添加一个矩形要素，该矩形的大小随着主图边界而变化。

（四）查询功能

1. 空间要素到属性要素的查询

空间要素到属性要素的查询可以通过单击"查询"菜单中"属性查询"按钮实现，也可以通过单击工具栏上的按钮来实现。当鼠标选中地图窗口中一个地理要素时，该地理要素就会闪烁，同时弹出一个新的属性窗口，地理要素的属性值就会在该窗口中显示出来，具体见图 6-6。

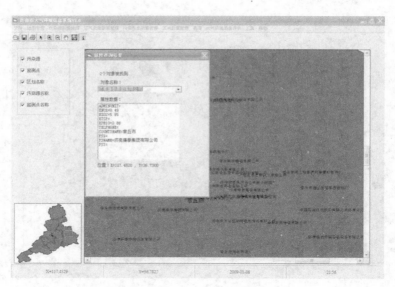

图 6-6   空间要素到属性要素的查询

2. SQL（条件）查询

根据用户的需求，设计成方便快捷的查询界面，并且具有供用户选择的字段列表、操作符列表、值列表等。程序运行时，根据用户的选择，生成相应的 SQL 查询语句，再将 SQL 查询提交给后台数据库，最后将结果显示出来。

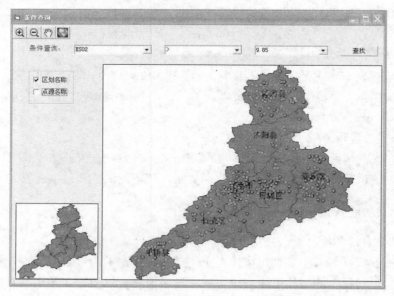

图 6-7   SQL 查询（条件查询）结果图

（五）数据库管理功能

系统数据库管理功能包括数据的增加、修改和删除。系统的数据库管理主要包括污染源数据库管理、空气质量数据库管理、污染气象数据库管理及其他数据库管理。其中污染源数据库管理包括点源基本情况表、点源燃料消耗表及其他情况表的管理，空气质量数据管理包括监测点、监测值的管理，污染气象数据管理包括气象站基本情况表、联合频率分布表、风向玫瑰图表、风速玫瑰图表及气象观测数据表，其他数据管理包括行政区划基本情况表、空气质量标准表等的管理。

　　系统数据库的有效管理可以确保数据库能够即时反映现实的状况，给管理者提供有效的参考，为决策者提供有力的依据。系统的数据库管理功能界面见图 6-8。

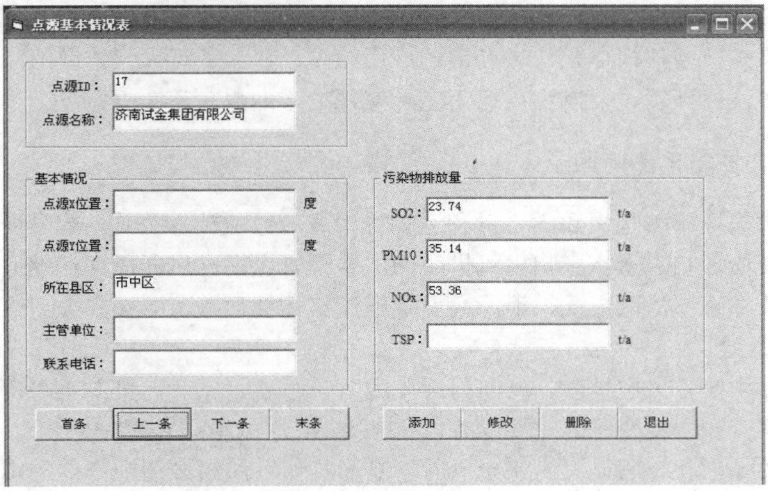

图 6-8　数据库的基本操作窗口

（六）大气环境质量评价功能

　　AQI 是一个以空气中污染物对人体造成的危害为基础的空气质量评价体系（图 6-9），因此它在评价环境质量的同时，针对每一种污染物可能引起的危害以及这种危害所涉及的人群提出了相关的保护措施。一般情况下，可以通过减少运动时间和减小运动量来减轻污染物对人体健康的影响。

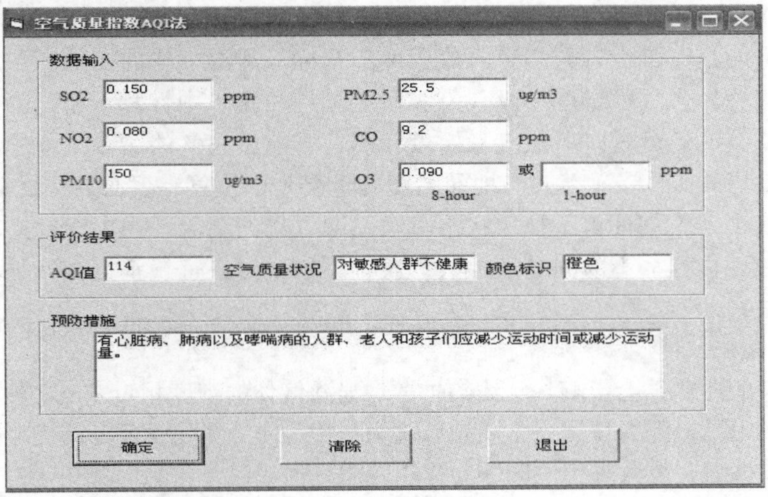

图 6-9　空气质量指数法

第二节　EGIS 在大气污染扩散模拟中的应用

一、大气污染扩散模拟模型

大气污染扩散模拟模型是比较经典的应用模型，它除了对大气扩散的理论研究有着重要意义外，在优化环境、控制污染等生态环境保护方面也有着重要意义。

（一）大气扩散的影响因子

大气扩散模拟模型是由数学变量和运算符构成的数值计算公式，数学变量对应着实际物理过程的具体影响因素。影响大气扩散的主要因素包括：风向风速、地面条件、大气稳定度、泄漏源源强、泄漏方式、泄漏高度及泄漏气体性质等。

1. 风向风速

泄漏气体主要沿风向扩散，风向与污染的关系主要是风对污染的水平输送。风速是影响气体扩散速度和浓度变化的主要因素，风速增加，风的输送作用增大，大气的湍流越强，对污染物的稀释也就越明显。而在无风时，泄漏气体以泄漏源为中心向周围扩散；随着风速的增加，污染主要沿下风向分布，当风速为 1～5 m/s 时，泄漏气体扩散形成的危险区域较大。随着风速的继续加大，空气的稀释速度也不断增加，有害气体形成的危险区域反而减小。

2. 地面条件

地面条件的不同会改变污染物的扩散速度，导致气体湍流变化进而影响污染物在大气中的稀释。当泄漏气体的相对密度大于空气时，污染扩散容易在地面低洼处形成污染滞留，地势高的地方受到的污染相对较小；建筑物密集的地方湍流加强，污染不易扩散，而地形开阔的地方污染扩散相对迅速。

3. 大气稳定度

大气稳定度是评价空气层垂直对流程度的指标，泄漏气体的扩散和浓度分布与大气稳定度直接相关。大气稳定度一般分为 3 种类型：稳定、中性和不稳定。当地面附近的温度比高处空气的温度低时，大气稳定度较高，影响了大气的湍流；中性稳定条件下空气的温度差不影响大气的湍流；当地面温度高于高处的空气温度时，高处空气密度较大，地表空气密度小，大气处于不稳定状态，增强了大气的湍流。当大气稳定时，污染物形成的气云沿地表传播，不易向高空扩散；大气不稳定时，空气垂直对流强，地面形成的污染消散较快。

4. 泄漏气体性质

气体自身的性质也会影响到气体的扩散。泄漏气体的密度相对空气密度的大小，决定了气体在扩散中是以浮力作用为主还是以重力作用为主。当化学品泄漏在空气中形成的气云密度小于空气时，扩散过程中的浮力作用较强，泄漏气体扩散时趋于上升，地面浓度降低，扩散过程中被空气稀释到一定程度后上升趋势减弱；当泄漏的气体密度大于空气、发生化学反应或者夹带液滴等原因，形成的气云比空气重，称为重气（Heavy gas）。重气扩散过程中重力作用明显，导致污染物趋于下沉，横向扩散明显，沿地面扩散而形成低平的气云，当气象条件和地面条件不利于扩散时，容易在低洼处聚集导致局部浓度急剧升高，对人员和财产安全产生严重的威胁。

5．泄漏源参数

泄漏源的高度、泄漏源源强和泄漏方式直接影响污染的浓度分布。泄漏高度对污染的分布影响很大，随着高度的增加，污染到达地面需要扩散更长的距离，在过程中经过稀释后地面浓度会明显降低。泄漏高度是模拟过程中必须考虑的参数。气体的泄漏方式分为瞬时泄漏和连续泄漏。泄漏源通常可分为点源、线源、面源和体源。

（二）湍流的基本理论

高斯大气扩散模型主要采用了湍流扩散统计理论体系，因此在介绍高斯模型之前，有必要将湍流扩散的基本理论做简要介绍。所谓湍流，就是风的强度与方向随时间不规则变化而形成的空气运动。流每一点上的压强、速度、温度等物理特性随机涨落，根据湍流的成因，大气湍流可分为机械湍流和热力湍流两种形式。前者主要由于风速分布不均及地面粗糙度引起，后者主要是由于温度分布不均引起。一般情况下，风速越大，湍流越强，进而污染物扩散得越快，浓度也越低。

研究物质在大气湍流场中的扩散理论主要有：梯度输送理论、相似理论和湍流统计理论。针对不同的原理和研究对象，形成了不同的大气扩散数学模型。这里主要介绍高斯大气扩散模型所采用的湍流统计理论。

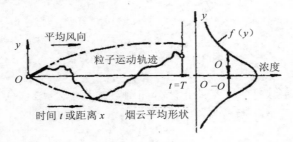

图 6-10　湍流扩散模型

如图假设大气湍流场均匀而稳定，平均风向延 x 轴，粒子从污染源（原点 O）释放出。由于湍流的脉动作用，粒子的运动速度、运动轨迹都会随时间发生变化。如果释放出来的粒子很多，那么经过一段时间 $t=T$ 之后，这些粒子的浓度趋于一个稳定的统计分布，其中在 x 轴上的粒子浓度最高，并沿 y 轴呈正态分布。在此给出正态分布的基本公式，便于后文推导使用：

$$f(y) = \frac{1}{\sqrt{2\pi}\sigma} \cdot e^{-\frac{(y-\mu)^2}{2\sigma^2}} \quad (-\infty < y < +\infty,\ \sigma > 0) \tag{6-1}$$

式中：σ——标准偏差；

　　　μ——任何实数。

（三）高斯大气扩散模型

1. 无边界连续点源扩散模型

坐标系构建：原点为排放点或高架源在地面上的投影点，平均风向沿 x 轴正向，y 轴与 x 轴位于同一水平面上且与 x 轴垂直，其正向在 x 轴左侧，z 轴垂直于水平面 xOy，以向上为正。在这种坐标系中，烟流中心线或与 x 轴重合，或在 xOy 平面的投影为 x 轴。

四点假设：①污染物在空间中符合正态分布（高斯分布）；②在全部空间内风向、风速、大气稳定度是均匀的、稳定的、不随时间而变；③源强是连续均匀的，即以稳定的烟羽形式排放的污染物；④在扩散过程中污染物质的质量是守恒的。

污染物扩散模型：大气中的扩散是沿 y 和 z 两个坐标方向的二维正态分布（图 6-11），当两坐标方向的随机变量独立时，污染物浓度为每个坐标方向的一维正态分布密度函数的乘积，即：

$$\rho(x,y,z)=A(x)\mathrm{e}^{-ay^2}\mathrm{e}^{-bz^2} \tag{6-2}$$

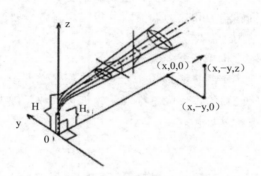

图 6-11　高斯大气模型坐标系

根据正态分布的假设②，并参照正态分布函数的基本公式，取 $\mu=0$，则可以得到下风向任一点的污染物浓度分布函数为：

$$\rho(x,y,z)=A(x)\exp\left[-\frac{1}{2}\left(\frac{y^2}{\sigma_y^2}+\frac{z^2}{\sigma_z^2}\right)\right] \tag{6-3}$$

式中：ρ——空间点（x，y，z）的污染物质量浓度，mg/m^3；

$A(x)$——待定函数；

σy——距原点 x 处污染物在 y 向分布（水平方向）的标准差，m；

σz——距原点 x 处污染物在 z 向分布（垂直方向）的标准差，m。

由连续和质量守恒假设③、④，可写出源强 Q 的积分式：

$$Q=\int_{-\infty}^{+\infty}\int_{-\infty}^{+\infty}\overline{u}c\mathrm{d}_y\mathrm{d}_z \tag{6-4}$$

式中：Q——源强，即单位时间内排放的污染物，$\mu g/s$；

μ——平均风速，m/s。

将式（6-3）代入式（6-4），并考虑 4 点假设，积分可得待定函数 $A(x)$：

$$A[x] = \frac{Q}{2\pi\sigma_y\sigma_z} \tag{6-5}$$

将式（6-5）代入式（6-3），得空间内连续点源的高斯扩散模型表达式：

$$c(x, y, z) = \frac{Q}{2\pi\sigma_y\sigma_z}\exp\left[-\frac{1}{2}\left(\frac{y^2}{\sigma_y^2} + \frac{z^2}{\sigma_z^2}\right)\right] \tag{6-6}$$

2. 高架点源扩散模型

由于高烟囱产生的地面污染物浓度比具有相同源强的低烟囱低，所以烟囱高度也是一个不该忽略的变量。根据前面给出的假设④污染物在扩散过程中质量守恒，则到达地面不发化学反应或物理沉降而全部反射；或者污染物被全部吸收而无反射，实际情况介于二者之间。

以高架点源在地面上的投影点 O 作为坐标原点，高架点源与 Z 轴重合。在计算中，烟囱高度指的是烟囱的有效高度，包括两个部分，即烟囱实体高度（烟囱的物理高度）和烟气在排出烟囱后在动量和热浮力作用下继续上升的高度（烟气抬升高度），则有效高度的计算公式为

$$H = h_s + \Delta h \tag{6-7}$$

式中，h_s——烟囱的物理高度；

　　　Δh——烟气抬升高度。

当污染物到达地面后被全部反射时，可以按照全反射原理，以地面为镜面做高架点源（实源）关于地面的像点，以求解空间某点 k 的污染物浓度。从图 6-12 可以看到，k 点的浓度是位于 $(0, 0, H)$ 的实源在 k 点扩散的浓度和地面反射的浓度（反射的浓度可认为是实源关于地面对称的像源 $(0, 0, -H)$ 的叠加。由图 6-12 可见，k 点在以实源为原点的坐标系中的垂直坐标为 $(z\text{-}H)$，则实源在 k 点扩散的浓度 c_s 为式（6-6）的坐标沿 z 轴向下平移 H：

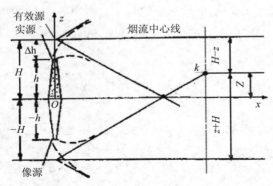

图 6-12　地面全反射的高架连续点源扩散

$$c_s = \frac{Q}{2\pi \bar{u} \sigma_y \sigma_z} \exp\left\{ -\frac{1}{2}\left[\frac{y^2}{\sigma_y^2} + \frac{(z-H)^2}{\sigma_z^2} \right] \right\} \tag{6-8}$$

k 点在以像源为原点的坐标系中的垂直坐标为（$z+H$），则像源在 k 点扩散的浓度 c_x 为式（6-8）的坐标沿 z 轴向上平移 H：

$$c_x = \frac{Q}{2\pi \bar{u} \sigma_y \sigma_z} \exp\left\{ -\frac{1}{2}\left[\frac{y^2}{\sigma_y^2} + \frac{(z-H)^2}{\sigma_z^2} \right] \right\} \tag{6-9}$$

k 点的实际污染物浓度为实源 c_s 与像源 c_x 之和：

$$c(x,y,z) = \frac{Q}{2\pi \bar{u} \sigma_y \sigma_z} \exp\left(\frac{-y^2}{2\sigma_y^2} \right)\left\{ \exp\left[\frac{-(z-H)^2}{2\sigma_z^2} \right] + \exp\left[\frac{-(z+H)^2}{2\sigma_z^2} \right] \right\} \tag{6-10}$$

若污染物到达地面后被完全吸收，则 $c_x=0$，k 点污染物浓度只需考虑实源，即 c（x，y，z，H）$=c_s$，即式（6-6）。

上面推导得到的式（6-10）是高架连续点源的一般解析式，由此式可导出各种条件下的大气扩散模型。然而，在实际应用中，我们更关心高架点源扩散的地面浓度分布状况，以下是关于高架点源的地面污染物浓度模型。

（1）地面全部反射时的地面浓度模型：在式（6-10）中，令 $z=0$，可得地面全部反射时高架点源的地面浓度模型：

$$c(x,y,0) = \frac{Q}{2\pi \bar{u} \sigma_y \sigma_z} \exp\left\{ -\frac{1}{2}\left[\frac{y^2}{\sigma_y^2} + \frac{H^2}{\sigma_Z^2} \right] \right\} \tag{6-11}$$

（2）地面轴线浓度模型：上式再令 $y=0$ 则可得到沿 x 轴线上的浓度分布：

$$c(x,0,0) = \frac{Q}{2\pi \bar{u} \sigma_y \sigma_z} \exp\left(-\frac{H^2}{2\sigma_z^2} \right) \tag{6-12}$$

（3）地面最大浓度模型：地面最大浓度值 c_{max} 及其离源的距离 x_{max} 可以由式（6-12）求导并取极值得到。令 $\partial c/\partial x=0$，由于 σ_y、σ_z 均为 x 的未知函数，假定 $\sigma_y/\sigma_z=$ 常数，则可得到：

$$\sigma_z \big|_{x=x_{max}} = H\sqrt{2} \tag{6-13}$$

$$c_{max} = \frac{Q}{2\pi \bar{u} \sigma_y \sigma_z} \cdot \frac{\sigma_z}{\sigma_y} \tag{6-14}$$

根据式（6-13），有效源高 H 越高，x_{max} 处的 σ_z 值越大，又因为 σ_z 与 x_{max} 成正比，则 C_{max} 出现的位置离污染源的距离越远。式（6-14）表明，地面上最大浓度 C_{max} 与有效高度的平方及平均风速成反比，增加有效源高 H 可以防止污染物在地面某一局部区域的聚积。

对于地面点源，有效源高 $H=0$。当污染物到达地面后被全部反射时，令式（6-10）中

$H=0$，得到地面连续点源的高斯扩散模型：

$$c\left(x,y,z\right)=\frac{Q}{2\pi\overline{u}\sigma_y\sigma_z}\exp\left\{-\frac{1}{2}\left[\frac{y^2}{\sigma_y^2}+\frac{z^2}{\sigma_z^2}\right]\right\}\tag{6-15}$$

比较式（6-6）和式（6-15），发现地面连续点源排放的污染物浓度是无界空间连续点源所排放污染物浓度的 2 倍。

若取 $y=0$，$z=0$，则可得到沿 x 轴线上的浓度分布：

$$c\left(x,0,0\right)=\frac{Q}{2\pi\overline{u}\sigma_y\sigma_z}\tag{6-16}$$

3. 颗粒物扩散模型

对于粒径小于 15 μm 的颗粒物，其地面浓度可以按照前述公式进行计算，对于粒径大于 15 μm 的颗粒物，由于具有明显的重力沉降作用，浓度分布会有所改变，可按倾斜烟流模式计算地面浓度：

$$c\left(x,y,0\right)=\sum_i\frac{\left(1+a_i\right)Q_i}{2\pi\overline{u}\sigma_y\sigma_z}\exp\left(\frac{\sigma^2}{2\sigma_y^2}\right)\exp\left[-\frac{\left(H-v_ix/\overline{u}\right)^2}{2\sigma_z^2}\right]\tag{6-17}$$

上式需满足 $v_i/\overline{\mu}\leqslant H$：其中，$\qquad\qquad vi=\dfrac{d_{p_i}^2c_pg}{18\mu}\tag{6-18}$

式中，α_i——表 6-3 中第 i 组颗粒的地面反射系数；

$\quad\quad Q_i$——表 6-3 中第 i 组颗粒的源强，g/s；

$\quad\quad d_{p_i}$——表 6-3 中第 i 组颗粒的平均直径，m；

$\quad\quad v_i$——粒径为 d_{pi} 的颗粒的重力沉降速度，m/s；

$\quad\quad c_p$——颗粒密度；

$\quad\quad \mu$——空气黏度；

$\quad\quad g$——重力加速度，m/s^2。

表 6-3　地面反射系数 α

i	1	2	3	4	5
粒径范围/ μm	0～14	15～30	31～47	48～75	76～100
平均粒径/ μm	7	22	38	60	85
反射系数 α	1	0.8	0.5	0.3	0

（四）线源的扩散模型

城市中的街道和公路上的汽车排放出来的尾气可以作为线源。线源可分为无限长和有线长线源两类。其中，在较长街道和公路上行驶的车辆密度，足以在道路两旁形成连续稳定浓度场的线源，称为无限长线源，在街道上行驶的车辆只能在街道两旁形成断续稳定浓度场的线源，称为有限长线源。

1. 无限长线源扩散模型

当风向和线源垂直时，连续排放的无限长线源在横风向产生的浓度处处相等，因此可将点源扩散的高斯模式对变量 y 积分，即可获得线源的高斯扩散模式。

无限长线源扩散模式：

$$c(x,y,0)=\frac{Q_L}{\pi u \sigma_y \sigma_z}\exp\left(-\frac{H^2}{2\sigma_Z^2}\right)\int_{-\infty}^{\infty}\exp\left(-\frac{y^2}{2\sigma_y^2}\right)dy \qquad （6-19）$$

$$c(x,0)=\frac{2Q_L}{\sqrt{2\pi}u\sigma_z}\exp\left(-\frac{H^2}{2\sigma_Z^2}\right) \qquad （6-20）$$

式中，Q_L——单位线源的源强，g/s，其余符号同前。

但由于线源排放路径相对固定，具有方向性，若取平均风向为 x 轴，则线源与平均风向未必同向。如果风向和线源的夹角 $\beta > 45°$，无限长连续线源下风向地面浓度分布为：

$$c(x,0)=\frac{2Q_L}{\sqrt{2\pi}u\sigma_z\sin\beta}\exp\left(-\frac{H^2}{2\sigma_Z^2}\right) \qquad （6-21）$$

当 $\beta < 45°$ 时，以上模式不能应用。

2. 有限长线源扩散模型

对于有限长的线源，线源末端引起的"边缘效应"将对污染物的浓度分布产生很大影响。随着污染物接受点距线源的距离增加，"边源效应"将在横风向距离的更远处起作用。对于横风向的有限长线源，应以污染物接受点的平均风向为 x 轴。若线源的范围是从 y_1 延伸到 y_2，且 $y_1 < y_2$，则有限长线源地面浓度分布为：

$$c(x,y,0)=\frac{2Q_L}{\sqrt{2\pi}u\sigma_z}\exp\left(-\frac{H^2}{2\sigma_Z^2}\right)\int_{s_1}^{s_2}\frac{1}{\sqrt{2\pi}}\exp\left(-\frac{s^2}{2}\right)ds \qquad （6-22）$$

式中：$s_1=y_1/\sigma_y$，$s_2=y_2/\sigma_y$，积分值可从正态概率表中查出。

（五）面源的扩散模型

当众多的污染源在一地区内排放时，如城市中企业的生活锅炉、家庭炉灶的排放，可将它们作为面源来处理。

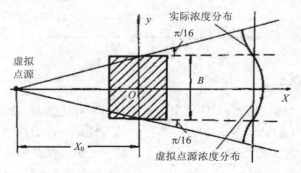

图 6-13   面源简化成虚拟点源的示意图

常用的面源扩散模式为面源简化为虚拟点源模型，即将城市按污染源的分布和高低不同划分为若干个方格，每一方格视为一个面源单元，其源强为方格内所有源强的总和除以方格的面积。方格一般为 500 m×500 m 或 1 000 m×1 000 m。

计算时，假设面源单元与上风向某一虚拟点所造成的污染等效，当这个虚拟点源的烟流扩散到面源单元的中心时，其烟流的宽度正好等于面源单元的宽度，其厚度正好等于面源单元的高度，如图 6-13 所示。这相当于在点源公式中增加了一个初始扩散参数，以模拟面源单元中许多分散点源的扩散。其地面浓度可用下式计算：

$$\rho(x,y,0) = \frac{Q}{\pi \overline{u} \left(\sigma_y + \sigma_{y_0}\right)\left(\sigma_z + \sigma_{z_0}\right)} \exp\left\{-\frac{1}{2}\left[\frac{y^2}{\left(\sigma_y + \sigma_{y_0}\right)^2} + \frac{H^2}{\left(\sigma_z + \sigma_{z_0}\right)^2}\right]\right\} \tag{6-23}$$

σ_{y_0}、σ_{z_0} 常用以下经验公式确定：

$$\sigma_{y_0} = \frac{W}{4.3} \tag{6-24}$$

$$\sigma_{z_0} = \frac{\overline{H}}{2.15} \tag{6-25}$$

式中：W——面源单元宽度，m；

$\overline{H}$——面源单元平均高度，m。

若扩散参数按式（6-29）和式（6-30）计算（这两个公式在后面的章节中给出），则虚拟点源至面源中心的距离为：

$$x_{y_0} = \left(\frac{\sigma_{y_0}}{\gamma_1}\right)^{1/\alpha_1} \tag{6-26}$$

$$x_{z_0} = \left(\frac{\sigma_{z_0}}{\gamma_2}\right)^{1/\alpha_2} \tag{6-27}$$

在同一计算中，允许 $x_{y_0} \neq x_{z_0}$。在确定 x_{y_0} 和 x_{z_0} 后，可用一般的点源公式计算。评价点的浓度。这相当于把面源内分散排放的污染物集中到面源中心，再向上风向后退一个距离 x_{y_0} 和 x_{z_0}，变成在上风向的一个虚拟点源。虚拟点源中的按 $x+x_{y_0}$ 确定，按 $x+x_{z_0}$ 确定。

（六）扩散参数 σ_y、σ_z 的估算

1. P-G 扩散曲线法

扩散参数 σ_y、σ_z 是表示扩散范围及速率大小的特征量，也即正态分布函数的标准差。用来确定 σ_y、σ_z 应用较多的方法是帕斯奎尔（Pasquill）和吉福特（Gifford）提出的扩散参数估算方法，也称为 P-G 扩散曲线法，如图 6-14 和图 6-15 所示。由图可见，只要利用当地常规气象观测资料，再查取大气稳定度等级，即可确定扩散参数。

P-G 扩散曲线法应用：

（1）根据常规气象资料确定稳定度级别。

P-G 曲线稳定度等级的标准如表 6-4 所示。

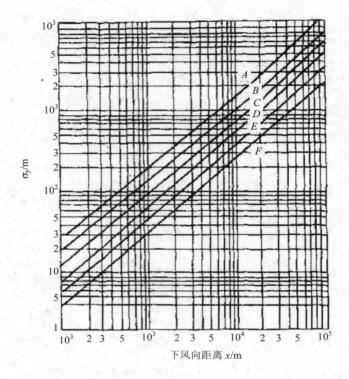

图 6-14   水平扩散参数与下风距离和大气稳定度关系

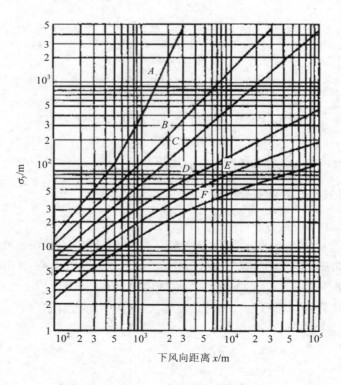

图 6-15   垂直扩散参数与下风距离和大气稳定度关系

表 6-4　稳定度级别划分表

地面风速 $\bar{u}10$（距地面 10 m 处）/（m/s）	白天太阳辐射			阴天的白天或夜间	有云的夜间	
	强	中	弱		薄云遮天或低云 ≥5/10	云量≤4/10
<2	A	A～B	B	D		
2～3	A～B	B	C	D	E	F
3～5	B	B～C	C	D	D	E
5～6	C	C～D	D	D	D	D
>6	C	D	D	D	D	D

对这个标准的几点说明：

①大气稳定度级别，其中，A 为强不稳定，B 为不稳定，C 为弱不稳定，D 为中性，E 为较稳定，F 为稳定。

②稳定度级别 A～B 表示按 A、B 级的数据内插。

③夜间定义为日落前 1 h 至日出后 1 h。

④不论何种天气状况，夜间前后各 1 h 算作中性，即 D 级稳定度。

⑤强太阳辐射对应于碧空下太阳高度角大于 60°的条件下；若太阳辐射相当于碧空下太阳高度角为 15°～35°。在中纬度地区，仲夏晴天的中午为强太阳辐射，寒冬晴天中午为弱太阳辐射。云量将减少太阳辐射，并与太阳高度一起考虑。

⑥这种方法对开阔的农村能够给出较为可靠的稳定度，但是对城市不太可靠，因为城市具有热岛效应。最大的差别出现在静风晴夜，在这样的夜间，乡村地区的大气是稳定的，但城市地区高度相当于建筑物平均高度几倍之内是若不稳定或中性的，但它的上部则有一个稳定层。

（2）利用扩散曲线确定 σ_y 和 σ_z

在确定了稳定度级别后，便可利用这图 6-14、图 6-15（两图对应的取样时间为 10 min）查出相应的 σ_y 和 σ_z。估算地面最大浓度值 c_{max} 及其离源的距离 x_{max} 时，可先按式（6-13）计算出 σ_z 值，并从图 6-15 查取对应的 x 值，此值即为该大气稳定度下的 x_{max}。然后从图 6-14 查取与 x_{max} 对应的 σ_y 值，代入式（6-14）即可求出 c_{max} 值。用该方法计算，在 E、F 级稳定度下误差较大，在 D、C 级时误差较小。H 越高，误差越小。

2．我国国家标准规定的方法

（1）大气稳定度分级方法：采用修订的帕斯奎尔分类法（简记 P·S），分为强不稳定、不稳定、弱不稳定、中性、较稳定和稳定 6 级。它们分别表示为 A、B、C、D、E、F。确定等级时首先计算出太阳高度角按表 6-5 查出太阳辐射等级数，再由太阳辐射等级数与地面风速按表 6-6 查找稳定等级。

表 6-5　太阳辐射等级

总云量/低云量	夜间	$h_0 \leqslant 15°$	$15° \leqslant h_0 \leqslant 35°$	$35° \leqslant h_0 \leqslant 65°$	$h_0 > 65°$
≤4/≤4	−2	−1	+1	+2	+3
(5-7) /≤4	−1	0	+1	+2	+3
≥8/≤4	−1	0	0	+1	+1
≥7/ (5-7)	0	0	0	0	+1
≥8/≥8	0	0	0	0	0

表 6-6　大气稳定度等级

地面风速/（m/s）	太阳辐射等级					
	+3	+2	+1	0	−1	−2
≤1.9	A	A~B	B	D	E	F
2~2.9	A~B	B	C	D	E	F
3~4.9	B	B~C	C	D	D	E
5~5.9	C	C~D	D	D	D	D
≥6	C	D	D	D	D	D

注：地面风速（m/s）系指距地面 10 m 高度处 10 min 平均风速。

太阳高度角 h_0 使用下式计算：

$$h_0 = \arcsin\left[\sin\varphi\sin\delta + \cos\varphi\cos\delta\cos(15t + \lambda - 300°)\right] \qquad (6\text{-}28)$$

式中：h_0——太阳高度角，（°）；

　　　φ——当地纬度，（°）；

　　　λ——当地经度，（°）；

　　　t——进行观测时的北京时间；

　　　δ——太阳倾角，（°），可按当时月份和时间由表 6-7 查询，或者按下式计算：

$$\delta = [0.006\,918 - 0.399\,12\cos\theta_0 + 0.070\,257\sin\theta_0 - 0.006\,758\cos2\theta_0 + 0.000\,907\sin2\theta_0$$
$$- 0.002\,697\cos3\theta_0 + 0.001\,480\sin3\theta_0]180/\pi \qquad (6\text{-}29)$$

式中：θ_0——$360d_n/365$，（°）；

　　　d_n——一年中日期序数，d_n 0，1，2，…，364。

表 6-7　太阳倾角（赤纬）概略值 σ/（°）

月份	1	2	3	4	5	6	7	8	9	10	11	12
上旬	−22	−15	−5	6	17	22	22	17	7	−5	−15	−22
中旬	−21	−12	−2	10	19	23	21	14	3	−8	−18	−23
下旬	−19	−9	2	13	23	23	19	11	−1	−12	−21	−23

（2）扩散参数 σ_y、σ_z 确定

取样时为 30 min，扩散参数按下式计算：

$$\sigma_y = \gamma_1 x^{\alpha_1} \qquad (6\text{-}30)$$

$$\sigma_z = \gamma_2 x^{\alpha_2} \qquad (6\text{-}31)$$

式中：α_1——横向扩散参数回归指数；

$\qquad\alpha_2$——垂直扩散参数回归指数；

$\qquad\gamma_1$——横向扩散参数回归系数；

$\qquad\gamma_2$——垂直扩散参数回归系数。

上述参数可以直接按表 6-8 和表 6-9 查算，查算时遵循如下原则：

①平原地区农村和城市远郊区，A、B、C 级稳定度直接按表 6-8 和表 6-9 查算。D、E、F 级稳定度则需向不稳定方向提半级后查算。

②工业区域或城市点源，A、B 级不提级，C 级提到 B 级，D、E、F 级向上不稳定方向提一级，按表 6-8 和表 6-9 查算。

③丘陵、山区的农村或城市，其扩散参数选取方法同工业区。

（3）污染物浓度与取样时间的关系：当取样时间大于 0.5 h 时，垂直方向扩散参数 σ_z 不变，横向扩散参数按下式计算：

$$\sigma_{y_2} = \sigma_{y_1}\left(\frac{\tau_2}{\tau_1}\right)^q \qquad (6\text{-}32)$$

或者 σ_y 的回归指数不变，回归系数满足下式：

$$\gamma_{1\tau_2} = \gamma_{1\tau_1}\left(\frac{\tau_2}{\tau_1}\right)^q \qquad (6\text{-}33)$$

式中：σ_{y2}、σ_{y1}——对应取样时间为 τ_2、τ_1 时横向扩散参数，m；

$\qquad\gamma_{1\tau_2}$、$\gamma_{1\tau_1}$——对应取样时间为 τ_2、τ_1 时横向扩散参数的回归系数；

$\qquad q$——时间稀释指数，$1\,h \leqslant \tau < 100\,h$ 时，$q=0.3$，$0.5\,h \leqslant \tau < 1$ 时，$q=0.2$。

表 6-8　横向扩散参数幂函数表达式数据（30 min）

扩散参数	稳定度等级（P·S）	α_1	γ_1	下风距离/m
$\sigma_y = \gamma_1 X^{\alpha_1}$	A	0.901 074	0.425 809	0～1 000
		0.850 934	0.602 052	>1 000
	B	0.914 370	0.281 846	0～1 000
		0.865 014	0.396 353	>1 000
	B～C	0.919 325	0.229 500	0～1 000
		0.875 086	0.314 238	>1 000
	C	0.924 279	0.177 154	0～1 000
		0.885 157	0.232 123	>1 000
	C～D	0.926 849	0.143 940	0～1 000
		0.886 940	0.189 396	>1 000

扩散参数	稳定度等级（P·S）	α_1	γ_1	下风距离/m
$\sigma_y = \gamma_1 X^{\alpha_1}$	D	0.929 481	0.110 726	0～1 000
		0.888 723	0.146 669	>1 000
	D～E	0.925 118	0.098 563 1	0～1 000
		0.892 794	0.124 308	>1 000
	E	0.920 818	0.086 001	0～1 000
		0.896 864	0.124 308	>1 000
	F	0.929 481	0.055 363 4	0～1 000
		0.888 723	0.073 348	>1 000

表 6-9　垂直扩散参数幂函数表达式数据（30 min）

扩散参数	稳定度等级（P·S）	α_2	γ_2	下风距离/m
$\sigma_z = \gamma_2 X^{\alpha_2}$	A	1.121 54	0.079 990 4	0～300
		1.526 0	0.008 547 71	300～500
		2.108 81	0.000 211 545	>500
	B	0.941 015	0.127 190	0～500
		1.093 56	0.057 025 1	>500
	B～C	0.941 015	0.114 682	0～500
		1.007 70	0.075 718 2	>500
	C	0.917 595	0.106 803	0
	C～D	0.838 628	0.126 152	0～2 000
		0.756 410	0.235 667	2 000～10 000
		0.815 575	0.136 659	>10 000
	D	0.826 212	0.104 634	1～1 000
		0.632 023	0.400 167	1 000～10 000
		0.555 360	0.810 763	>10 000
	D～E	0.776 864	0.104 634	0～2 000
		0.572 347	0.400 167	2 000～10 000
		0.499 149	1.038 10	>10 000
	E	0.788 370	0.0927 529	0～1 000
		0.565 188	0.4333 84	1 000～1 0000
		0.414 743	1.732 41	>10 000
	F	0.784 40	0.062 076 5	0～1 000
		0.525 969	0.370 015	1 000～10 000
		0.322 659	2.406 91	>10 000

（七）烟流抬升高度 Δh 的计算

烟流抬升高度是确定高架源的位置、准确判断大气污染扩散及估计地面污染浓度的重要参数之一。烟囱里排出的烟气，一般会继续上升。上升的原因主要有两方面：一是热力抬升，即当烟气温度高于周围空气温度时，密度比较小，浮力作用使其上升；二是动力抬升，即离开烟囱的烟气本身具有动量，促使烟气继续向上运动。在大气湍流和风的作用下，漂移一段距离后逐渐变为水平运动，因此有效源的高度高于烟囱实际高度，即烟囱的有效高度 H 为烟囱的几何高度 h_s 和抬升高度 Δh 之和，即：

$$H = h_s + \Delta h \tag{6-34}$$

1. 霍兰德（Holland）公式

应用较广、适用于中性大气状况的霍兰德（Holland）公式如下：

$$\Delta h = \frac{v_s}{u}\left(1.5 + 2.7\frac{T_s - T_a}{T_s}D\right) = \frac{1}{u}\left(1.5 v_s D + 9.6 \times 10^{-3} Q_h\right) \tag{6-35}$$

式中：v_s——烟流出口速度，m/s；

　　　D——烟囱出口内径，m；

　　　$\bar{u}$——烟囱出口的环境平均风速，m/s；

　　　T_s——烟气出口温度，K；

　　　T_a——环境平均气温度，K；

　　　Q_h——烟囱的热排放率，kW。

上式适用于中性大气条件。当大气处于不稳定或稳定状态时，可在上式计算的基础上分别增加或减少 10%～20%。普遍认为，霍兰德公式当烟囱高、热释放率强时偏差更大。

2. 国家标准中规定的公式

（1）当烟气热释放率 Q_h 大于或等于 2 100 KJ/s，且烟气温度与环境温度的差值 ΔT 大于或等于 35K 时，ΔH 采用下式计算：

$$\Delta h = n_0 Q_h^{n_1} h_s^{n_2} \bar{u}^{-1} \tag{6-36}$$

$$Q_h = 0.35 P_a Q_v \frac{\Delta_T}{T_s} \tag{6-37}$$

$$\Delta T = T_s - T_a \tag{6-38}$$

式中：n_0——烟气热状况及地表系数，见表 6-10；

　　　n_1——烟气热释放率指数，见表 6-10；

　　　n_2——排气筒高度指数，见表 6-10；

　　　Q_h——烟气热释放率，kJ/s；

　　　h_s——排气筒距地面几何高度，m，超过去 240 m 时，取 $H=240$ m；

　　　P_a——大气压力，hPa；

　　　Q_v——实际排烟率，m³/s；

　　　ΔT——烟气出口温度与环境温度差，K；

　　　T_s——烟气出口温度，K；

　　　T_a——环境大气温度，K；

　　　$\bar{u}$——排气筒出口处平均风速，m/s。

表 6-10 n_0、n_1、n_2 的选取

$Q_h/$（kJ/s）	地表状况（平原）	n_0	n_1	n_2
$Q_h/$（kJ/s）	农村或城市远郊区	1.427	1/3	2/3
	城市及近郊区	1.303	1/3	2/3
2 100≤Q_h<21 000	农村或城市远郊区	0.332	3/5	2/5
且ΔT≥35K	城市及近郊区	0.292	3/5	2/5

（2）当 1 700 kJ/s＜Q_h＜2 100 kJ/s 时，

$$\Delta h = \Delta h_1 + \left(\Delta h_2 - \Delta h_1\right)\frac{Q_h - 1\,700}{400} \tag{6-39}$$

$$\Delta h_1 = \frac{1}{\overline{u}}\left[2\left(1.5v_s D + 0.01Q_h\right) - 0.048\left(Q_h - 1\,700\right)\right] \tag{6-40}$$

式中：v_s——排气筒出口处烟气排出速度，m/s；

D——排气筒出口直径，m；

Δh_2——按（6-35）方法计算，n_0、n_1、n_2 按表 6-10 中 Q_h 值较小的一类选取；

Q_h，$\overline{u}$——与（6-35）中的定义相同。

（3）当 Q_h≤1 700 kJ/s 或者ΔT＜35K 时，

$$\Delta h = 2\left(1.5v_s + 0.01Q_h\right)/\overline{u} \tag{6-41}$$

（4）当 10 m 高的年平均风速小于或等于 1.5 m/s 时：

$$\Delta h = 5.50Q_h^{1/4}\left(\frac{\mathrm{d}T_a}{\mathrm{d}z} + 0.009\,8\right)^{-3/8} \tag{6-42}$$

式中：$\dfrac{\mathrm{d}T_a}{\mathrm{d}z}$——排放源高度以上气温直减率，K/m；取值不得小于 0.01 K/m。

二、大气污染扩散模拟的 EGIS 需求

大气污染扩散模拟的应用主要有大气环境影响评价、大气环境质量预测预报、大气污染预警等，以实现对现有大气污染源进行科学管理，保证空气质量。利用现有污染源排放数据对环境空气质量进行及时预测和分析，找出主要大气污染物及其浓度的空间分布并提出相应的防治措施，将有利于城市大气环境问题的及时解决。

（一）基本功能需求

基本功能如要素的新建、编辑、浏览、删除、修改和打印等，基本 GIS 功能如地图浏览、空间查询、属性查询、逻辑查询、地图导入、鹰图、目标定位等。

（二）数据库需求

数据库共需 3 种类型的数据库，分别为基础信息数据库、大气环境信息数据库和模拟结果据库。

1. 基础信息数据库

基础信息数据库存储的是大气污染扩散模型的基础资料，包括行政区划、居民区、政府单位、一般企事业单位、医院、化工厂位置等信息的电子地图，化工厂的基本信息，化学污染物信息等，用于估算受影响范围、受灾人群和提出最佳疏散撤离路径等。

2. 大气环境信息数据库

大气环境信息数据库主要存储环境数据参数，如扩散参数、大气稳定度等。

3. 模拟结果数据库

用来存储根据不同的气象参数条件下模拟的大气扩散情况，即模拟结果，为环境决策提供支持。

三、大气污染扩散模拟的 EGIS 需求

（一）大气环境影响评价

采用大气扩散模型对大气扩散进行预测，并在 GIS 下实现可视化，以展示环境评价结果在拟建项目选址以及项目影响中的应用。使用模拟数据对拟建的项目施工中和建成后对周围环境造成的影响进行模拟，为建设项目的场址选择、污染源设置，大气污染预防措施的制定及其他有关工程设计提供科学依据或指导性意见。

（二）大气环境质量预测预报

在 GIS 的支持下，进行空气污染预报，可以更清楚、全面地了解和掌握空气中污染物的迁移变化规律，污染源和气象条件对空气质量的影响。预防严重污染事件的发生，为政府的管理和决策部门提供及时、准确和全面的空气质量信息，进而能够有针对性地采取相应的控制和防治措施，也为市民的社会活动安排提供依据。

（三）大气污染预警

大气污染物浓度超标预警实时监测和显示预警的功能，对各个排污口进行实时监测，并根据预设的报警上下限对排污超标的企业发出报警信息。利用 GIS 进行大气污染事故预警，获取危险品发生事故后可能的时空分布情况、造成的危害以及污染物强度（或浓度），为紧急疏散、及时救援等工作提供依据。

三、大气污染扩散模拟的 EGIS 解决方案

下面以华东师范大学的邬毅敏所设计的大气污染扩散模拟系统为例，给出大气污染扩散模拟的 EGIS 解决方案。邬毅敏所研究的内容主要是基于 GIS 的大气点源高斯烟羽扩散模拟。

（一）关键技术

1. 计算输入条件及计算流程

在进行大气扩散模拟时，用户需要输入参数分为 3 类：事故发生地、大气状况、高度

及时间（图 6-16）。

图 6-16　大气点源扩散参数设置界面

（1）事故发生地选项：用户可以通过查找污染源名称进行模糊或非模糊查找，查找结果将罗列于列表中，用户双击列表即可在地图操作区居中显示污染源地点，用户选择完污染源地点后，还需要输入污染源排放强度。

（2）大气状况选项：用户可以输入污染源所发生的时间、地点环境、风速和风向等因子。

（3）高度及时间选项：需要用户定义烟囱的高度及持续的时间等。

用户设定完参数以后，可进入大气扩散模块进行计算模拟。

图 6-17 为基于 GIS 的大气扩散模拟计算流程。①用户确定完大气扩散参数后，以污染源为原点，建立高斯坐标系；②通过坐标转换公式将高斯坐标系转为地理坐标系；③以污染源为原点建立扇形区域并对计算点继续筛选；④调用基于 VB.NET 编写的大气扩散模型库对离散点进行计算；⑤对离散点采用普通克里金进行插值计算；⑥采用椭圆方法生成近似等值线。

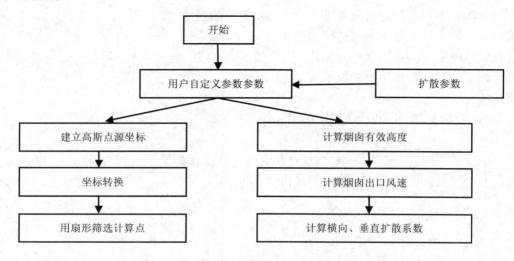

图 6-17　基于 GIS 的大气扩散模拟计算流程

2. 坐标转换

如果要将污染物扩散状况以图像表征的方式显示在地图上，则需要定义研究区域内的地理坐标系。因此单一坐标系已经无法解决问题，此时需要引入两个坐标系（图 6-18），其中一个是高斯扩散坐标系，将下风向定义为 X 方向，高架点源地理投影点作为原点 O，依次根据右手定则定出 Y 轴和 Z 轴；其二是地理坐标系，由于本例研究的宝山区大场镇采用的是上海坐标系作为投影坐标，因此假设 $EO'N$ 为原地理坐标系，XOY 为高斯扩散坐标系，由 X 轴到 E 轴的角度为 θ。如图 6-18 所示。

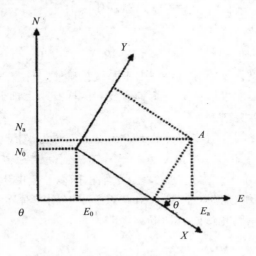

图 6-18　坐标转换

转换公式为

$$N=X\cos\theta - Y\sin\theta + X_0 \tag{6-43}$$
$$E=x'\sin\theta + Y\sin\theta + Y_0 \tag{6-44}$$

3. 筛选计算点

根据高斯大气扩散规律得知，烟云的可见轮廓一般分布在下风向 22.5°的范围。为了保险起见，在本系统中取一个污染源下风方向 45°角范围作为计算区域范围，而大气扩散距离与烟囱的高度和当时的气象条件有关。扇形的中心线是烟囱点源上空的主风向，半径为最大地面浓度距离的 5 倍，筛选范围见图 6-19。

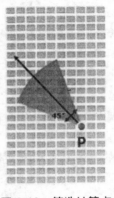

图 6-19　筛选计算点

4. 空间插值

虽然经过筛选计算的离散点矩阵都含有浓度值，但仍然不能很直观地反映污染物在空间分布的特性，因此需要空间插值计算。插值方法有很多种，相比之下，克里金插值比较符合正态分布，因此选用克里金插值作为空间插值方法。

5. 等值线生成

模型模拟的最终目的是在电子地图上以浓度等值线的形式表示污染物扩散后的浓度分布情况。在生成等值线前，首先需要确定等值线的浓度值，一般根据点集中的最大浓度、最小浓度、所需等值线层数计算出每层等值线的浓度值。本书采用三个闭合的等值线曲线表示，等值线浓度值计算公式为

Contour（i）=最小浓度+（最大浓度−最小浓度）/3×i×Exp（i−2），i=0～2

随后计算污染物浓度为 c 的等值点。由于系统精确度、计算速度等要求和空间分析的要求，本例采用矢量椭圆形来近似地表示等值线，这样既基本地保证了预测的精确性，又可以大大地提高系统的计算时间。

绘制污染物浓度为 c 的等值线的算法如下：以污染源为坐标原点，假设风向为 X 轴正向；沿 X 轴方向，以一定的步长（Stepl）在 X 轴上取点，得到浓度值和 c 最接近的点 A 的坐标；以点 O 和点 A 的中点为起始点，沿 Y 轴正向以一定的步长（Step2）取点，得到浓度值和 c 最接近的点 B 的坐标，同理求出 B 点关于 X 轴的对称点 C 的坐标，见图 6-20；作由 O、A、B、C 所确定的矩形的内切椭圆，即为污染浓度为 c 的等值线。

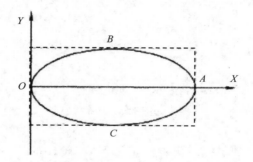

图 6-20   污染物浓度值 C 的等值线

（二）系统需求及系统实现

系统采用紧密耦合的方式将大气扩散模型和 GIS 地图引擎技术有机结合，不仅实现了 GIS 基本功能，如地图展示、浏览、查询分析等功能，还能显示随气象参数改变的污染扩散状况。

1. 系统框架层次

（1）用户层：用户可以对所需要的信息进行查询和浏览，并通过大气扩散模型库实现对突发性大气污染的模拟。

（2）功能层：功能层包括 GIS 的基本功能库和大气扩散模型库。GIS 的基本功能库实现了地图浏览、地图查询、数据库管理、地图制作等功能、大气扩散模型主要是基于 VB.NET 构建大气高斯点源烟羽模型，可供用户从界面中调用和执行大气扩散模型的计算。

（3）中间层：中间层是功能层和数据库相互传递信息的媒介，由 visualBasic.NET2005 作为开发环境，结合 ArcEngine 提供的独立于 ArcGISDesktop 框架的 GIS 组件开发完成。

（4）数据层：数据层是对整个系统的属性数据库及图形数据库的管理，共存储 3 种类型的数据库，分别为基础信息数据库、环境专业数据库和大气污染数据库。

（5）开发平台：开发平台包括系统开发和运行的硬件环境和软件环境。

2. 功能实现

（1）系统界面。整体系统界面（图 6-21）采用分栏式布局，顶部为导航菜单，共分为文件操作、图形浏览、图形编辑、地图数据库和大气扩散模型五大模块。下部分为用户工作区，左侧为数据浏览区，显示图层信息及视区范围，右侧为地图操作区，供用户进行各种地图操作和结果显示。

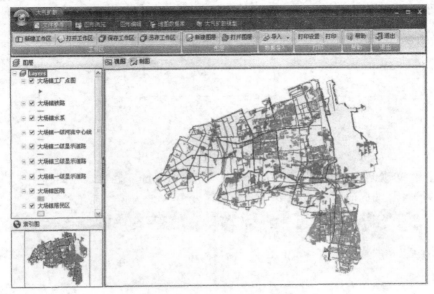

图 6-21　大气扩散模拟系统界面

（2）功能实现。本系统分为四大模块（图 6-22）：地图浏览、地图查询、地图编辑和大气扩散模拟。

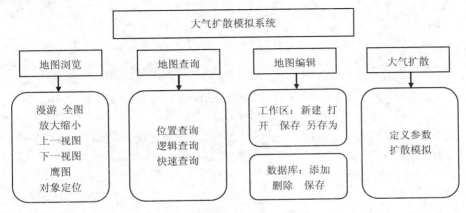

6-22　系统功能库划分

（3）大气扩散模拟。在进行大气扩散模拟时，用户可以通过输入污染源的名称进行模糊查询，查询结果将罗列在列表中，用户可以双击名称，则污染源居中显示（图6-23）。

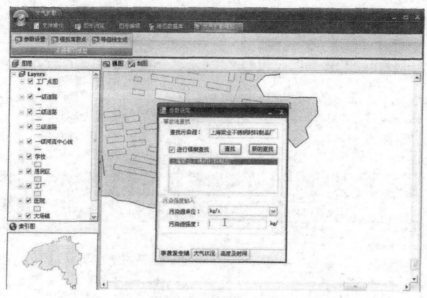

图 6-23   大气扩散模拟

查找到污染源后，用户输入模拟初始条件：如地域选择城市，时间为白天，大气稳定度为 C，风速为 8 m/s，风向为西南风，烟囱高度为 50 m，持续时间为 100 s。见图6-24。

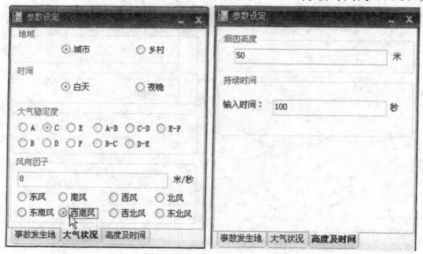

图 6-24   初始化条件

输入完初始模拟参数后，按模拟离散点按钮即可生成通过扇形图形筛选、坐标转换、调用大气扩散模型库计算出的污染物浓度值离散点。如图6-25所示。

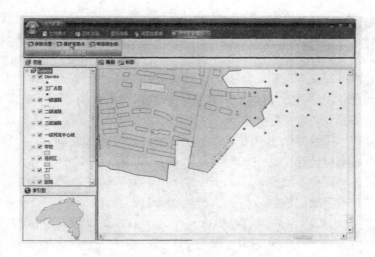

图 6-25　污染物浓度值离散点生成

　　选择生成等值线按钮，对污染物浓度值离散点生成等值线，用户可以观察出污染物影响范围。

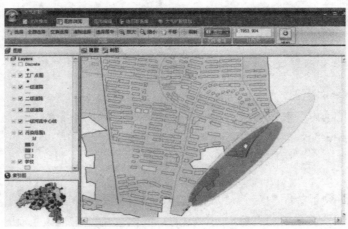

图 6-26　等值线生成

第三节　EGIS 在突发性大气污染事故应急管理中的应用

一、空气污染事故应急管理概述

（一）空气污染事故定义

空气污染事故是环境污染事故的一个子类别，它可以被定义为突然发生，造成或者可能造成大气污染，并导致人体健康受到损害、生态环境受到破坏，需要采取相应的应急处理处置措施予以应对的大气环境污染事件。空气污染事故一般较易发生在石油化工行业，这是因为石化工业使用、生产的化学品种类繁多、性质复杂，从原料到产品大多具有易燃易爆、有毒有害和腐蚀性等性质，其生产过程又多处于高温、高压或低温、负压等较为苛刻的条件下。此外，我国生产力水平仍较低，从业人员素质参差不齐，使得化学品特别是危险化学品的安全生产、储存、运输等管理显得比较薄弱。根据《全国环境统计公报（2001—2007 年）》，我国每年环境污染、环境破坏事故次数及其影响呈上升趋势，造成的直接经济损失高达数百亿元，其中大气污染事故占 31%～40%，是第二大事故类型。

比较典型的大气污染事故有以下几例：1986 年，原苏联切尔诺贝利核电站第四号反应堆发生爆炸起火，大量放射性物质外泄，造成 31 人死亡，233 人受到严重的放射性损伤，附近 13 万居民紧急疏散，经济损失高达 35 亿美元；2003 年，重庆市开县中石油川东钻探公司罗家 16H 气井发生特大天然气井喷事故，造成 243 人死亡；2005 年 11 月中旬，吉林石化公司的双苯厂突然发生爆炸，造成 5 人死亡，1 人失踪，60 多人受伤，附近数万居民被紧急疏散，直接经济损失达 8 200 余万元；2005 年 3 月 29 日，京沪高速公路淮安段一辆液氯槽罐车发生交通事故，大量液氯泄漏，造成附近村民 28 人死亡，350 多人住院治疗，1 万多群众紧急疏散；2007 年 5 月 11 日，中国化工集团沧州大化 TDI 有限责任公司，TDI 车间硝化工段发生爆炸，引发甲苯供料槽起火，造成 5 人死亡，重度伤 14 人，中度伤 4 人，轻伤 62 人，7 000 多人转移。

（二）突发性大气污染事故特点

1. 事故发生的必然性

人们通常总是认为，突发大气污染事件应该是可以避免发生的。但这在实际生活中很难做到。著名的 Murphy 定律可为此注解：某事件只要有发生的可能存在，不管其可能性有多小，该事件肯定会发生。

2. 事故发生的突然性

突发性大气污染事故发生突然、来势凶猛，没有固定的排污方式和排污途径，往往令人猝不及防。大气污染事故发生后，在很短的时间内就可能产生大量有毒有害气体。几乎所有常态为气体的危险化学物质都是以液相保存的，在形成气云的过程中，常常涉及物质相变，如液体的蒸发、闪蒸、液滴的蒸发和冷凝，形成气液两相混合物或低温云团，或者在气云中发生化学反应，云团温度发生变化，在扩散过程中云团和环境进行剧烈的热量交换等，最终可能引起燃烧、爆炸。

3. 事故发生的不确定性

突发性大气污染事故可以发生在生产运作的各个环节，包括生产所需的原料供应、半成品、中间体、最后的产品产出以及各个环节的运输等。大气污染事故的泄漏原因可能是由阀门破裂引起的泄漏，物体击穿容器引起的泄漏等；泄漏方式包括瞬时泄漏、连续泄漏。由于污染事故的发生往往由偶然时间引起，发生的时间难以确定。发生的类型、事故的严重程度难以确定，尤其是对生态环境造成的污染，其后果与影响往往难以估量。

4. 事故发展的不确定性

随着时间的推移，突发性大气污染事故在空间中的发展表现出不确定性，并且发展速度快，应对不恰当可能会导致事故恶化升级。

5. 危害的严重性

突发性大气污染事故往往在短时间内难以控制，破坏性强，会导致严重的人员伤亡和环境污染，造成巨大的经济损失。大气污染事故中，人群对有害因素（如毒性气体吸入、火灾热辐射、爆炸冲击波等）的暴露持续时间较短，有害因素强度（或浓度）大，在健康效应方面大多表现为急性效应，如呼吸急促、肺水肿、烧伤、冲击伤等，暴露于极高浓度毒性物质、高强度热辐射通量和冲击波超压等可能造成猝死。泄漏源位置一般都较低，当比重大于空气的物质泄漏时，由于重力的沉降作用，很容易沉降至近地面。同时，建筑物、自然障碍物和地形都会对扩散过程造成显著影响，使污染物在局部聚集，造成局部高浓度，导致发生事故地区的植被枯萎、死亡，破坏当地生态系统，污染物沉降后可能进入水圈或岩石圈而继续造成污染等。

6. 处置的艰难性

突发性大气污染事故的处理要求处置快速及时、措施得当有效，需要动员企业、政府相关部门以及社会力量的共同协作，花费大量的人力、物力和财力。

（三）突发性大气污染事故应急管理

1. 管理原则

由于突发性大气污染事故的以上特性，它的应急管理就显得尤为重要。根据《国家突发环境事件应急预案》，包括突发性大气污染事故在内的突发环境事件的应急管理实行坚持"统一领导，分类管理，属地为主，分级响应"的原则。

（1）统一领导原则。为了避免突发大气污染事故发生时，人们各行其是，忙中出错，同时便于集中人力、物力和财力加以应对，防止污染事故进一步扩大，应对污染事故要有统一的领导。

（2）分类管理原则。对不同类型的突发性大气污染事故要分类管理，并采取相应的应急管理措施，才能取得应有的成果。

（3）属地为主原则。突出地方政府在事件应急与管理中的地位和作用，因为地方政府对当地情况更为熟悉，在应对突发性大气污染事故应急管理中可起到重要作用。

（4）分级响应原则。对于不同级别的突发大气污染事件做出不同级别的应急响应，避免缩小或扩大事故范围，有利于应急资源的优化配置与效能最大化。

2. 管理措施

（1）危险源管理。对于重点防范危险源制定强化措施以尽量降低发生的可能性，减少损失，对于未列为重点防范的危险源不意味着可以放松警惕。结合危险源详细情况及所处位置等综合信息确定重点防范危险源。从污染类型分类，重点防范危险源可分为大气型和水体型危险源，但二者并无严格界限，如氰化钠为水体污染类型，但遇到与大量酸共存的情况也会污染大气等。

（2）重点防护区管理。重点防护区主要为重点防范危险源发生重大的突发性大气污染事故所危及的人群和地区，包括确定重点防护区的范围、自然环境、社会环境、人群分布、气候条件等，便于有针对性地进行污染处理和人群救援。

（3）应急响应管理。在接到污染事故报警后，应急响应应包括快速定位大气污染事故发生的方位，预测、模拟污染物可能的污染范围，确定污染事故等级，提出处理处置方案。为了科学、快速、高效地安排好各部门发挥良好作用，需要建立突发性大气污染事故应急处理系统，建立组织调度与监测能力查询库和应急处理技术咨询专家库，为事故发生后的紧急调度与事故分析处理决策打下基础。

（4）事故后恢复管理。主要包括突发性大气污染事故原因调查、恢复监测、事故损失评价、索赔方案、经验总结等，建立起灾后恢复的知识库。

（四）EGIS 在突发性大气污染事故应急管理中的应用

为快速有效控制污染范围，减少事故所造成的危害和损失，快速做出正确的应急对策，需要在 GIS 的支持下进行突发性大气污染事故应急管理系统的开发。GIS 可以对污染事故危险源、防范区等信息进行管理并对各种空间实体及其相互关系进行综合分析，并能以地图、图形或数据的形式表达处理结果。目前，基于 GIS 的突发性大气污染事故的应急管理主要应用在应急监测、预测预警、应急响应、灾后评估与恢复等方面，为大气污染事故应急管理提供科学依据。

二、突发性大气污染事故应急管理的 EGIS 需求

迅速了解造成突发性大气污染事故的污染物性质是进行应急处置的前提，所以，突发性大气污染事故应急管理系统要包含一个储存应急处置对象主要性质的数据库，为提出针对性强、操作性强、科学的突发性大气污染事故预案打下基础。同时，由于突发大气污染事故现场缺乏大量有效和有用信息，这就要求突发性大气污染事故应急管理系统对现场信息量的依赖程度不能太高。突发大气污染事件事发初期的各种处理处理措施是否妥当，决定了事件后续的影响程度和范围，因此，突发大气污染事件应急支持系统应该是一个能够快速给出简要明了应急解决方案的系统。

（一）基本信息管理需求

（1）数据处理：如对危险化学品资料、危险源和防范区的空间信息数据和属性信息数据、监测方法、危险品处置处理方法、案例等进行输入、输出、修改和删除。

（2）数据审核：对录入的数据进行审核，审核过程中发现不合理数据以及时进行修改或删除。

（3）数据检索：能够在时间比较紧迫的条件下检索到污染物性质，查询附近医院、消防、公安等机构信息，检索污染事故案例等内容，并能够对案例按照相似和差异性进行排序，为快速地制定污染事故解决方案打下基础。

（二）数据库需求

数据库分为属性数据库和空间数据库。

1. 属性数据库

（1）危险化学品信息数据库。危险化学品数据包括名称、危险性级别、爆炸条件、形状、颜色、味道、熔点、沸点、闪点、自燃温度、临界温度、临界压力、饱和蒸汽压、危

险品的致死浓度、致害浓度和安全浓度值、应急监测方法、应急处理处置方法等。

（2）气象数据库。气象数据主要包括气象观测站点位置、气象观测信息等。

（3）指挥数据库。包括大气环境质量检测数据库、检测方法库、检测重点实验室库、指挥部成员数据库、专家数据库、应急队伍数据库和应急设备数据库等。

（4）模型库。如高斯大气扩散模型、重气扩散模型等，以进行大气扩散模拟。

（5）政策法规、标准和预案数据库。政策法规主要包括《中华人民共和国大气污染防治法》等，标准如《环境空气质量标准》《大气污染物排放标准》等，预案主要是针对国内外常见的大气污染事故案例而总结出来的一套完整和科学的处理方法与手段，并能够对处理过程和污染事故进行自动整理和更新，为今后的突发性大气污染事故提供借鉴。

2. 空间数据库

（1）危险源数据库。危险源数据如化工厂、城市储气站、加油站、危险化学品仓库等的位置、规模、生产和储运状况等数据。

（2）背景图数据库。包括电子地图、遥感数据、大气环境环境质量检测点位图、敏感区点位图等。

（三）突发性大气污染事故应急管理的 EGIS 功能需求

在上述基本信息管理需求和数据库需求的基础上，突发性大气污染事故管理系统还要能够指导应急监测、为预测预警进行扩散模拟、为应急响应提供支持、辅助事故灾后恢复等。

1. 指导应急监测功能

管理各类空间数据与属性数据，在事故发生后能够快速集中关键信息，提供可视化的应急监测信息记录、处理和分析功能，动态生成各类监测报告，为现场应急监测提供指导。具体需求包括存储管理重点危险源、应急监测单位等信息，提供方便的空间信息与属性信息的交互查询、数据更新维护等操作，能够对实际应急监测起到辅助作用。输入事故各项参数后，能够表征事故特征，如事故位置、事故影响范围、事故等级等信息，并生成总体应急监测方案。根据现场应急监测实际情况，能够实时调整和模拟监测点及其采样数据，提供监测数据的展现、统计与分析，并能够与污染物大气污染综合排放标准实时比对。

2. 污染物扩散模拟功能

以 GIS 为平台，调用大气扩散模型对事故发生时的大气环境、污染物扩散过程、浓度时空分布进行模拟，以定位风险源，获取危险品发生事故后可能的时空分布情况、造成的危害以及污染物强度（或浓度）、需要疏散的人群等，并能够给出居民疏散通道和安全区域。

3. 应急响应支持功能

快速定位事故污染源、确定重点防护区，能够进行缓冲区分析、叠置分析、最短路径查询、大气扩散模型模拟、事故等级评价等，并结合应急预案数据等进行综合分析，给出参考的大气污染事故应急方法，为事故应急决策提供依据。

4. 事故灾后恢复支持功能

对环境敏感点进行后期监测，包括记录各跟踪监测点的污染物浓度、监测时间、备注信息，生成跟踪监测点的空间分布专题图；对大气污染事故造成的损失提供赔偿方案；提供污染区域的生态修复方案；根据需要完善突发性大气污染事故管理系统，更新和增加应急预案。

三、突发性大气污染事故应急管理 EGIS 解决方案

下面以沈立峰研究的大气污染预测及紧急处置辅助决策系统为例，给出突发性大气污染事故应急管理的 EGIS 解决方案。

（一）系统总体设计

系统采用以 C/S 和 B/S 相结合的混合体系结构。其中 B/S 方式用于查询和浏览，其特点是具有广泛的信息发布能力。B/S 对前端的用户数目没有限制，客户端只需要普通的浏览器即可。相对于 C/S 结构，B/S 的维护灵活性更大。系统结构的整体设计如图 6-27 所示。ArcIMS 软件用于建立 GIS 地图、数据和应用，只能浏览地图，进行地图缩放、平移。大气污染扩散模型的图形显示、事故点添加必须通过 MapObjects 软件开发的应用程序，当 MapObjects 将模型、事故点图层的数据修改后，ArcIMS 再调用时，地图发生了修改，上述过程通过 MapObjects IMS 和 WebServer 通信联络。

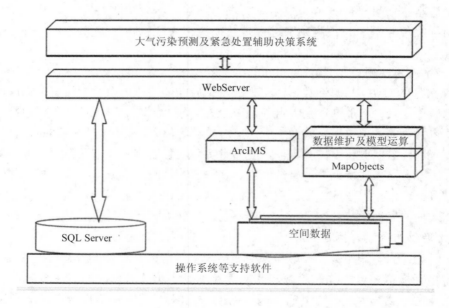

图 6-27　系统整体设计图

从总体功能来看，系统分污染事故信息管理子系统和污染事故辅助决策子系统部分。事故信息管理功能主要包括环境风险源信息管理、环境敏感点信息管理、危险品信息管理、案例信息管理等。污染事故辅助决策支持功能主要包括污染事故应急处置向导、污染扩散模型分析等功能。系统功能结构如图 6-28 所示。

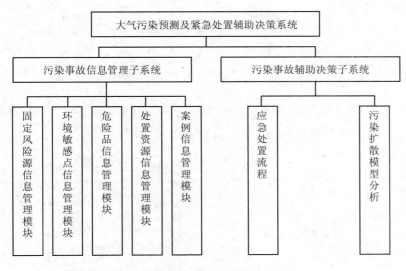

图 6-28 系统功能结构

（二）数据库设计

大气污染预测及紧急处置辅助决策系统数据包含属性数据、空间数据两类。属性数据用于描述对象特征性质，是与空间位置没有直接关系的代表实体特定含义的数据，存储在 SQLServer 数据库中；空间数据是与地物实体的空间位置有关的数据属性数据。数据库组成如图 6-29 所示。

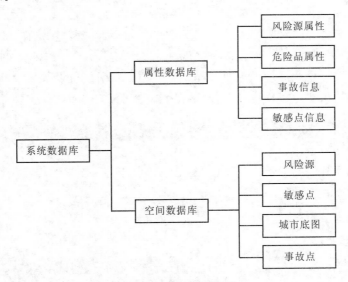

图 6-29 系统数据组成

（三）污染事故信息管理子系统

系统收集了苏州市区范围内 91 家固定风险源及其存储的 65 种危险化学品，事故发生后，处置部门能够迅速了解风险源属性信息（法人代表、企业规模、主要原料、主要产品、所属行业、经度、纬度、联系电话、联系人等），每个风险源中危险品的存储情况，包括危险品名称、化学品状态、年使用量、年生产量、年储存量、最大储存量、日使用量、日生产量、日储存量、储存位置和存储方式等信息。

1. 固定风险源信息管理模块

固定风险源查询检索界面如图 6-30 所示。输入行业名称、风险源名称、存储危险品名称。这里行业选择化学原料及化学制品，名称、危险品为空，检索结果为数据库中该行业的所有企业（图 6-31）。

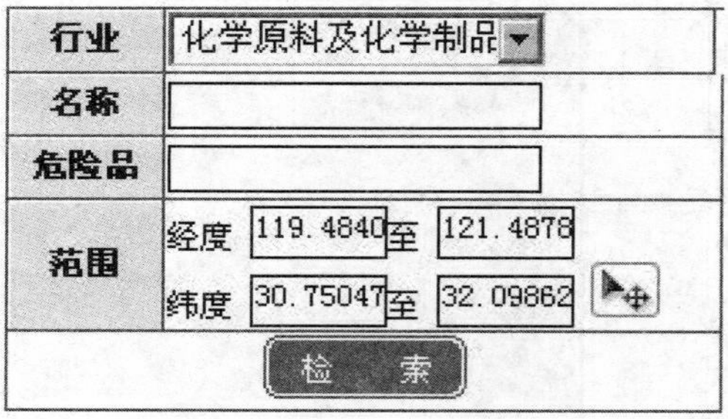

图 6-30　风险源查询检索界面

图 6-31　符合检索条件的风险源列表

点击风险源名称，进入风险源基本情况信息页面，如图 6-32 所示。页面包含的信息有风险源基本情况和危险品的存储情况。风险源基本情况如风险源名称、地址、经纬度、企业性质、法人代表、企业规模、主要产品、主要原料、所属行业等。危险品存储情况如危险品名称、化学品状态、年使用量、年储存量、储存方式等。

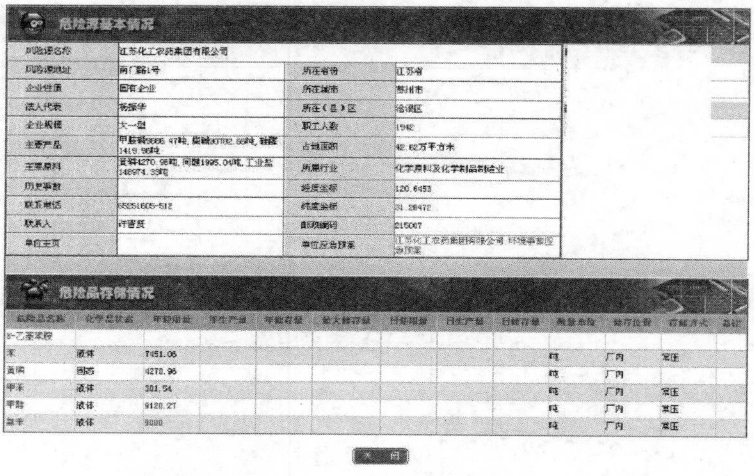

图 6-32　风险源基本情况

2．环境敏感点信息管理模块

环境敏感点在大气污染预测及紧急处置辅助决策系统中主要包括学校、新村、医院、大型商场、旅游景点、星级饭店，在地理信息系统中相对应为 5 个图层。当污染事故发生后，当污染情况较重、污染物对人体健康有威胁时就需要疏散人群。通过敏感点信息管理模块，可以对指定地图范围内的敏感点进行属性查询。

以新村为例，在地图参考图层列表中，将新村图层作为活动图层，点击左侧工具栏的"属性表查询"，出现"＋"，框定要查询的范围，随后弹出"图层属性表"，在表上获取所要的关于该敏感目标的信息（图 6-33）。

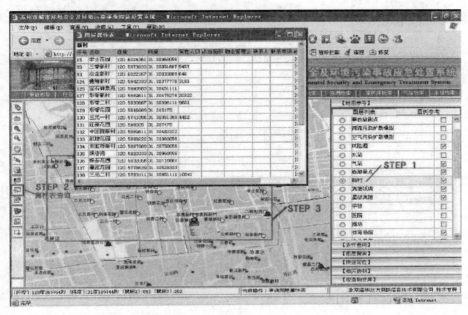

图 6-33 环境敏感点属性查询界面

3．危险品信息管理模块

系统中收集了 1 400 多种化学危险品（烃、醛、酮、醚、酸、酯、氧化物、杂环类、有机金属类、无机物等）各种资料，如化学危险品的中文名、英文名、别名、分子式、分子量、熔点、沸点、闪点、蒸汽压、外观性状、溶解性、危险等级、主要用途等（图 6-34），并给出了其对环境的影响以及现场应急监测方法、实验室监测方法、环境标准、应急处置方法等。污染事故发生时，管理者利用系统提供的危险品查询工具可以迅速查询到上述信息。

4．处置资源信息管理模块的实现

该模块采用网页浏览的方式查询苏州市环境污染事故应急处置联动单位、应急监测、应急控制、环境恢复、应急救治、应急管制等资源信息。如图 6-35 所示。

图 6-34　危险品详细资料

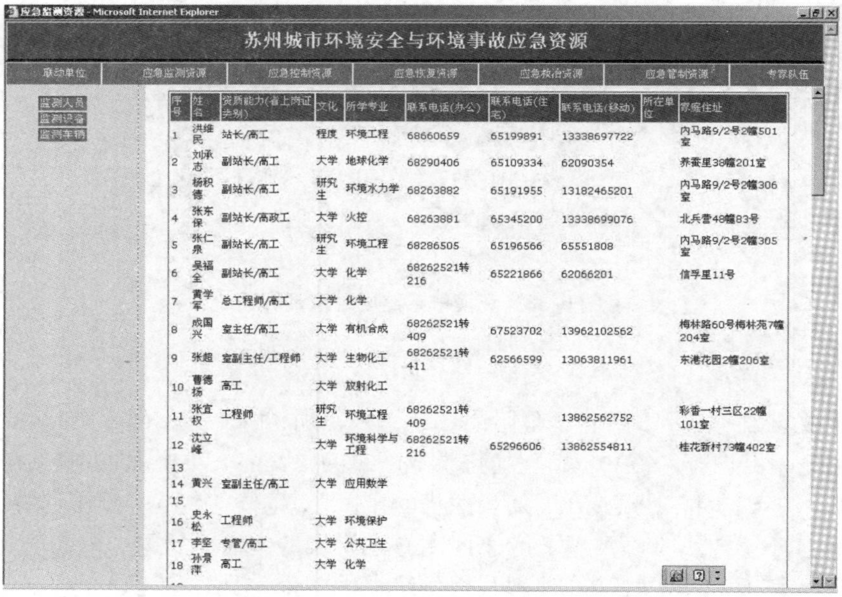

图 6-35　处置资源信息管理界面

5. 案例信息管理模块

系统中收集过去发生的部分典型环境污染案例信息，供处置类似环境污染事故参考。污染事故查询界面如图 6-36 所示。可按各种条件对事故进行查询检索。系统提供的查询方式包括：按污染事故名称、事故类别、风险源名称、主要污染、发生日期、参与专家查询、污染事故状态（是否结束）、到达路线和地理坐标等方面进行查询。

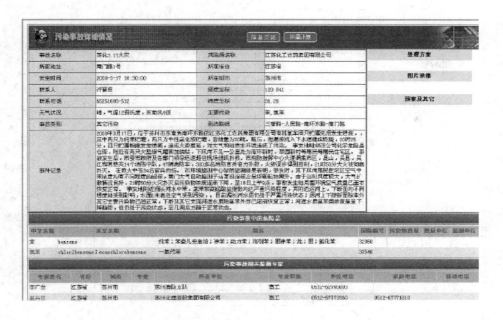

图 6-36　污染事故案例详细情况界面

（四）污染事故辅助决策子系统

1. 应急事故管理

（1）应急事故管理流程。应急事故管理流程模块提供污染事故处置程序向导，可在事故发生后根据向导建立事故相关记录。应急处置向导提供污染事故应急处置流程向导，完成从事故发生到按步骤启动应急处置程序、再到应急处置终止的相关导引，协助处置人员快速进入对应角色，掌握突发事故最新详细数据，提供处置事故的有效支持。应急事故管理流程的实现包括：添加事故基本信息、选择事故现场添加方式和事故信息编辑。应急事故管理流程如图 6-37 所示。

（2）应急事故管理流程界面。在"事故生成向导—添加事故名称"页面，添加事故名称、主要污染和发生时间，输入界面如图 6-38 所示。

填写完毕后点"下一步"按钮，进入"事故生成向导—选择事故现场添加方式"页面，如果是固定风险源发生的事故选择"从已有风险源中选择"，否则选择"直接添加事故现场情况"，如图 6-39 所示。

点击"下一步"按钮，系统根据事故添加的不同方式，进入相应页面：

如选择了"从已有风险源中选择"，则跳转到"风险源检索"页面（同图 6-30），填写检索条件后点击检索，显示检索出的风险源列表（同图 6-31），点击要添加的风险源名称，进入风险源详细信息页面，点击"添加"按钮，添加风险源到新建的事故中；系统自动跳转到事故编辑页面，如图 6-40 所示。

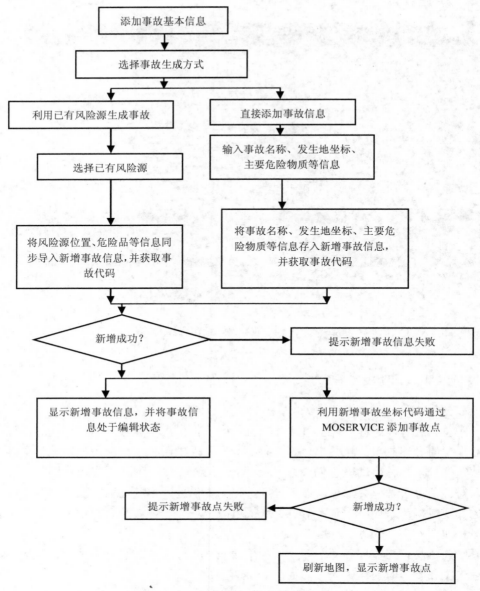

图 6-37 应急事故管理流程

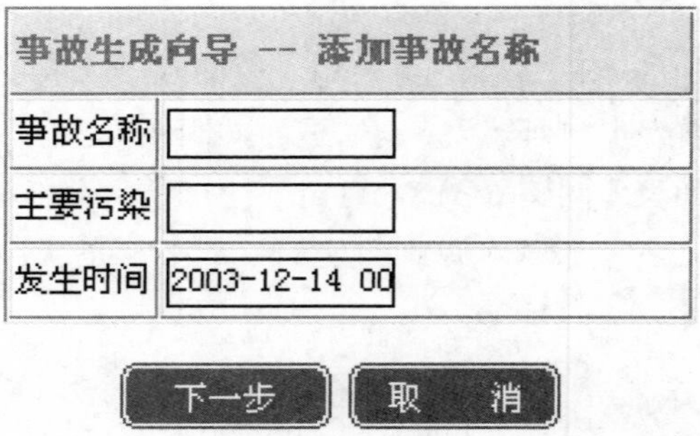

图 6-38 添加事故名称

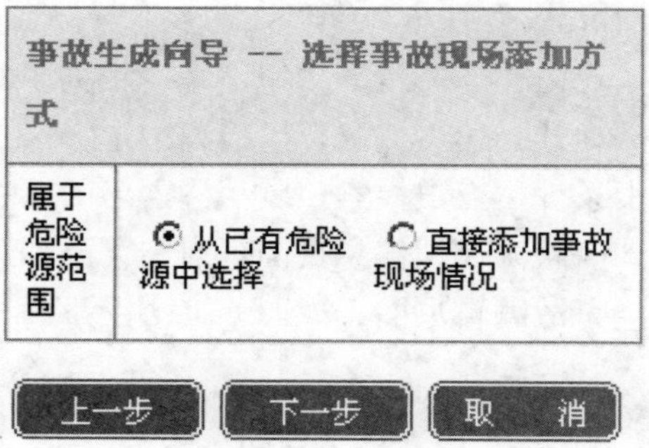

图 6-39 事故现场添加方式

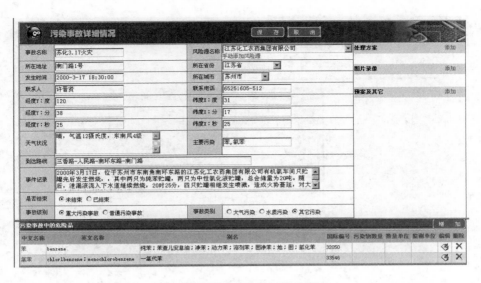

图 6-40 污染事故详细情况界面

如选择了"直接添加事故现场情况",则跳转到"事故生成向导—添加事故现场信息"页面,如图 6-41 所示。

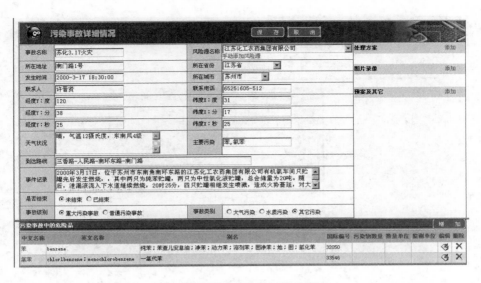

图 6-41 添加事故现场信息页面

2. 污染扩散模型分析

在污染扩散模型分析模块中内置大气污染扩散的基本模型,根据简单参数及地貌环境等因素预测环境影响程度和范围,以地图的方式预测污染发展趋势,给管理者提供决策参考。通过输入参数,生成污染扩散模拟图,如图 6-42 所示。

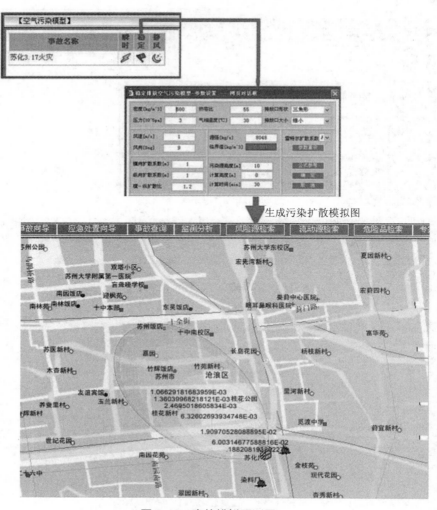

图 6-42　事故模拟预测图

　　图中不同颜色表示污染物的不同浓度范围。在面对突发性环境污染事故时，运用污染扩散模型分析模块能够迅速、准确地获取相关污染源详细资料，在输入风速、风向、大气稳定度、污染物泄漏量、发生事故地点的地理坐标、预测时间等信息后，能在电子地图上及时、直观地显示出污染物的扩散范围，可了解浓度分布情况，布设污染事故监测点，确定受影响的敏感点，及时发出预警信息，疏散人群，合理调配应急资源，组织应急队伍等，对控制有毒气体的危害范围、最大限度地减少人员伤亡、财产损失以及清除污染等也起着关键性的作用。

思考题

1. 什么是大气环境质量？大气环境质量的评价方法是什么？
2. 大气环境质量信息管理的功能包括哪些？

3．影响大气污染扩散的因子有哪些？列举主要的大气污染扩散模型。

4．简述大气污染扩散模型 EGIS 的解决方案

5．什么是空气污染事故，它有哪些特点？

6．简述突发性大气污染事故应急管理 EGIS 解决方案。

参考文献

[1]　唐孝炎，张远航，邵敏，等. 大气环境化学[M]. 北京：高等教育出版社，2006.

[2]　徐新阳. 环境评价教程[M]. 北京：化学工业出版社，2010：31-65.

[3]　王桥. 环境信息系统工程[M]. 北京：科学出版社，2011：8-9.

[4]　郝吉明，马广大，王叔肖. 大气污染控制工程[M]. 北京：高等教育出版社，2010.

[5]　李东东. 基于 GIS 的区域大气环境信息系统[D]. 山东师范大学，2009.

[6]　区域大气环境信息管理及展示平台设计与实现[D]. 华南理工大学，2011.

[7]　宋旭. GIS 技术在大气环境质量评价中的应用[D]. 大庆石油学院，2008.

[8]　张云海，马雁军，杨洪斌. 辽宁省大气环境信息管理系统[J]. 环境科学与技术，2005，28：25-26.

[9]　肖奇. GIS 支持下的大气环境质量评价研究[D]. 中南大学，2011.

[10]　GB3095—2012. 环境空气质量标准[S]. 北京：中国环境科学出版社，2012.

[11]　刘小丽.房山区大气污染扩散模型 WebGIS 设计与软件实现[D]. 北京：北京林业大学，2012.

[12]　欧阳坤. 基于三维和时态 GIS 的大气污染扩散模拟系统研究与实现[D]. 北京：清华大学，2011.

[13]　邬毅敏. 基于 GIS 的大气点源污染高斯烟羽扩散模拟研究[D]. 上海：华东师范大学，2010.

[14]　李旭祥，沈振兴，刘萍萍，等. 地理信息系统在环境科学中的应用[M]. 北京：清华大学出版社，2008.

[15]　曾睿. 基于案例推理的突发大气污染事件应急支持系统的研究[D]. 昆明理工大学，2010.

[16]　邵超峰，鞠美庭，张裕芬，等. 突发性大气污染事件的环境风险评估与管理[J]. 环境科学与技术，2009，32（6）：200-205.

[17]　李佳. 突发性大气污染事故的应急监测分析[J]. 环境科学与技术，2012，35（12）：245-248.

[18]　周慧霞.突发性大气污染事件人群健康风险评价技术研究[D]. 北京：中国疾病预防控制中心，2010

[19]　陈英. 突发性环境污染事故应急监测预案的研究[J]. 江苏大学，2007.

[20]　陈静，吕丹. 突发环境污染事件薄弱环节分析[J]. 环境研究与检测，2012，4：25-28.

[21]　吴秀丽，陈锁忠，钱谊. 基于 GIS 的大气污染应急监测方案自动生成研究[J]. 安徽农业科学，2010，38（18）：9709-9711.

[22]　王磊，刘涛，王勇. 大气污染事故应急监测、预警与风险评估系统建设[J]. 环境科技，2012，25（2）：54-57.

[23]　陈文君，陈锁忠，都娥娥，等. 突发性大气污染事故应急监测系统的设计与开发[J]. 地球信息科学学报，2011，13（1）：65-71.

[24]　沈立峰. 大气污染预测及紧急处置辅助决策系统的研究与实现[D]. 苏州大学，2007.

第七章　EGIS 在生态环境空间分析与评价中的应用

基于 GIS 的生态环境信息系统突破了传统的生态环境管理系统的开发模式，使生态环境管理与决策建立在空间数据与属性数据结合的基础上，通过空间数据与属性数据的结合，进一步进行空间分析，同时通过 GIS 可视化的功能使信息及空间分析的结果以各种直观图形、图表、多媒体的方式显示出来，可以为生态环境管理与保护提供良好的决策支持。本章重点将阐述生态环境数据的存储与管理、生态环境空间分析模型和基于 EGIS 的生态环境质量评价方法。

本章学习重点：
- 了解生态环境数据的来源
- 理解生态环境数据的特征
- 了解常用的生态环境空间分析模型
- 掌握基于 EGIS 的生态环境质量评价方法

第一节　生态环境数据的存储与管理

生态环境涉及自然世界的各个方面，包括自然的硬质的生态环境，如地质、地貌、气象、水文、土壤、植被、降水、风沙、大气污染等，以及社会经济、文化等软质的生态环境，如人均 GDP、绿化率、人口密度等问题。因此，生态环境数据来源异常丰富，数据源格式不统一，要有效利用生态环境数据及理解生态环境数据的存储与管理，必须要首先了解生态环境数据的特点、生态环境数据质量问题的来源有及数据质量控制方法等内容。

一、生态环境数据特点

（一）生态环境数据、信息的相关概念

生态环境数据是生态环境要素有关的物质的数量、质量、分布特征、联系和规律等的数字、文字、图像、图形等的总称。可以说自然界 90% 以上的生态环境数据都具有空间特征，因此，生态环境数据是典型的地理数据。生态环境信息和生态环境数据不同，生态环境数据是生态环境信息的来源，经过组织、加工、处理的数据才称为生态环境信息。也可以说，生态环境信息是生态环境数据所蕴含和表达的生态环境含义。

生态环境信息按照信息的量化程度可分为：可量化信息和不可量化信息，其中可量化信息能够运用数学模型或地理信息系统空间分析功能进行深度处理，而不可量化信息主要

采用特定的管理方式进行信息的汇集、查询、修改，为生态环境管理和决策服务。按照生态环境信息与地理位置的关系，可将信息分为空间信息和非空间信息。

（二）生态环境数据的来源

按照数据产生的方式来分，生态环境数据的来源主要有以下几类：

1. 监测数据

生态环境监测统计数据是 EGIS 中属性数据的主要来源，我国各级环境监测部门为了了解环境污染的现状，采用人工和自动化设备进行大气、水、土壤等自然环境要素的监测分析，获取的大量监测数据将成为 EGIS 中的重要数据源。

2. 统计数据

统计数据也是 EGIS 中的重要数据源，与生态环境有关的统计数据主要包括社会经济的各种统计数据，如人口数量、人口构成、国民生产总值等；生态环境统计数据包括各种统计年鉴和报告，如环境统计年鉴、环境统计报告、生态建设与水土保持工作情况汇报、水利综合统计年报、环境保护规划等数据。

3. 地图

各种类型的普通地图和专题地图是地理信息系统最主要的数据源，因为地图是地理数据的传统描述形式，是具有共同空间参考的点、线、面的二维平面形式的表示，地图的内容丰富，图上实体间的空间关系直观，实体的类别或属性清晰，其中，实测地形图还具有很高的精度，是地理信息的主要载体，同时也是地理信息系统最重要的信息源。我国地理信息系统的图形数据大部分来自地图。

4. 遥感影像

20 世纪 60 年代以来，遥感技术在国民经济的各个方面都有了广泛的应用。如监测地表资源、环境变化；了解沙漠化、土壤侵蚀等缓慢变化；监视森林火灾、洪水和天气迅速变化状况；进行作物估产等。遥感影像是地理信息系统中一个极其重要的信息源。通过遥感影像可以快速、准确地获得大面积的、综合的各种专题信息，这些影像资料都为地理信息系统提供了丰富的信息。其中，卫星遥感资料可以及时地提供广大地区的同一时相、同一波段、同一比例尺、同一精度的空间信息，航空遥感可以快速获取小范围地区的详细资料。

遥感作为获取和更新空间数据的有力手段，能为地理信息系统及时、正确、综合和大范围地提供各种资源和环境数据。遥感所具有的动态特点对地理信息系统数据库多时相更新极为有利。在解决大范围的以统计为主的地理信息系统中，获取遥感信息显得尤为重要。

5. 其他 GIS 数据源

目前，随着各种专题图件的制作和各种 GIS 系统的建立，直接获取数字图形数据和属性数据的可能性越来越大。数字数据也成为 GIS 信息源不可缺少的一部分。但对数字数据的采用需注意数据格式的转换和数据精度、可信度的问题。除此之外，各种文字报告和立法文件在一些管理类的 GIS 系统中有很大的应用。如在城市规划管理信息系统中，各种城市管理法规及规划报告在规划管理工作中起着很大的作用。

（三）生态环境数据的特征

空间数据是 GIS 的核心，也可以称它是 GIS 的"血液"，因为 GIS 的操作对象是空间数据，因此设计和使用 GIS 的第一步工作就是根据系统的功能，获取所需要的空间数据，并创建空间数据库。生态环境数据是典型的地理数据，生态环境信息是信息的一种，除了具有信息本身的所有特征，如属性及时间特征以外，还有一些独特的特征，其中空间特征是区别于其他信息的最本质的特征。

由于生态环境数据都与空间位置有关，因此，生态环境数据具有明显的空间特征，除此之外，还具有其他数据的特点，如单点多重属性特征和随时间变化的时间特征。如河流线要素，其具有空间上分布的地理位置特征，又具有河流相关属性信息，如河流的等级、长度、宽度、河流段面的水质情况、归属单位等，同时该河流会随着时间的变化，相关特性也会改变的特性。同样，对于其他点状、面状地物也具有同样的特性。

二、生态环境空间数据质量控制

（一）生态环境空间数据质量研究的意义

生态环境要素的空间数据是生态环境质量评价的主要对象，是 EGIS 的"血液"。生态环境数据库的建立工作，80%的内容与数据有关，如数据获取、数据处理、分析和管理等，其中数据的质量控制是 GIS 数据质量可靠性的重要保证。研究生态环境空间数据质量的目的在于加强数据生产过程中的质量控制，提高数据质量。

在解决生态环境问题的实践当中，数据来源的准确性是生态环境评价精度的重要保障，从空间数据的形式表达到空间数据的生成，从空间数据的处理变换到空间数据的应用，在这两个过程中都会有数据质量问题的发生。而 GIS 中数据质量的优劣，决定着系统分析质量以及整个应用的成败。因此，在利用来源多种多样的生态环境数据进行空间数据建库前，加强生态环境空间数据的质量是重要的内容。

（二）生态环境数据质量问题的来源

空间数据是对现实世界中空间特征和过程的抽象表达。由于现实世界的复杂性和模糊性，以及人类认识和表达能力的局限性，这种抽象表达总是不可能完全达到真值，而只能在一定程度上接近真值。从这种意义上讲，数据质量发生问题是不可避免的；另一方面，对空间数据的处理也会导致出现一定的质量问题。下面将从生态环境数据的生成、处理、应用等几个方面介绍生态环境数据质量的问题来源。

与生态环境空间数据质量相关的几个概念有误差、数据的准确度、数据的精度、空间分辨率、比例尺和空间不确定性。其中，我们通常用误差来衡量空间数据的质量，误差定义为空间数据与其真实值的差别。生态环境数据的来源是多方面的，从生态环境原始数据的采集录入、生态环境数据库的建立和生态环境数据分析处理及输出过程中都会引入新的误差。根据 P.A.Burrough 的建议，可以将 GIS 数据误差的来源归纳为 3 类，如表 7-1 所示。

表 7-1　空间数据误差的来源

误差类型	误差来源	误差特征
源误差	数据年代；数据的空间覆盖范围；地图比例尺；观测密度数据的可访问性；数据格式；数据与用途的一致性；数据的采集处理费用	明显、易探测
由自然变化或原始测量引起的误差	位置误差；属性误差；质量和数量方面的误差；数据偏差；输入输出错误；观测者偏差；自然变化	不明显、难测定
GIS 处理过程引起的误差	计算机字长引起的误差；拓扑分析引起的误差；逻辑错误；地图叠置操作；分类与综合引起的误差；分类方法；分类间隔内插方法	复杂、难探测

资料来源：汤国安，赵牡丹，杨昕，等. 地理信息系统. 北京：科学出版社，2010。

按照 P.A.Burrough 对误差的来源归纳，我们将影响生态环境数据质量的误差分为原始数据采集过程中的源误差和数据操作过程中的操作误差两种。下面分别介绍数据源误差和操作误差的各种类型。源误差是指数据采集和录入中产生的误差，主要包括 GPS 现场数据采集、现有专题地图数字化、遥感数据、生态环境指标数据测量、因子指标的属性记录、统计数据错误等的误差。数据操作过程中的操作误差主要指数据录入后进行空间数据处理过程中产生的误差，它是除了 GIS 原始录入数据本身带有的源误差外，空间数据在 GIS 的模型分析和数据处理等操作中引入的新误差，主要包括计算误差、拓扑叠加分析引起的数据误差、数据处理误差。

1. 生态环境数据的源误差

（1）GPS 现场数据采集引入的误差。利用 GPS 设备进行野外现场测量时，获取数据中的误差主要包括控制测量误差和碎部测量误差，从而影响空间数据的位置精度。其中控制点误差受控制网的参考基准、网形和观测精度以及观测费用等因素的影响。碎部点误差除继承了控制点的误差外，还受自身的观测方法、观测精度和地界的人为判断，以及地物地貌的取舍等因素的影响。地面测量数据中的误差主要表现为随机误差、系统误差或粗差。

（2）专题地图数字化过程中引入的误差。数字化也称矢量化，其过程实际上是产生和矢量数据结构相适应的 GIS 空间数据的过程，即把经过分类和编码的地理要素的空间位置，转换为一系列坐标，然后将这些坐标按照确定的数据格式存入到计算机中去。目前，数字化的方法主要有手扶跟踪数字化仪数字化和屏幕跟踪数字化等。其中屏幕跟踪数字化不需要外部设备，如数字化仪进行数字化，只需要对纸质地图进行扫描、配准后利用 GIS 软件或矢量化工具进行数字化即可。成本低、操作方便是屏幕跟踪数字化的优势。

在 GIS 所有数据来源中，对现有纸质地图进行扫描后数字化获取图形数据是生态环境数据来源的重要方式。屏幕跟踪数字化过程中引入的误差主要包括作为数字化的底图图纸变形或污染导致地图要素的空间位置发生变化或要素不清晰、空间点位和线段的丢失和重复、线段过长或过短、线段不封闭、线的公共节点不重合等错误。对于数字化过程中出现的错误，通常利用目视检查、机器检查和图形检查等方法进行误差控制。其中，目视检查主要用以检查一些显著的错误，例如线段的丢失、线段过长等；机器检查主要利用 GIS 软件中拓扑处理工具来完成数字化数据拓扑一致性的逻辑检验；图形检查是对数字化原图进行图形的详细检查，通常是利用透光桌，将数字化文件输出的地图覆盖在原图上，通过人工进行图形的逐一比较。

（3）属性数据录入过程中引入的误差。对于利用现有纸质地图进行数字化后的空间图形，即数字线划地图（DLG，Digital Line Graphic），是与现有线划基本一致的各地图要素的矢量数据集，且保存各要素间的空间关系和相关的属性信息。其中，属性数据的输入正确与否是关乎到数据所载负的地理信息的正确性。在输入其属性数据时，要注意 DLG 的要素分类与代码的正确性、要素属性值的正确性、属性项类型的完备性、数据分层的正确及完整性、注记的正确性、属性表字段定义的正确性等方面的内容，从而保证生态环境属性数据的正确性。

（4）遥感数据处理过程中引入的误差。遥感影像是地理信息系统中一个极其重要的信息源。遥感影像的信息要进入 GIS，很重要的一个过程就是图像解译，即从图像中提取有用信息的过程。在这一过程中，我们需要利用专业软件，如 ENVI、ERADS、PCI、MAPER 等遥感图像处理软件进行图像数据处理分析，其过程大致包括：图像预处理、解译和格式转换等步骤。在图像进入专业图像处理软件之前，遥感数据源本身会存在着误差，如因为遥感平台位置和运动状态变化、地形起伏、地球表面曲率、地球自转及大气等原因造成了遥感图像的几何误差和辐射误差。

在对遥感图像进行预处理、解译和格式转换等步骤过程中，会带来一定的误差，如遥感图像预处理过程中，需要利用地面控制点进行几何纠正、图像增强和解译分类等。几何纠正操作会引起平面位置和专题误差。图像增强处理会使得图像像元值发生改变，导致地物反射和辐射量变化，从而带来图像信息量的损失，造成误差。遥感影像的解译分类本身就是一个引入显著误差的过程，由于图像分辨率、影像尺度、判读人员对该地区地物的熟悉程度及解译技能等因素都是导致图像解译分类带来误差的原因。最后，对于遥感分类图像的格式转换也是引入误差的一个方面，当遥感分类栅格图像转换为矢量的分类图形时，由于转换算法、栅矢数据结构表达地物的差异等因素会导致显著的地物类型及面积的差异，从而引入误差。

（5）生态环境指标因子测试、统计数据中的误差。在生态环境指标因子测试时，由于仪器设备、方法等原因会造成测试数据的误差。另外，在生态环境统计年鉴、相关统计报告及数据表中，常常会因为录入人员的失误造成指标因子的数据值发生偏差或错误，进而影响原有生态环境数据。此时，采集相关数据要注意对离群数据值的剔除和修正，从而在一定程度上保证数据的可靠性。

2. 生态环境数据处理过程的操作误差

（1）计算机字长引起的误差。计算机能否按需要的精度存储和处理数据，主要取决于计算机字长。例如，16 位的计算机在存储低分辨率的栅格图像时不会出现问题，但存储高精度的控制点坐标或点位精确度要求高的地理数据时，则不能胜任。因此，在计算机字长不够的情况下进行许多大数据的运算，会出现较大的舍入误差。图形图像处理的算法选择也与计算误差相关。一般来说，与数据源误差相比，数据处理过程中引入的计算误差较小，可以忽略不计。

（2）拓扑分析引起的误差。GIS 拓扑分析会产生大量的误差。例如，在生态环境评价中，叠置分析是 EGIS 中很常用的一种分析方法。通过同一地区不同专题图层的叠置组合，产生新的图层和属性信息。这一过程，往往产生拓扑匹配、位置和属性方面的数据质量问题。在多层数据叠置过程中，多边形的边界可能不完全重合，从而产生大量无意义的多边形。首先编辑处理这些无意义多边形的结果往往会改变边地物要素的边界线的位置，会造成地物要素的类型及面积的误差。其次，叠加后形成的新的多边形，其属性值的确定也可能存在属性分配带来的误差。

（3）数据处理过程中的误差。GIS 的数据处理内容丰富，主要包括数据变换、数据重构和数据提取。数据变换包括几何纠正和投影转换等，以实现空间数据的几何配准。数据重构包括结构转换、格式转换、类型转换等，以实现空间数据在结构、格式和类型上的统一，多源和异构数据的连接与融合。数据提取包括类型提取、窗口提取和空间插值等。

在数据处理过程中，如几何纠正、坐标变换和比例变换、投影变换、空间数据编辑、数据压缩和重分类、数据格式转换、数据裁剪、空间内插、矢栅数据转换等数据操作处理都会引起一定的误差。

以上讨论了生态环境空间数据质量的误差类型，主要包括原始数据本身含有的源误差和随后空间数据操作中引入的误差。需要说明的是，在数据输出和数据使用过程中也会带来误差，如数据输出过程中由于比例尺、输出设备和媒质不稳定（如图纸伸缩）等因素都会带来误差，而在成果使用时，由于用户的错误理解信息和不正确的使用信息也会带来一定的误差。但总的来说，原始数据的误差远大于空间数据操作中引入的误差和其他类型误差，因此，要想控制生态环境空间数据的产品质量，良好的原始生态环境数据源和数据处理环节过程中的质量控制是重要保障。

（三）生态环境数据质量控制的方法

空间数据的质量控制是针对空间数据的特点来进行的，主要包括数据完整性、数据逻辑一致性、数据表达的合理性、位置精度、属性精度、时间精度，以及一些关于数据的说明。空间数据的质量控制就是通过采用科学的方法，制定出空间数据的生产技术规程，并采取一系列切实有效的方法在空间数据的生产过程中，针对关键性问题予以精度控制和错误改正，以保证空间数据的质量。

应该说，空间数据的质量控制是复杂而困难的。因为从生态环境空间数据的产生到处理和应用过程中，都会带来误差，从而影响空间数据质量。因此，有必要从数据产生、处理和应用等各环节要加强数据质量的控制，提高空间数据的准确性和可靠性，为 EGIS 空间分析和专题应用研究提供高质量的空间数据。

一般来说，空间数据的质量控制主要有几个方法。

1. 传统手工方法

主要指将数字化数据与数据源进行比较，来检查数字化数据与数据源在内容、逻辑上和属性上是否具有一致性。图形部分的检查包括目视方法、绘制到透明图上与原图叠加比较，对于图形也可以利用机器，如 GIS 软件中的拓扑处理分析工具进行拓扑关系正确性检查；属性部分的检查采用与原属性逐个对比或其他比较方法，检查内容包括要素分类与代码的正确性、要素属性值的正确性、空间数据连接关系的正确性等。

2. 元数据方法

元数据是指处于操作数据后面的数据，也称为关于数据的数据。用于描述数据的起源、意义和由来等。其主要目标是提供数据资源的全面指南。因此，数据集的元数据中包含了大量的有关数据质量的信息，通过它可以检查数据质量，同时，元数据也记录了数据处理过程中质量的变化，通过跟踪元数据可以了解数据质量的状况和变化。如通过元数据可以发现数据图层的空间参考是否满足数据建库要求；通过元数据也可以了解某个数据图层的属性项的阈值及记录值是否存在问题等。

3. 地理相关法

用空间数据的地理特征要素自身的相关性来分析数据的质量。例如，从地表自然特征的空间分布着手分析，山区河流应位于微地形的最低点，因此，叠加河流和等高线两层数据时，若河流的位置不在等高线的外凸连线上，则说明两层数据中必有一层数据有质量问题，如不能确定哪层数据有问题时，可以通过将它们分别与其他质量可靠的数据叠加来进一步分析。因此，可以建立一套有关地理特征要素相关关系的知识库，以备各个空间数据层之间地理特征要素的相关分析之用。

三、生态环境要素空间数据库构建

（一）生态环境要素空间数据库构建的意义

由于生态环境科学涉及多要素、多变量的相互作用和耦合分析，不可避免地要涉及多处数据源。目前，由于生态环境空间和属性数据量逐渐增大，海量数据的管理方式必须突破传统的管理方式才能提高效率，而地理信息系统的产生无疑为生态环境要素的数据管理带来有效的保障。

生态环境科学涉及自然、社会、经济、环境、资源、人口等诸多领域的信息资料，必须通过建设数据库，将这些基础资料存储起来，便于全面分析和检索。数据库的建设包括空间数据库的建立、属性数据库的建立和空间数据与属性数据一体化。

（二）生态环境要素空间数据库构建的内容

建立区域生态环境评价因子 GIS 数据库，可以实现数据的高效管理和查询，为生态环境建设服务。生态环境要素空间数据库构建的内容主要包括：空间几何数据库的建立、非空间属性数据库的建立和空间数据与属性数据的关联。空间数据库的建立包括数据的采集、输入、编辑、预处理和面向对象的数据组织等方面，可运用 ArcGIS、MapGIS、SuperMap 等地理信息系统基础软件进行空间数据库的建立。总的来说，生态环境要素空间数据库主要记录与存储生态环境因子的位置（地理坐标）、形状及其空间关系。根据数据形式可分为若干子库：①图形数据库：主要存储生态环境因子专题系列图（如行政区划图、土地资源图、水系分布图、土壤分布图等），是生态环境空间统计、分析的基础。②高程数据库：以矢量（TIN）或栅格（GRID）形式采集和存储地面高程数据，为图形和图像处理提供空间三维信息。③遥感图像数据库：主要存储多类型、多层次的航空、航天遥感图像数据。

属性数据库的建设有两种形式：一种是在空间数据库的建设过程中，将与空间数据相关联的属性数据输入系统中，实现空间数据与属性数据的匹配，即采用数据文件的方式进行存储，如*.dbf 和*.xls 等文件形式进行存储管理，这种情况一般在数据量较少的情况下可以以文件形式储存管理数据；另一种是利用关系数据库软件，如 Access、SQL Server、

Oracle 等数据库建设软件建立属性数据库，应用时通过关键字段的关联实现相互调用、查询、分析等操作，这种属性数据的管理一般出现在信息系统建立时，对海量属性数据量的管理中常用到。目前，面向对象的数据管理方式及数据库管理平台在不断发展完善，将成为数据库建设的新技术。属性数据是对生态环境因子进行描述的数据，是与地理事物相联系的地理变量。生态环境属性数据库主要包括：①自然资源及生态环境数据库：主要存储自然资源及生态环境因子数据。如自然环境数据（地理位置、地质地貌、植被和土地利用、气候等）。②社会经济数据库：主要存储社会经济方面的数据，如国民生产总值、人口构成、社会经济条件等数据。属性数据库的建设，要注意合理规划数据表的类型和设计表的结构，一般情况可按照环境系统的组成成分来确定要素数据表的数量。表的结构设计，关键为如何确定数据表的字段，特别注意字段的类型，避免由此对数据的精度造成影响，或对存储、查询及索引带来困难，然后进行数据的录入，丰富数据记录。

最后，对于各个数据表，应设立一关键索引字段，与空间数据库建立关联，形成空间数据库与属性数据库一体化，同时使各表之间也建立唯一的关联，便于空间数据与属性数据的查询和分析。

（三）生态环境要素空间数据库构建的方法

区域生态环境质量综合评价工作是一项系统工程，在进行评价之前，首先要按照相关的数据库建设标准做好数据入库准备。建立生态环境空间数据库的工作艰苦而繁琐，下面以建立生态环境要素 Geodatabase 空间数据库为例，说明生态环境要素空间数据库的基本构建方法。

在建库之前，我们先简单了解一下 Geodatabase 的特点。Geodatabase 空间数据格式是 ArcGIS 第三代数据模型，与 Coverage 和 Shapefile 数据格式相比较，Geodatabase 空间数据模型的优势非常明显，在此不再赘述。在 Geodatabase 中，单个几何类型空间要素以要素类（Feature Class）形式存储，如某区域一条高速公路的线要素空间数据，可以形式一个高速公路要素类。而相同坐标系和区域范围内的多个相同或不同几何类型的空间要素以要素数据集（Feature Dataset）形式存储，如某区域的河流水系数据集中，存储了河流要素类和湖泊等要素类；相似的是，如在某区域的基础地理数据集中，可能存储了道路要素类、水面要素类、水环境监测点要素类等数据。在 Geodatabase 中，除了要素类外，还可以存储栅格数据、不规则三角网（TIN）、位置数据和属性表。Geodatabase 可用于单个用户，即 Personal Geodatabase（个人地理数据库）和 File Geodatabase（文件地理数据库）。其中，Personal Geodatabase 将数据存储在 Microsoft Access 表格中；而 File Geodatabase 是把数据以许多小文件的形式存储在文件夹中，它没有整个数据库大小的限制（假定 Personal Geodatabase 有 2GB 的限制）；多用户或者 ArcSDE Geodatabase 在数据库管理系统如 Oracle、Microsoft SQL、Server、IBM DB2 和 Informix 中存储数据。

目前，基于 ArcGIS 中的 ArcCatalog 模块建立空间数据库的方法主要有 3 种：

（1）利用 ArcCatalog 模块，创建新的地理空间数据库。包括新建要素集、要素类、关系类、几何网络和关系表等内容，从而完成新的地理空间数据库的创建；

（2）利用已有数据进行导入方式建立空间数据库。将现有的空间数据，如 Coverage、Shapefile、INFO 表和 dBASE 表等，进行数据转换后将其导入到地理数据库中的方式建立空间数据库；

（3）利用第三方 CASE 工具进行空间数据库的建立。计算机辅助软件工程 CASE 是利用 UML 语言进行面向对象的模型设计的基础上，帮助用户创建 COM 类，用来执行定制要素的行为，并创建保存定制要素属性的数据库方案。

下面简要说明，在 ArcGIS 中，利用上述第二种方式构建 Geodatabase 空间数据库的基本方法和流程：

（1）首先必须完成的基础工作是要按照评价指标体系所确定的指标因子进行资料收集与整理，主要包括基础图件、数据表格和文字资料等评价项目涉及的数据和成果。然后，对不同数据源按照统一的数据标准和规范进行整理或准备，如各项数据和图件资料在提交时须按照元数据调查表格，填写同一类所提交数据的数据说明、内容、责任人等相关信息，作为数据入库的参考和元数据编写的依据。

（2）图形数据采集存储。对于收集到的基本比例尺专题图件类资料，不需要数字化处理，直接经过拓扑检查和格式、投影变换等步骤即可。其他需要提交数据库的纸质图件经过图形纠正后，可采用数字化仪进行数字化或扫描后利用 ArcGIS 进行屏幕跟踪数字化，同步进行图形要素编辑、建立拓扑关系、属性添加等过程，按要素建立数据文件，并分层存储。对于属性数据的采集可用文件形式储存管理数据，也可以通过数据库软件进行录入属性数据，然后要与空间数据进行属性一致性检查。

（3）栅格数据的采集与存储。对遥感影像需进行几何精纠正，然后在 ArcGIS 的 ArcToolbox 下转换为统一坐系和投影类型。另外，为了和其他图件匹配，需对栅格数据进行重采样，将遥感图像数据转化为一定栅格单元尺寸下的 GRID 数据。

（4）应统一按照相关建库标准对数据进行整理，主要内容包括：检查数据分层，重新命名分层文件，补充新增图层、调整部分地理、生态环境和规划专题属性结构，增加部分属性表格，以及整理附加文档等，完成后填写元数据采集表并完成对元数据的录入。另外，对所有文件要进行标准化命名。在对空间数据详细整理后要进行数据投影变换处理和属性连接，以保证空间数据与属性数据的正确关联，完成 GIS 平台上的初始建库。

（5）最后，根据生态环境评价项目的需要，在 ArcCatalog 中，建立名为"生态环境数据库"的 Geodatabase 数据库，然后在数据库中分别建立诸如"土地利用""土壤类型""地质地貌"和"数字高程"等各种要素数据集，最后，将各种空间数据*.shp 文件、TIN 和 GRID 栅格数据导入到 Geodatabase 数据库中，完成生态环境数据库建立。

需要说明和注意的是：在创建新要素数据集或要素类指定空间参考时，要注意对要素数据集或要素类的坐标系统、空间域和精度的定义。空间参考是 Geodatabase 设计中的一个重要部分，因为空间参考一旦确定，只有坐标系统能够改变，空间域已经固定不变了，而空间域又描述了能够生成数据的最大范围，所以定义空间参考时要注意空间域的定义，防止出现超出空间域的现象发生。

生态环境质量要素空间数据库的建立可参考图 7-1 所示的技术流程图。

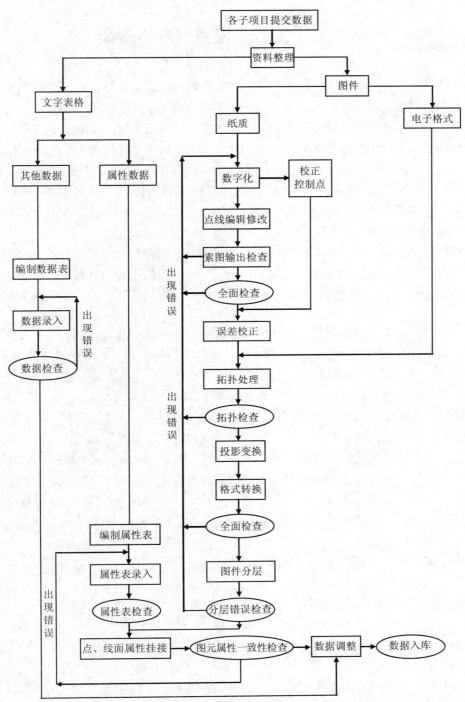

图 7-1 生态环境质量要素空间数据库建立的技术流程

资料来源: 高霄军. 山东半岛城市群地质生态环境空间数据库总体设计与空间数据模型的研究. 西北农林科技大学博士学位论文。

第二节　生态环境空间分析模型

GIS 得以广泛应用的重要技术支撑之一就是空间分析，空间分析模型是联系 GIS 应用系统与专业领域的纽带，必须以广泛、深入的专业研究为基础。生态环境问题往往具有复杂的地理现象，常规的 GIS 功能对于解决过于专业问题是不够的，因此，建立生态环境空间分析模型是一种分析解决生态环境问题的主要途径，将生态环境分析模型与 GIS 进行有机地结合，以适应生态环境研究分析的不同需要，提高生态环境空间分析决策能力，实现在同一平台上以数据库为基础，以生态环境空间分析模型体系为支撑的多源信息采集、查询、更新、合成以及生态环境分析评价与管理等功能，突出多学科信息的叠加与综合，提高生态环境评价分析效率和可靠性。

生态环境空间分析往往要对空间问题进行模型化。模型是对真实世界的抽象，是为了描述纷繁复杂的现实世界而进行的简化。这种简化帮助我们更好地理解、描述和预测现实世界。一般来说，模型有两种类型：一类是面向对象的描述模型，另一类是面向过程的过程模型。

描述模型也被称为数据模型，描述模型的本质是描述地理景观内的所有对象，以及对象内的空间关系（比如某一个建筑物的外形）和对象间的空间关系（建筑物的分布）。数据模型除了描述并确定对象空间关系外，还描述对象的属性信息，在 GIS 中，通常以栅格数据和矢量数据为载体进行表达。过程模型倾向于描述不同地理对象的相互作用的过程，GIS 中提供了大量的分析工具来描述这些作用关系。可以说，GIS 中的每种空间分析表达式和函数都可以看做是过程模型，如算术运算、逻辑运算、关系运算等操作，当生态环境空间问题复杂时，这种运算可以通过多个运算操作才能完成，如对某种濒临灭绝的生物物种寻找适合的生存空间进行保护规划、为某污染性企业进行最佳位置选址等问题的分析时会涉及多种空间分析操作的运算，如数字地形、缓冲区、叠加分析等操作才能完成，解决这类问题其实就是一种过程模型构建和操作。总之，无论简单还是复杂的空间运算，其本质都属于过程模型的类型。

下面介绍 GIS 在不同应用领域的应用。

一、EGIS 与景观生态学

（一）景观生态学的研究内容

景观生态学是地理学与生态学的交叉学科，20 世纪 30 年代起源于中欧。它以整体景观为研究对象，着重景观的空间结构、内部功能、时间与空间的相互关系及其时空模型的建立。景观生态学把地理学研究空间相互作用的水平方法与生态学研究功能相互作用的垂直方法结合起来，探讨空间异质性的发展和动态及其对生物和非生物过程的影响，以及空间异质性管理。景观生态学主要应用于景观的评价、规划、管理、保护和开发利用等。对其研究，常规的方法一般是在各种图上进行的，即利用地图、航片或卫片，配合野外实地调查，来获得景观及其空间格局的图像。这种方法无疑是重要的，但是，对景观生态学这样一门涉及生态学、地学、景观规划学、野生生物管理学等诸多方面的综合学科，仅仅靠人工的方法在地图上进行研究，不但精度不够，最为重要的是，只能作一些直观的描述，经验的估算，不能得到定量化、模式化的结论，因而其本身发展和应用范围都受到极大的限制。由此可见，景观生态学的发展一定程度上依赖于数据收集、处理与表达等新技术的发展。

20 世纪 60 年代"计量革命"的兴起，推动了区位模型、空间行为、空间决策的研究，其根本原因是早期计算机的应用大大提高了数据收集、分析和计算的能力；地理信息系统的发展又使之前进了一大步，尤其是一些现代信息技术的软件和硬件的发展，给景观生态学在数据存贮、数据处理、数据运算等方面提供很大的方便，在运算方法和逻辑方法的选择、分析等方面都有了很大的改进，新型动态地图的出现对数据的获取、图形操作以及空间分析结果的直观认识等都带来了质的飞跃。但是，计算技术的提高并未使我们感到轻松，相反，却要求我们必须进一步掌握处理更复杂、更广泛、更深入的分析方法，这里尤其要注意对数据空间基本特征的评价方法。景观生态学的问题都应该能够通过涉及更多变量的复杂细致的模型表示出来，因此，采用地理信息系统这一新的技术手段，乃是景观生态学研究发展的必然趋势。

（二）EGIS 在景观生态学中的应用研究

地理信息系统、遥感、全球定位系统等计算机与空间技术的发展与应用为景观生态学研究提供了重要的手段与数据来源，并在景观生态系统结构与功能分析、景观空间格局描述与景观变化模拟、景观生态监测与预测研究、景观生态设计与规划以及景观生态保护与管理等方面起着越来越重要的作用。

在景观生态学中，常见的研究方法是以遥感影像为数据源，使用图像处理系统对其进行分类，获取相应的景观类型图，再以 GIS 软件为手段，计算斑块的数目、面积、周长等斑块特征，计算各种景观指数，以用于进行景观格局分析。

在景观生态研究中，GIS 不仅被用来采集、处理、存贮、管理和输出景观数据，还用来进行景观空间格局的分析与描述、景观时空变化动态分析与模拟、景观优化设计与管理，以及结合遥感技术进行景观信息的自动采集、分析，进行景观图及各类专题图的绘制等。GIS 不能代替景观和景观生态学本身的研究工作，但可以加快、加深、加宽其研究内容。

目前，遥感和 GIS 技术的发展与应用正成为景观结构与动态分析的重要手段，它们与其他方法紧密结合以提供能充分反映景观结构特征和动态变化的空间模型，如按 Turner 分类的模拟景观动态变化的空间模型，即随机模型、过程模型和规则模型，从而更好地促进景观生态学对于生态结构与功能的格局过程的机制研究。

二、生态环境空间数据可视化方法与实例

（一）生态环境空间数据可视化介绍

可视化，即将科学计算中产生的大量非直观的、抽象的或者不可见的数据，借助计算

机图形学和图像处理等技术，以图形图像信息的形式，直观、形象地表达出来，并进行交互处理。数据可视化主要旨在借助于图形化手段，清晰有效地传达与沟通信息。生态环境信息可视化最基本的含义是生态环境数据的屏幕显示，即用户在选择了视觉变量（尺寸、色彩、纹理等）的基础上，进行全要素的显示、分图层的显示或分区域的显示等，并利用地图符号、注记和图例说明，以达到数据形象化显示的效果。

可视化过程中，要注重对空间对象的符号、颜色、注记和图面配置等方面一系列的操作。只有对空间信息进行了正确的符号表示、颜色运用、注记表达和图面配置才能达到较好和有效可视化的效果。例如，在一幅某地区河流水系分布专题图中，其中线状要素就是该区域河流水系的抽象表达，这种线符号表示了河流水系这种空间对象（要素）的位置，用该符号与视觉变量组合来显示该对象的属性，如粗细不同尺寸的线要素表示了不同宽度及等级的河流。而专题图中颜色的合理搭配运用则会增加图形的美观效果，对于颜色的运用，要注意理解颜色的 3 种性质，即色调、明度和饱和度，色调是色彩彼此相互区分的特性，如红、橙、黄、绿、青、蓝、紫是几种不同色调的颜色，GIS 中，我们通常将不同的色调与不同的空间对象联系起来，对不同的空间对象使用不同的色调，或同一对象不同等级的对象使用不同的色调。明度是一种颜色的亮度或暗度，可以用 0~255 级灰度数值来表示，纯黑色用低值 0 表示，纯白色用 255 高值来表示，其余用中间值表示，GIS 可视化中，通常亮值对象较暗值对象更重要。饱和度是彩色纯洁的程度，完全饱和的颜色为纯色，而低饱和度的颜色则偏灰，通常，颜色饱和度越高的符号，其视觉重要性也越大。颜色的 3 种属性的不同组合运用会产生不同的色彩效果，需要说明的是，黑白色只用明度描述，不用色调、饱和度描述。注记主要指的是在可视化制图过程中除点、线、面符号外的一种文字符号，文字注记常常用来标记地图要素，不同的字体、字形、大小和颜色的文字注记往往表达了地图要素的性质、重要性等方面的区别。最后，制图可视化中，地图的版面配置也是非常重要的一个环节，对于成果图件来说，图面内容应该包括一系列的主题要素，如图廓、图名、图例、比例尺、指北针、制图时间、制图单位、坐标系统、主图、辅图、符号、注记、颜色和背景等内容。如何有效地整饰、安排这些内容是地图可视化是否美观、协调、易于阅读、逻辑清晰的关键。当然，生态环境规划及其他规划图件在实际制作过程中，应参照相关部门制订的制图可视化规范标准来操作，如对不同要素的线型符号、不同级别要素的色彩要求等进行了详细规定。因此，要按照《规程》中的要求及参照相应标准来进行地图可视化操作。

（二）生态环境空间数据可视化的案例

在 GIS 中，空间数据可视化表达主要有等值线显示、分层设色显示、地形晕渲显示、剖面显示、专题地图显示和立体透视显示等几种形式。限于篇幅，本节中，我们将以水体污染物为例[①]，介绍利用 ArcGIS 软件进行生态环境空间数据的立体透视显示可视化操作的原理和方法。

本节主要对某地区的蓄水层中包含的某种污染物，创建三维可视化场景，从而直观地显示污染情况，为污染物浓度的分布范围显示、当地水井与污染物影响的范围的空间关系、

[①] 汤国安，杨昕. ArcGIS 地理信息系统空间分析实验教程. 北京：科学出版社，2010.

污染源与污染物浓度分布的关系等相关分析及防止污染源进一步污染水井的治理提供决策依据。

1. 生态环境空间数据三维可视化的基本原理

生态环境空间数据三维可视化是相关应用领域的基本要求，在许多地学研究中，人们所要研究的对象是充满整个三维空间的，如大气污染、洋流、地质、矿藏等，必须用一个 (X, Y, Z) 的三维坐标来描述。三维和二维相比，能够帮助人们更加准确、真实地认识所处的客观世界。生态环境的三维可视化是在空间范围内认识生态环境要素的一种重要方法，方便我们在空间上整体去认识和把握生态环境发生和发展的现状、变化规律和趋势，具有真实感。

在本书第二章中，我们知道，数字高程模型（DEM）是有关地形属性数字化的表达，是当地形属性为高程时的数字地形模型（DTM），DEM 是三维可视化的应用基础，创建 3D 可视化效果首先要利用离散的高程点生成 TIN 或者 GRID 模式的连续变化的地形表面 DEM。数字高程模型的应用不仅在地形的表面模拟上，也广泛应用在社会经济和生态环境规划与管理等问题的分析研究上，如了解地价的空间分布状况、降雨量的空间分布等问题。当 DEM 应用在生态环境可视化领域中时，地形的高程采样点将为生态环境因子采样点所替代，高程值将为生态环境因子的属性值所替代，即离散采样点 (X, Y, Z) 的三维坐标中的高程 Z 值为生态环境因子的属性值替代。

2. 水体污染物因子 3D 可视化操作的数据准备

利用数字高程模型 DEM 方法来进行生态环境可视化分析时，首先进行的是对相关生态环境数据的收集与整理。本案例中，我们要分析地下蓄水层水质与当地饮用水井、工业设施污染源的空间关系的可视化。在利用 DEM 对该问题进行可视化分析之前，首先要收集的生态环境数据有两类，一类为空间几何图形图像数据，主要有该区域的地形图、水质因子调查点的点图形数据、饮用水井位置的点图形数据、工业设施污染源的图形数据；另一类为非空间属性数据，主要有水质因子的属性数据、饮用水井的深度和工业设施污染源治理等级等属性数据。

实际应用中，水井位置点数据的获取可以利用 GPS 进行现场实测，或者利用现有的地图进行数字化，采集点要素生成点图层数据；水质因子采样点数据利用 GPS 进行测量；工业设施污染源面数据可利用现有的地图进行数字化，采集面要素生成面图层数据；水质因子属性值利用专业设备进行分析测试，水井深度和工业设施的相关属性值可查找相关的资料录入，然后与水质监测点图形文件和工业设施污染源面文件进行关联，形成具有空间图形数据和属性数据一体化的 GIS 空间数据。

3. 污染物因子 3D 可视化操作的思路与简要步骤

在 ArcGIS 中，对污染物因子进行 3D 可视化的基本思路为：首先在 ArcMAP 中，对污染物因子浓度字段进行空间插值，生成 GRID 模式的 DEM，简要提取过程为：①首先将包含水质监测点编号、水井位置编号、经纬度、高程等信息的数据输入到记事本中，形成*.txt 文本文件，然后在 AcrMAP 中通过 Add XY data 和 Export data 两种操作将文本文件转换生成相应的*.shp 点图层数据；②在 ArcMAP 中将包含污染物因子浓度值、水井的深度、工业设施污染源等的相关属性信息的*.xls 文件转换成*.dbf 文件，利用属性表的 Jion 或 Link 功能将*.dbf 属性文件与相应的点图形文件进行关联，形成图形与属性一体化的 GIS

数据；③在 ArcMAP 中，利用 3D Analyst 工具条对污染物因子点图层文件进行空间差值，然后利用该行政区划图对污染物因子点插值得到的栅格图进行截边，得到该区域行政区划范围内的污染物因子浓度的 GRID 栅格图，见图 7-2；④在 ArcScene 中，将污染物因子浓度的 GRID 栅格图、水井分布点图层、工业设施污染源面图层文件添加进来，见图 7-3。打开工业设施污染源数据图层属性对话框，选择 extrusion 对话框，对工业设施污染源的治理优先级属性字段 Priority1 进行 100 倍的拉伸突出等操作，同时，在 Symbology 选项卡中对治理优先级进行分级显示设置，即可达到 3D 可视化的效果，见图 7-4，场景中可以看得出污染的形状和强度、水井与污染物的空间关系，以及为阻止地下水进一步污染而需要进行治理的污染源。其中，工业设施污染源的高度和颜色表达了需要进行治理的优先程度。

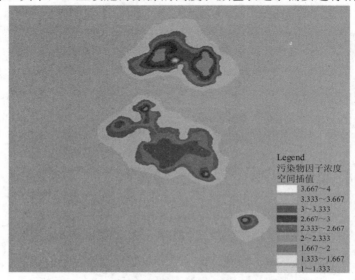

图 7-2   污染物因子浓度差值后的 GRID 栅格图

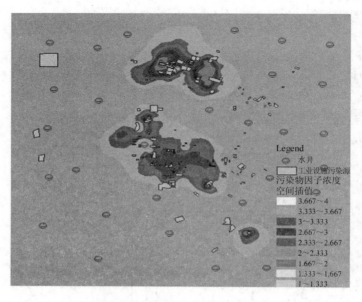

图 7-3   各要素图层在 ArcScene 中添加

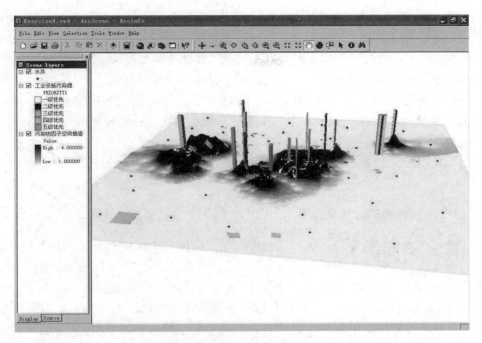

图 7-4　各要素图层在 ArcScene 中三维可视化的效果

三、EGIS 与土地利用/覆被变化（LUCC）研究

（一）土地利用/覆被变化（LUCC）研究的意义

人类任何经济社会活动均离不开土地，土地不仅本身是一种资源和环境，而且它还是其他资源、环境的载体，是整个资源、环境的根基，居核心地位，土地生态环境保护是可持续发展最基本的核心发展方向和内容之一，它的目标是使土地利用生态系统走上良性循环，使社会经济建设和生态环境建设在土地利用上得到统一。由于土地资源在资源与环境系统中的独特地位，不合理的土地利用对食物安全、水资源保障、区域和全球生态环境都将构成威胁。从 1987 年《我们共同的未来》的发表到 1992 年世界环境与发展会议上《21世纪议程》的颁布，可持续发展的新思想逐渐被世界各国所接受，实现土地资源可持续利用与管理，已成为新时期世界各国共同关注的目标。土地利用/覆盖变化是全球环境变化的重要组成部分和核心内容，它对区域可持续发展和区域土地管理具有重要意义，因而成为现代地理学研究的前沿与热点。

（二）土地利用/覆被变化（LUCC）研究的基本内容

土地利用/覆被变化（LUCC）是全球环境变化的重要组成部分和主要原因之一，进入21 世纪以来，LUCC 研究成为了全球变化研究的前沿与热点。目前国内有关土地利用与土地覆被变化的研究项目多侧重于土地利用与土地覆被的分类系统、动态监测和环境影响评价等方面，对其变化的动力机制和时空结构演变的研究也正广泛开展。

基于 GIS 技术进行土地利用/覆被变化研究的一般思路为：以航空、航天遥感影像为基本数据源，结合野外调查，建立判读标志，在对影像进行解译分类、格式转换（栅格转矢量数据）的基础上，利用 GIS 建立研究区土地利用现状空间数据库，应用 GIS 空间分析方法提取各类土地利用类型的面积、类型之间的转移矩阵、土地变化速率等信息，然后选择恰当的景观格局分析模型、LUCC 模型，分析土地利用/覆被变化的规律与趋势，进行土地利用/覆被变化的动态评估与预测和土地生态环境变化的机理和机制等研究。

四、EGIS 在生态系统功能评估及其他方面应用研究

（一）生态系统功能的含义及作用

生态系统是指由生物群落与无机环境构成的统一整体。生态系统服务功能价值评估则是最近几十年才发展起来的，但是人类很早就已经意识到生态系统对人类的影响。不同的研究者对生态系统服务功能的概念有不同的理解，目前被人们普遍认同的定义是 Dairy（1997）提出的生态系统服务功能，是指自然生态系统及其物种所提供的满足和维持人类生活需要的条件和过程，它不仅为人类提供了生产生活原料，还创造和维持了地球生命支持系统，形成了人类生存所必需的环境条件。

生态系统是由植物、动物和微生物群落以及非生物环境共同构成的动态综合体，是生物圈中最基本的组织单元，也是其中最为活跃的部分。生态系统通过内部各部分之间以及生态系统与周围环境之间的物质和能量的交换，发挥着多种多样的功能（Ecosystem funtactions），并直接和间接地为人类提供多种服务（Ecosystem services），在维系生命、支持系统和环境的动态平衡方面起着不可取代的重要作用。但是，长期以来人们对生态系统价值的认识片面地集中在其提供的可作为商品的部分，而对其改善环境和非商品的功能估计不足。随着科学的进步和环境问题的日益突出，全面了解并恰当地评估生态系统功能的问题被提上了议事日程，并成为当代生态学研究的热点之一。

（二）EGIS 在生态系统功能评估研究中的应用

生态系统评估是指预先制订计划和用可比的方法，在一定区域范围内对各生态系统变化情况以及每一个生态系统内一个或多个生态要素或指标进行连续观测，并及时根据评价标准进行生态系统质量状况的分析、预报与预警，从而可以为生态环境保护、自然资源的合理利用和可持续发展战略的实施提供科学依据。

总体来看，到目前为止，有关生态系统服务功能评估研究还没有统一的生态系统功能评估指标体系和统一的研究框架，大多基于某一指标进行，对多指标的生态服务功能综合评估很少。开展生态系统监测以及定量评价生态系统质量评估，需要注意的是，首先要选择一套对生态系统变化敏感的生物或理化参数作为指示器，通过监测指示器对生态环境变化的反应，以此判断生态系统的健康状态和质量特征。因此选取生态监测与质量评价指标，首先要考虑的因素是生态系统类型及系统的完整性，也就是说，所选择的指标应包括生态系统的各个组成部分，充分考虑生态系统的功能以及不同生态类型间互相作用的关系，选择能够反映生态系统活力、组织、恢复力以及服务功能的维持等方面特征指标。

如评估城市生态系统功能时，城市生态环境的改善与维护主要是靠绿色生态系统的作用，因此，应选取城市的绿化覆盖情况来衡量生态环境改善能力的大小，具体选择人均公共绿地面积和建成区绿化覆盖率指标。由于城市生态系统的自我调节能力较差，主要依靠人工管理措施来完成调节功能，主要体现在利用人工设施来完成城市的分解功能、循环功能等，因此，应选取基础设施的完善程度来衡量城市的恢复能力。

如河流生态系统功能评估时，应考虑河流生态系统的健康状况首先取决于水体环境的质量，可以选用平均污染综合指数和功能区达标率来衡量；河流生态系统中拥有丰富的生物多样性，它们提供了净化水体的功能，可以选用富有动植物种类多样指数直接表示，而植被覆盖率和生境破碎化指数反映了生境保存的好坏，可以间接衡量生物多样性；河流生态系统受到的外界干扰和压力主要来自两岸人类的活动，比如生活污水和工业废水的直接排放，因此，可以选择两岸污染排放主要影响因子指标参与生态系统功能的评估。

综观国内外研究，随着人们对生态服务功能价值问题的认识和深入，研究方法也在不断向深度和广度方向上扩展。生态系统服务功能价值评估的方法众多，但至今尚未形成统一、规范、完善的评估标准。相对于其他的生态系统功能评估方法来看，GIS 技术在生态系统功能评估具有很强的优势，其方法主要是根据生态系统的类型选择适合的指标，建立指标体系和评估框架，选取相应的空间和属性数据，利用 GIS 的空间分析和专业的模型进行生态系统功能价值评估。

第三节　基于 EGIS 的生态环境质量评价

生态环境质量的高低决定了我们人类生产和生活质量的好坏，加强人类生态环境的质量评价是人类非常重要的工程。对生态环境质量进行评价，可以正确地了解生态环境质量的现状，把握不同地域生态环境质量的差异，促进生态环境及社会经济的协调发展。

一、生态环境质量评价概述

生态环境评价是对人类开发建设活动可能导致的生态环境影响进行的分析、预测和评估，并提出减少影响或改善生态环境的对策和措施。是预防生态环境问题、资源合理开发利用、制定经济社会可持续发展规划和生态环境保护对策的重要依据。目前我国生态环境评价的理论和实践尚处在不断探索之中，相关的行业标准也在制定之中。因此，生态环境评价的深入研究有助于推动生态环境保护，促进我国可持续发展战略的实施。

我国现阶段生态环境恶化问题呈现由局部扩展到更大范围，并逐渐向山区扩展，从流域的一部分扩展到全流域的趋势。人类环境问题的实质是人类不适当地干预周围环境引起生态系统的失调，生态系统效应体现了各种环境效应的累积，是各种环境因子变化所造成影响的综合效果。因此，加强生态环境监测与评价工作，科学地评价人类活动对生态系统的影响，对增强生态环境保护与管理工作和区域可持续发展战略决策都具有重要的现实意义。

目前，生态环境评价的发展方向正由单项生态环境评价向多项综合性生态环境评价方向发展，对生态环境评价方法和评价基准的选择原则及具体指标体系将不断深化和细化，生态环境评价的技术也正向综合化发展，评价的方向正向模式化的方向发展，"3S"（地理信息系统、遥感和全球定位系统）技术和数学模型也正在广泛应用于生态环境评价中。

在科学发展观统领经济社会发展全局的过程中，以 GIS 技术为手段，进行生态环境评价的研究工作与传统评价方法相比，具有以下几点优势：

（1）传统评价方法以定点观测和评价为主，在区域分析评价方面有局限性，采用 GIS 可以进行完整的空间区域分析；

（2）传统的研究方法多以单因素定量分析为主，采用 GIS 技术可以对研究区的多要素进行综合分析与整体评价；

（3）通过 GIS 与生态环境质量综合评价模型的集成，使评价结果具有空间性，对生态环境综合评价的定量结果可以数值的形式在对应的空间位置上表现出来；

（4）传统的生态环境质量评价多在截面时间上进行的静态评价，而采用 GIS 技术可以进行多时态序列的生态环境动态评价与模拟。

二、生态环境质量评价的 EGIS 需求

环境是人类社会赖以生存和发展的物质基础，生态环境科学研究的许多问题带有明显的地理空间的特点，如流域水污染控制、生态环境的评价、固体废物处理场的选址、大气污染的评价与预测等，都需要处理大量的复杂空间数据，而 GIS 具有复杂的空间分析功能和模型构建算法，其优势在于对空间数据的采集、存贮、检索、运算、分析、处理、查询、显示和输出，完全满足生态环境评价、管理和规划等应用方面问题的需求。因此，可以说 GIS 为生态环境科学的发展注入了新的活力。

由于生态环境的涉及的范围广、内涵深刻、内容丰富，因而，定性、单一方面的评价已经不适合生态环境质量评价的需要，GIS 技术在生态环境的应用主要体现在生态环境本底调查、生态环境监测、生态环境质量评价、区域生态环境建设规划及生态管理方面等。通过 GIS 空间分析技术可以动态分析和预测生态环境变化的规律、生态环境在一定时间内的演变趋势，从而帮助我们对其进行深入分析和评价，给相关部分制定决策提供一定的理论支持与依据。

三、生态环境质量评价 EGIS 解决方案

（一）生态环境质量评价的解决方案比较

2006 年，国家环境保护总局以中华人民共和国环境保护标准（HJ/T 192—2006）的形式，发布了《生态环境状况评价技术规范（试行）》，此后，在全国范围内开展了以县级行政区为最小参评单元的生态环境状况评价工作。

根据规范，进行区域生态环境质量评价时，大多以行政单元为对象进行生态环境质量评价，其优点是统计数据容易获取，社会、经济指标均以行政单元进行统计，所得结论便于各行政单元生态保护与建设的确定与比较。其缺点是以县为参评单元，只能评出一个县

的平均值，掩盖了一个县里好中有差、差中有好的实际，精度不高。在一个县里，评价结果没有位置、面积、程度上的差异，就不利于该县开展因地制宜的治理，另外，对于行政区单元中的生态系统本身的结构与功能分异不能进行深入分析。而 GIS 表述的生态环境评价体系，是在《生态环境状况评价技术规范（试行）》的基础上发展起来的。应用 GIS 进行生态环境评价，由于以栅格为生态环境最小参评单元，通过 GIS 的叠置分析功能，更易得到定量、定位的评价结果，叠置分析后，每一个栅格的最终赋值是各因子综合评价的结果值，因此，评价区域形成了具有不同数值的栅格点的数据图层，又由于每个栅格元的位置和面积的固定性，方便我们在 GIS 中进行统计、分级、评估和专题分析应用。利用 GIS 进行生态环境评价，可对生成栅格点的评价结果进行分析，可查看到各单元组分的贡献，找出造成目前状况的原因，为因地制宜的治理提供依据，更符合生态环境状况评价的初衷。

可以说，GIS 技术的出现为生态环境数据信息的表达与分析提供了技术支撑，因而被广泛应用到生态环境的研究中，并取得了满意的效果。与传统的生态环境评价方法相比，基于 GIS 的生态环境评价的主要优点在于：生态环境数据由大量的空间数据图层及其属性数据组成，每个图层存放在逻辑上统一的、在类型上一致的空间对象，每一空间对象都有相应的属性数据；另外，使用 GIS 可以方便地管理生态环境数据，既可以对空间数据进行管理，也可以对动态数据管理，有利于对生态环境进行实时动态跟踪与分析。再者，GIS 空间分析方法提供了一系列生态环境数据管理与分析的功能，如空间叠加、属性分析、数据检索等。这些分析功能可以完成基础数据的加工整理与分析，这为生态环境信息充分利用和再发掘提供了方便。

（二）EGIS 在生态环境质量评价中的案例

下面将以黄土高原生态环境质量评价为例[①]，介绍 EGIS 在解决该问题的方案，包括解决思路和方法。

1. 应用 EGIS 进行生态环境质量评价的思路

与传统的生态环境质量评价的思路相比，应用 EGIS 进行生态环境质量评价的思路主要为：依据评价目的及评价区域特点，选择评价指标因子，建立评价指标体系；依据评价指标体系收集生态环境空间数据与属性数据资料；对空间数据与属性数据整理、分析并入库；生态环境质量评价单元的生成，这里与传统的生态环境质量评价单元选择（传统生态环境评价单元通常为县级等行政区单位）不同的是，应用 EGIS 进行评价单元生成时，可利用矢量或栅格两种数据格式数据进行评价单元确定，在实际应用中，常以栅格单元作为指标因子的载体和基本评价分析单元，用矢量单元作为综合评价分析单元；因子标准化，采用评价模型进行评价计算；最后，对生态环境评价结果进行分析应用。

2. 应用 EGIS 进行生态环境评价的具体方法、过程

生态环境质量评价使用方法很多，如综合评价法、模糊评价法、灰色评价法、主成分分析法、人工神经网络评价法、物元分析评价法、密切值法、景观评价法等。本案例中采用基于主成分分析的复合评价模型方法对黄土高原生态环境质量进行评价。其具体方法和过程如下：

---

① 孟庆香. 基于遥感、GIS 和模型的黄土高原生态环境质量综合评价. 西北农林科技大学，2006.

（1）选择评价因子，建立生态环境评价指标体系：生态环境质量综合评价是指对生态环境结构与功能协调发展现状及其变化趋势进行综合评价。生态环境质量综合评价是一项系统性研究工作，涉及自然、经济及人文等学科的许多领域。根据黄土高原区域生态环境特点，依据综合性与主导性原则、可持续发展原则、科学性与系统性原则、可操作原则、技术先进原则和动态性原则，建立了 1 个黄土高原生态环境质量综合指数（A）作为目标层；3 个准则层（B），分别为生态环境承载能力（B1）、生态环境发展能力（B2）和生态环境持续能力（B3）；16 个指标因子，具体指标项目见表 7-2。

表 7-2　黄土高原生态环境质量综合评价指标体系

目标层	准则层	指标层	数据来源	标准化级别	作用方向
生态环境综合指数	生态环境承载能力	地形起伏度	DEM 数据	8	－
		干燥度	专题数据库	5	－
		土壤可蚀性因子	1：50 万土壤图	6	－
		归一化植被指数 NDVI	NOAA/AVHRR-NDVI 数据	6	＋
		土地生产潜力	专题数据库	5	＋
	生态环境发展能力	水土流失率	1986 年 1：50 万土壤侵蚀图，2000 年 1：10 万土壤侵蚀图	5	－
		土壤侵蚀强度指数	1986 年 1：50 万土壤侵蚀图，2000 年 1：10 万土壤侵蚀图	6	－
		区域开发指数	1986 年 1：50 万土地利用图，1997 年 1：10 万土地利用图	7	－
		垦殖系数	1986 年 1：50 万土地利用图，1997 年 1：10 万土地利用图	5	－
		地方病	专题数据库	4	－
		人均粮食占有量	专题数据库	6	＋
	生态环境持续能力	高生态功能斑块覆盖率	1986 年 1：50 万土地利用图，1997 年 1：10 万土地利用图	5	＋
		景观多样性指数	1986 年 1：50 万土地利用图，1997 年 1：10 万土地利用图	4	＋
		生态环境弹度指数	1986 年 1：50 万土地利用图，1997 年 1：10 万土地利用图	7	＋
		土地适宜性	1：50 万土地资源图	5	＋
		土地限制性	1：50 万土地资源图	5	－

（2）资料收集，整理入库：案例研究采用的数据源主要包括遥感数据、地图数据以及统计数据资料。其中遥感数据包括 Landsat MSS 影像和 Landsat TM 卫星影像，植被覆盖信息获取主要基于遥感影像提取 NDVI；地图数据包括 1：10 万、1：25 万、1：50 万地形图、土地利用数据及资源与环境遥感系列图等资料；统计资料包括黄土高原的自然、社会和经济方面的统计数据，主要有统计年鉴、社会经济统计资料、生态建设与水土保持工作情况汇报、水利综合统计年报、环境保护规划等资料。降雨量、气温等气候数据采用监测站点的监测数据进行空间插值后获取连续面上的空间分布数据。黄土高原生态环境综合评价因子 GIS 数据库建立的技术流程如图 7-5 所示。

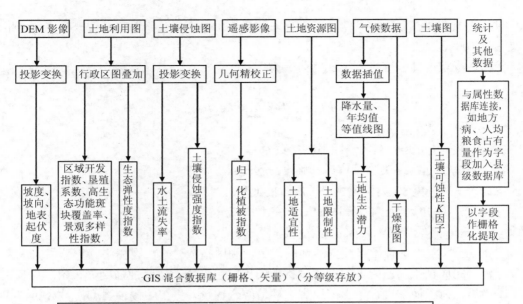

图 7-5 黄土高原生态环境综合评价因子 GIS 数据库建立技术流程

对收集的原始数据要进行认真的分析、归纳、整理和入库，对遥感数据进行纠正、增强、分类等处理；地图数据进行纠正配准、数字化、分层、拓扑、投影变换等处理，如对各种图件和遥感影像解译数据进行投影变换，使参加生态环境评价的所有要素都统一成具有相同的投影、相同比例尺、相同栅格单元的栅格数据，并进行入库，本案例中，数据库统一采用等面积割圆锥投影（即 Albers 投影），中央经线为 109°30′E，双标准纬线的参数分别为 36°30′N 和北纬 37°10′N；统计数据进行标准化、分析整理，录入属性数据表，和图形数据进行关联。

（3）评价单元生成：案例研究中，对单因子进行生态环境评价时，采用了栅格单元作为评价单元，评价时将作为评价指标的生态环境专题数据全部转化为栅格数据，转化过程中选择 100 m 栅格单元尺寸进行栅格化；而进行生态环境质量综合评价及动态变化评估时，采用了行政区单元作为评价单元。

（4）土壤侵蚀强度单因子生态环境评价过程：限于篇幅，本节将案例中的土壤侵蚀强度评价的思路及步骤进行简要介绍。

黄土高原自然地理条件复杂，地形破碎，土质疏松，植被稀少降水量少而集中，极易产生沙土流失。严重的土壤侵蚀是导致生态环境变化的最重要因子之一。因此，黄土高原是我水土流失最为严重、生态环境最为脆弱的地区之一。分析黄土高原的土壤侵蚀类型及强度变化对生态环境的影响，为制定生态环境治理方向和途径提供理论依据与决策支持。

黄土高原土壤侵蚀强度的评价思路为：

①数据收集、预处理：依据水利部标准《全国土壤侵蚀调查技术规程》，获取本地区土壤侵蚀类型图，如土壤水力侵蚀图、土壤风力侵蚀图和土壤冻融侵蚀图，将土壤水力侵蚀分为微度、轻度、中度、强度、极强和剧烈侵蚀 6 个等级，风力侵蚀分为微度、轻度、中度、强度和极强侵蚀 5 个等级，冻融侵蚀看作强度侵蚀，分级值为 4；将纸质地图扫描

后，纠正、配准和投影变换到统一的坐标系和投影下，在 ArcGIS 中进行栅格化，栅格单元尺寸为 100 m。

②构造土壤侵蚀强度指数：计算公式为

$$E_j = 100 \times \sum_{i=1}^{n} C_i A_i / S_i$$

式中：E_j——第 j 单元的土壤侵蚀强度指数；

　　　C_i——j 单元第 i 类型土壤侵蚀强度分级值；

　　　A_i——第 j 单元 i 类型土壤侵蚀所占的面积；

　　　S_i——第 j 单元所占的土地面积；

　　　n——第 j 单元土壤侵蚀的类型总数。

③在 ArcGIS 中进行栅格数据的地图代数，利用指数公式，在栅格计算器中完成空间叠置分析，完成黄土高原土壤侵蚀强度指数的提取，形成土壤侵蚀强度分布图。

④最后，为了便于进行黄土高原生态环境综合评价，将土壤侵蚀强度指数分布图和县级行政区划矢量图进行叠加，利用 ArcGIS 中的 ArcToolbox 模块下的 Zonal analyst 工具进行空间统计分析，形成以行政区划为评价单元的土壤侵蚀强度指数分布图。

⑤基于主成分分析的复合评价模型方法的生态环境评价：主成分分析法本质是对高维变量系统进行最佳综合与简化降维，同时客观地确定各个指标的权重的一种定量统计分析方法。限于篇幅，本章不对此原理作深入分析介绍，应用 GIS 平台，运用主成分分析法进行分析评价，具体操作方法请参考 ArcGIS 平台下的 Princomp 函数的应用，主成分分析后，形成相应准则层的指数图层，利用 ArcGIS 中的叠置空间分析功能进行综合评价。

在 ArcGIS 中，依据主成分分析法，首先对生态环境承载能力准则层 5 个指标进行主成分因子提取，并计算生态环境承载能力指数；其次对生态环境发展能力准则层 6 个指标进行主成分因子提取，并计算生态环境发展能力指数；最后对生态环境持续能力准则层 5 个指标进行主成分因子提取，并计算生态环境持续能力指数。然后，对 3 个准则层指数进行主成分分析，根据公因子方差占公因子方差总和的百分比，确定 3 个准则层指数的权重，计算生态环境质量综合指数，其计算公式如下：

$$P_i = \sum_{i=1}^{n} F_i W_i$$

式中：P_i——生态环境质量综合评价指数值；

　　　F_i——分别为生态环境能力指数、发展能力指数和持续能力指数；

　　　W_i——根据主成分分析方法求取的 3 个准则层的权重；

　　　i——准则层的数量，这里为 3。

⑥生态环境评价结果分析：

a. 生态环境单因子评价案例中，黄土高原土壤侵蚀强度指数评价结果如图 7-6、图 7-7 所示。在 ArcGIS 中，对各级侵蚀强度指数的行政区面积进行统计，可以分析不同时期黄土高原土壤侵蚀强度指数的动态变化情况，如表 7-3 所示。

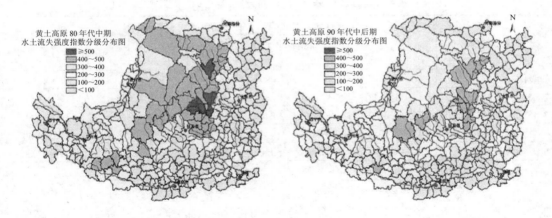

图 7-6 20 世纪 80 年代中期土壤侵蚀
强度指数分级图

图 7-7 20 世纪 90 年代中后期土壤侵蚀
强度指数分级图

表 7-3 黄土高原土壤侵蚀强度指数分级及其动态变化

土壤侵蚀强度指数	等级	1986 年			2000 年		
		县数/个	面积/10^4 km²	面积比例/%	县数/个	面积/10^4 km²	面积比例/%
<100	6	9	0.54	0.86	1	0.00	0.00
100～200	5	106	17.10	27.40	131	19.10	30.61
200～300	4	77	14.52	23.28	98	24.39	39.08
300～400	3	54	14.38	23.05	42	14.72	23.59
400～500	2	35	14.62	23.43	16	4.19	6.72
≥500	1	6	1.24	1.98	0	0.00	0.00

从黄土高原土壤侵蚀强度分级图和面积统计中，黄土高原近 15 年来土壤侵蚀强度有减轻的趋势，主要与 20 世纪 90 年代后期国家实行退耕还林还草等政策有关。

b. 生态环境质量综合评价案例中，黄土高原生态环境质量综合指数主要由生态环境承载能力指数、发展能力指数和持续能力指数进行综合计算的，其生态环境质量分级图如图 7-8、图 7-9 所示。在 ArcGIS 中，对各级生态环境质量综合指数的行政区面积进行统计，可以分析不同时期黄土高原生态环境质量的动态变化情况，如表 7-4 所示。

图 7-8 20 世纪 80 年代中期生态环境质量分级图　　图 7-9 20 世纪 90 年代中后期生态环境质量分级图

表 7-4　黄土高原生态环境质量分级及其面积动态变化

等级	评价描述	综合指数取值范围	90 年代中后期		80 年代中期		面积变化差值/km²	面积变化百分比/%
			面积/km²	面积百分比/%	面积/km²	面积百分比/%		
1 级	生态环境恶劣区	<-0.60	93 085	14.92	85 154	13.65	7 932	1.27
2 级	生态环境较差区	-0.60~-0.20	190 078	30.46	205 443	32.92	-15 365	-2.46
3 级	生态环境中等区	-0.20~0.20	177 621	28.46	187 347	30.02	-9 727	-1.56
4 级	生态环境较好区	0.2~0.6	120 514	19.31	124 750	19.99	-4 236	-0.68
5 级	生态环境良好区	≥0.60	42 702	6.84	21 306	3.41	21 396	3.43

由两期生态环境质量综合评价分级图和动态变化统计表可以看出，生态环境质量级别在中等以下的区域范围在缩小，生态环境良好区的区域范围在扩大。总体上，黄土高原在近 15 年的生态环境质量在趋于好转。

四、EGIS 在生态环境规划中的应用

生态环境规划首先必须分析生态环境质量现状，其次进行生态环境敏感性及生态功能重要性分析，传统的生态环境规划方法大多是定性、半定位和静态的分析。GIS 作为生态环境规划的重要工具，一方面利用 GIS 可获得规划所需要的相当精度的具有空间地理定位的数据，另一方面，利用 GIS 可对规划的结果进行定量、动态的可视化表达，使生态环境规划前后的时空特征清晰地展现出来，有助于我们对规划方案的优化与选择。因此，EGIS 在生态环境规划中的应用较传统的生态环境规划方法比较来看，具有显著的优势和广阔的应用前景。

第四节　基于 EGIS 的地表热环境效应评价

一、地表热环境效应研究意义

地表热环境效应主要指的是区域整体或局部温度高于周围地区，温度较高的区域被温度较低的区域所包围或部分被包围的现象，即"热岛"效应。处于乡村阶段（城市的雏形阶段）时候并没有"热岛"现象，而随着城市的发展，城市化的加速，人口向城市不断集聚、城市要素的交流加速、城市规模及设施的不断加强等，使得城市形成了一种中心气温比其郊区气温高的一种特殊小气候，而城市与郊区的梯度温差正是"热岛"效应形成的基础。城市生态环境系统属于特有的非均衡开放性体系，其与周围环境的热量交换将大大影响城市内部有机生物体的生存状况，由热量交换而产生的城市热岛效应尤其对人类生产和生活质量带来显著的影响，从而备受国内外学者及大众广泛关注的焦点。随着城市生态环境问题的全球化，城市"热岛"效应已成为影响城市生态环境的重要影响因素，尤其是其对全球气候变暖的影响日益突出，并成为人们日益关注的焦点。

城市"热岛"效应是城市生态环境的重要组成部分，而地表温度指标也是城市生态评价的重要因子之一。从全球变化趋势看，由于全球 CO_2 排放量的增加而导致温室效应的加剧会对城市热岛效应形成推波助澜的作用。目前，关于城市热岛效应研究已经广泛开展，其主要研究手段主要有以下 3 种途径：一是利用城市和郊区的多年气温资料进行统计分析，研究城市热岛效应的发展和变化；二是利用卫星遥感资料反演地表温度，基于 GIS 研究城市地温差异；三是利用各种气象模式进行数值模拟，研究城市热岛现象的变化和局地热岛环流。相比较而言，遥感技术与 GIS 平台结合的"热岛"效应研究具有快速、实时、便捷和经济的优势从而备受研究者的青睐，而常规技术方法则根据有限观测点的研究很难全面地掌握城市地面"热岛"的空间分布情况，并往往由于受到观测站点的限制，在研究时投入大、耗时、空间精度低。

本案例利用遥感影像为数据源，基于 ENVI 和 ArcGIS 进行巢湖流域地表热环境效应的空间差异特征分析。

（一）数据来源、处理与技术路线

1. 数据来源

本案例选择的影像数据为 Lantsat 8 OLI_TRIS，主要为波段 10-TIRS 热红外传感器、波段 4-红和波段 5-近红外三个波段，以及由在 NASA 提供的大气剖面参数，分别为大气在热红外波段的透过率 τ、大气向上辐射亮度 $L\uparrow$、大气向下辐射亮辐射亮度 $L\downarrow$ 三个参数。

2. 数据处理

案例是基于大气校正法，利用 Landsat 8 TIRS 反演地表温度。基本原理为，首先估计大气对地表热辐射的影响，然后把这部分大气影响从卫星传感器所观测到的热辐射总量中减去，从而得到地表热辐射强度，再把这一热辐射强度转化为相应的地表温度。

具体实现为：卫星传感器接收到的热红外辐射亮度值 $L\lambda$ 由三部分组成：大气向上辐射亮度 $L\uparrow$，地面的真实辐射亮度经过大气层之后到达卫星传感器的能量；大气向下辐射到达地面后反射的能量 $L\downarrow$。卫星传感器接收到的热红外辐射亮度值 $L\lambda$ 的表达式可写为（辐射传输方程）：

$$L\lambda = [\varepsilon B (T_S) + (1-\varepsilon) L\downarrow]\tau + L\uparrow$$

式中，ε 为地表比辐射率，T_S 为地表真实温度（K），$B (T_S)$ 为黑体热辐射亮度，τ 为大气在热红外波段的透过率。则温度为 T 的黑体在热红外波段的辐射亮度 $B (T_S)$ 为：

$$B (T_S) = [L\lambda - L\uparrow - \tau (1-\varepsilon) L\downarrow]/\tau\varepsilon$$

T_s 可以用普朗克公式的函数获取。

$$T_s = K_2/\ln (K_1/B (T_s) + 1)$$

对于 TM，$K_1 = 60.776$ W/（$m^2 \cdot \mu m \cdot Sr$），$K_2 = 1\,260.56$ K。

对于 ETM+，$K_1 = 66.609$ W/（$m^2 \cdot \mu m \cdot Sr$），$K_2 = 1\,282.71$ K。

对于 TIRS Band10，$K_1 = 774.89$ W/（$m^2 \cdot \mu m \cdot Sr$），$K_2 = 1\,321.08$ K。

从上可知此类算法需要两个参数：大气剖面参数和地表比辐射率。大气剖面参数在 NASA 提供的网站（http://atmcorr.gsfc.nasa.gov/）中，输入成影时间以及中心经纬度可以获取大气剖面参数。适用于只有一个热红外波段的数据，如 Landsat TM /ETM+/TIRS 数据。

3. 研究技术路线及步骤

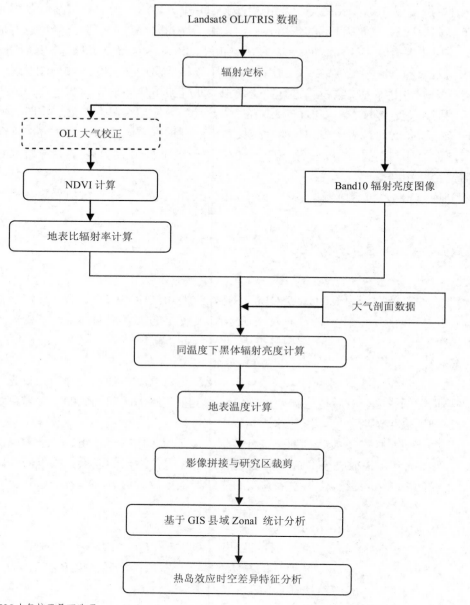

注：OLI 大气校正是可选项。

图 7-10　技术路线

操作主要步骤：

（1）图像辐射定标

打 开 ENVI5.1，在 主 界 面 中，选 择 File→Open，在文件选择对话框中选择 "LC81210382013262LGN00_MTL.txt" 文件，ENVI 自动按照波长分为五个数据集：多光谱数据（1-7 波段），全色波段数据（8 波段），卷云波段数据（9 波段），热红外数据（10，11 波段）和质量波段数据（12 波段）。

在 Toolbox 工具箱中，选择 Radiometric Correction/Radiometric Calibration。在 File Selection 对话框中，选择数据 LC81210382013262LGN00_MTL_Thermal，单击 Spectral Subset 选择 Thermal Infrared1，打开 Radiometric Calibration 面板。

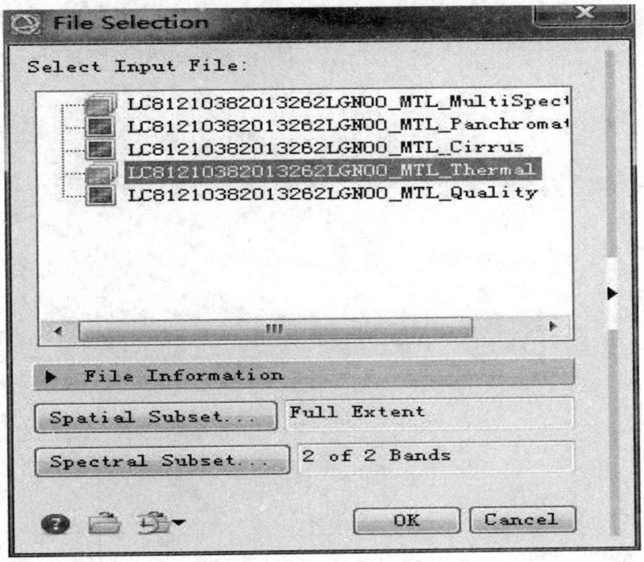

图 7-11 打开 Radiometric Calibration 面板

在 Radiometric Calibration 面板中，设置以下参数：
定标类型（Calibration Type）：辐射亮度值（radiance）。
其他选择默认参数。

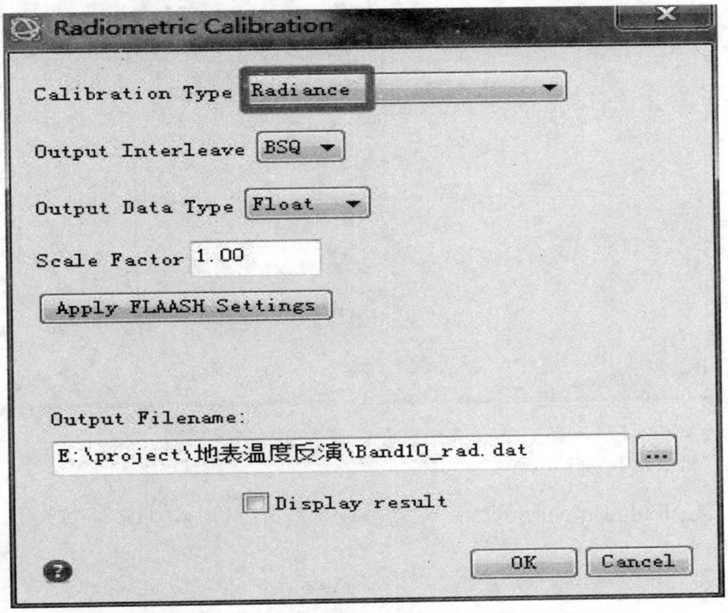

图 7-12 设置辐射定标参数

选择输出路径和文件名 band10_rad.dat，单击 OK 按钮执行定标处理。得到 Band10 辐射亮度图像。

（2）地表比辐射率计算

TIRS 的 Band10 热红外波段与 TM/ETM+6 热红外波段具有近似的波谱范围，本例采用 TM/ETM+6 相同的地表比辐射率计算方法。使用 Sobrino 提出的 NDVI 阈值法计算地表比辐射率。

$$\varepsilon = 0.004 Pv + 0.986$$

其中，Pv 是植被覆盖度，用以下公式计算：

$$Pv = [（NDVI - NDVI_{Soil}）/（NDVI_{Veg} - NDVI_{Soil}）]$$

其中，NDVI 为归一化植被指数，$NDVI_{Soil}$ 为完全是裸土或无植被覆盖区域的 NDVI 值，$NDVI_{Veg}$ 则代表完全被植被所覆盖的像元的 NDVI 值，即纯植被像元的 NDVI 值。取经验值 $NDVI_{Veg} = 0.70$ 和 $NDVI_{Soil} = 0.05$，即当某个像元的 NDVI 大于 0.70 时，Pv 取值为 1；当 NDVI 小于 0.05，Pv 取值为 0。

注：这里采用简化的植被覆盖度计算模型，也可以使用更加精确的植被覆盖度计算模型。

① 在 Toolbox 工具箱中，双击 Spectral/Vegetation/NDVI 工具，在文件输入对话框中，选择 Landsat8 OLI 多光谱图像。

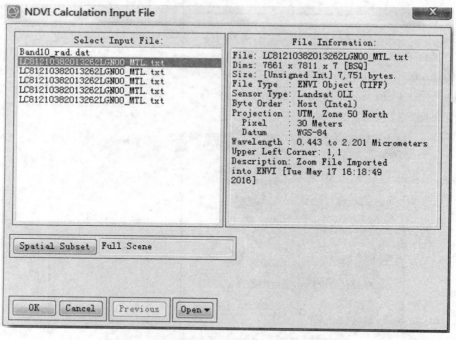

图 7-13　选择需要计算 NDVI 值的波段

② 在 NDVI Calculaton parameters 对话框中，自动识别 NDVI 计算波段：Red：4，Near IR：5。

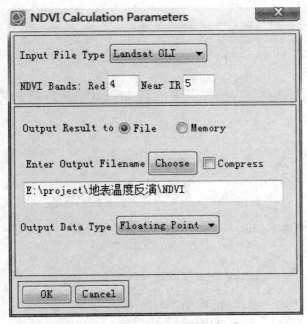

图 7-14　NDVI 值计算参数设置

③ 选择输出文件名和路径。

④ 在 Toobox 中，选择 Band Ratio/Band Math，输入表达式：

（b1 gt 0.7）*1+（b1 lt 0.05）*0+（b1 ge 0.05 and b1 le 0.7）*（（b1-0.05）/（0.7-0.05）），

其中，b1：NDVI。

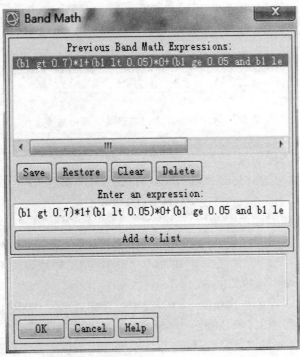

图 7-15　计算植被覆盖度公式输入

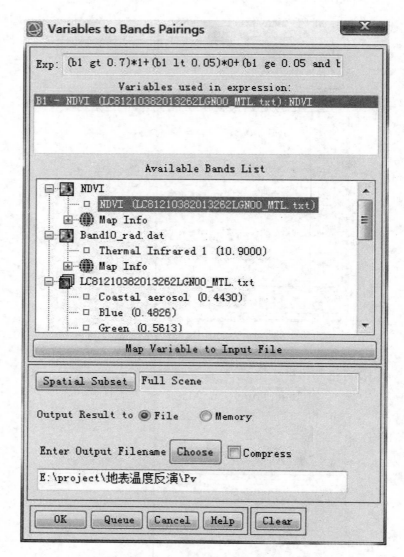

图 7-16　添加 NDVI 为已知参数计算植被覆盖度

计算得到植被覆盖度图像。

⑤ 在 Toobox 中，选择 Band Ratio/Band Math，输入表达式：

$$0.004*b1+0.986$$

计算得到地表比辐射率图像。

其中，b1：植被覆盖度图像。为了得到更精确的地表比辐射率数据，可使用覃志豪等提出的先将地表分成水体、自然表面和城镇区，分别针对三种地表类型计算地表比辐射率：

水体像元比辐射率：0.995

自然表面像元比辐射率：$\varepsilon\,\mathrm{surface} = 0.962\,5 + 0.061\,4\,Pv - 0.046\,1\,Pv2$

城镇区像元比辐射率：$\varepsilon\,\mathrm{building} = 0.958\,9 + 0.086\,Pv - 0.067\,1\,Pv2$

（3）黑体辐射亮度与地表温度计算

在 NASA 公布的网站查询（http：//atmcorr.gsfc.nasa.gov），输入成影时间：2013-09-19

02：45 和中心经纬度（Lat：31.7421，Lon：117.2941），以及其他相应的参数，得到大气剖面信息为：

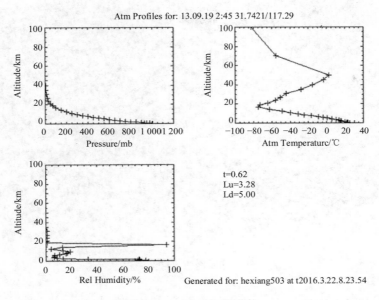

图 7-17 大气剖面数据

大气在热红外波段的透过率τ：0.62

大气向上辐射亮度 $L\uparrow$：3.28 W/（m²·sr·μm）

大气向下辐射亮辐射亮度 $L\downarrow$：5.00W/（m²·sr·μm）

由于缺少地表相关参数（气压、温度、相对湿度等信息），得到的结果是基于模型计算的结果。具体步骤：

① 依据公式，在 Toolbox 工具箱中，双击 Band Ratio/Band Math 工具，输入表达式：
$$（b2-0.75-0.9×（1-b1）×1.29）/（0.9×b1）$$
计算得到同温度下的黑体辐射亮度图像。

其中，$b1$：地表比辐射率图像；$b2$：Band10 辐射亮度图像。

② 依据公式，在 Toobox 中，双击 Band Ratio/Band Math 工具，输入表达式：
$$（1\,321.08）/alog（774.89/b1+1）-273$$
其中，$b1$：同温度下的黑体辐射亮度图像，得到单位为摄氏度的地表温度图像。

③ 图像镶嵌

图像镶嵌，指在一定数学基础控制下把多景相邻遥感图像拼接成一个大范围、无缝的图像的过程。ENVI 的图像镶嵌功能可提供交互式的方式，将有地理坐标或没有地理坐标的多幅图像合并，生成一幅单一的合成图像。主要步骤：a. 在 ENVI 中打开需要拼接的影像，本案例为两景温度反演结果的影像；b. 在 Toolbox 中，打开 Mosaicking /Seamless Mosaic，启动图像无缝镶嵌工具 Seamless Mosaic 实现镶嵌。

图 7-18   图像镶嵌结果预览

④ 直方图匹配（Histogram Matching）

在 Color Correction 选项中，勾选 Histogram Matching，其中，Overlap Area Only 为重叠区直方图匹配，Entire Scene 为整景影像直方图匹配。如图 7-19 所示：

图 7-19   直方图匹配

Main 选项中，在 Color Matching Action 上单击右键，设置参考（Reference）和校正（Adjust），见图 7-20。根据预览效果确定参考图像。

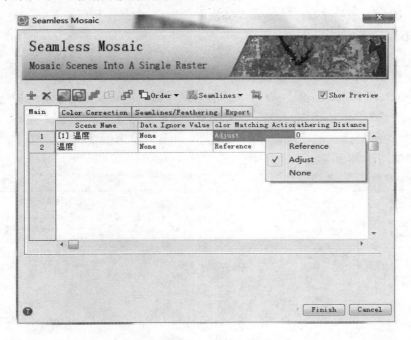

图 7-20　设置参考

完成对两景遥感影像的直方图匹配后，进行图像的接边线与羽化，具体步骤略。

⑤ 输出结果

首先，在 Export 面板中，见图 7-21。设置重采样方法 Resampling method：Cubic Convolution；其次，设置背景值 Output background Value：0；选择镶嵌结果的输出路径；最后，单击 Finish 执行镶嵌。完成后，另存为 tif 格式。

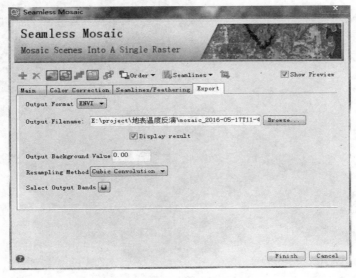

图 7-21　图像输出界面

（二）基于 GIS 平台的流域地表"热岛"效应空间分布差异分析

本书在基于遥感影像数据的地表"热岛"效应反演后，基于 ArcGIS10.0 进行"热岛"效应的空间差异特征分析。

1. 影像数据裁减

将镶嵌得到的 tif 格式文件加载到 ArcMap 中，利用裁剪工具对研究范围进行裁剪，打开 ArcToolbox＞数据管理工具＞栅格＞栅格处理＞裁剪，输入需要裁剪的栅格图像，添加裁剪范围，注意勾选"使用输入要素裁剪几何"（本案例使用的矢量要素是"巢湖流域县域"矢量图，格式为*.shp），确定输出路径及文件名，单击确定执行裁剪，见图 7-22。裁剪结果图像如图 7-23 所示。

图 7-22　ArcMap 裁剪工具裁剪

图 7-23　裁剪结果

2.　遥感影像数据符号化

双击图层名或者右击图层名打开图层属性，选择"符号系统"，在"显示"框中点选"已分类"选择分类方法、色带，点击确定，见图 7-24，即可对图像进行分等定级。结果见图 7-25。

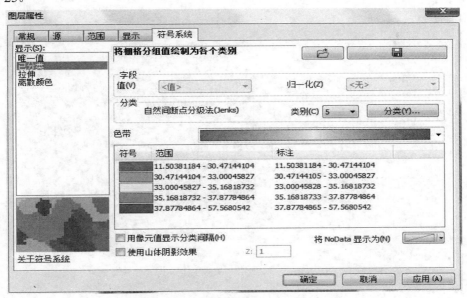

图 7-24　对裁剪结果分等定级

图 7-25　分等定级结果

3. 流域"热岛"效应专题图生成

通过添加图框、指北针、图例、比例尺，生成巢湖流域九县域内的地表温度的空间分布图。见图 7-26。

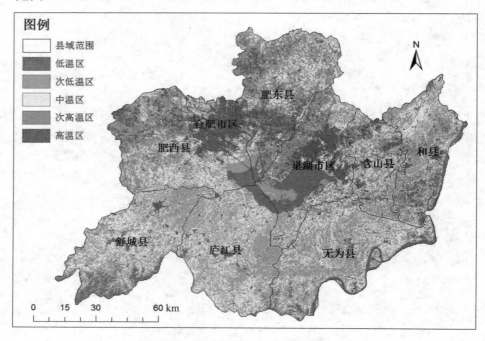

图 7-26　热岛效应空间分布特征专题图

4. 热岛效应温度空间统计

对流域内县域进行 Zonal 统计分析，在 ArcToolbox 中打开 Spatial Analyst 工具，选择区域分析＞以表格显示分区统计，打开以表格显示分区统计工具。见图 7-27。

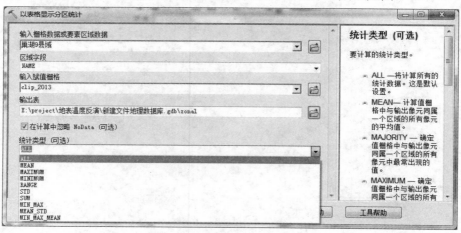

图 7-27　分区统计

在输入栅格数据或要素区域数据中输入巢湖流域县域矢量图，区间字段选择为 NAME，赋值栅格为裁剪得到的结果图像，选择输出位置，并且确定统计类型，统计类型有多种可选，包括平均值、最大值、最小值、标准差等，本案例将统计所有要计算的类型。选择确定后，点击确定，进行统计。

5. 巢湖流域"热岛"效应空间分布特征分析

分析显示，合肥市区除西北部水库和东南部巢湖水面温度低以外，绝大部分为高温区，肥西县靠近合肥市区的地块温度高，并且与合肥市区高温区连成了高温块，相对于肥西县，肥东县靠近合肥市区的地区为高温区和次高温区混合区，越往东北方向温度越低，其中肥东县西北部出现一块高温区，巢湖市区靠近城市部分及城市建设部分地区为高温区。和县境内除县城城区及靠近芜湖市市区的地区为高温区，其余大部分为低温区和中温区，其中中温区主要分布在和县的北部，低温区分布在和县的南部。无为县的县城城区、靠近芜湖市市区的部分地区，以及部分长江边的荒滩地温度较高外，大部分温度都为中等温度和较低温度，分布特征与和县一致，均为北高南低的态势，庐江县与舒城县的交界处有一个温度较低的洼地，不难看出，低温洼地与巢湖相连，低温洼地周围均为温度较高的县城城区及周边村镇，总体上，庐江县为东西低，中部高的分布态势，舒城县为南北低，中部高的分布态势，其中，大别山地区为山地丛林地区，地形复杂，树木众多，自然环境较好，地热分布较不规则，但总体上是属于低温区。整个流域中九个县地表温度为北高南低。具体温度统计结果见表7-5。

表7-5　分区统计结果　　　　　　　　　　单位：℃

县　区	统计指标				
	平均值	最小值	最大值	极差	标准差
肥东县	35.99	22.66	57.18	34.52	2.11
肥西县	35.54	22.51	57.57	35.06	2.35
合肥市区	37.05	26.95	54.60	27.64	3.31
巢湖市区	34.56	22.82	56.44	33.62	3.42
和县	32.71	22.69	45.97	23.28	2.48
庐江县	33.15	20.60	48.27	27.67	1.76
无为县	33.05	21.27	49.96	28.69	2.06
舒城县	32.85	11.50	46.74	35.23	2.47
含山县	34.68	22.27	48.31	26.04	2.39

根据上表可得，9个县（区）区域内的温度最高点为57.57℃，出现在肥西县，最高温度在50℃以上的区县有4个，主要分布在肥东县、肥西县、合肥市区、巢湖市区。同时，该四个县（区）的最低温度也是比较高的。温度最低点在舒城县，同时也导致了舒城县温度极差值最大，相较于其他几个区县，和县的温度极差最小。平均值指标上，合肥市平均温度最高，和县平均温度最低。通过标准差数据可以看出，庐江县的温度数据最集中，巢湖市区最分散。

本案例主要基于遥感数据和GIS平台针对一个时相的流域地表"热岛"效应的空间差异特征进行了相关分析。实际应用中，应该从不同区域发展阶段基于多个年份的时序数据进行对比，分析区域地表热环境效应的时序和空间变化特征，并结合社会、经济和人口等因子探讨热环境效应的驱动机制分析。

主要表现在：

（1）生态环境规划过程中，GIS 技术的运用能节约大量人力、物力，规划图件的生成使我们可以在宏观和微观上对规划方案的实施情况进行有效的掌握。

（2）利用 EGIS 进行生态环境规划分析时所建立专题数据库和信息管理系统可为规划人员提供有效的辅助手段，结合专业的规划分析模型，可以有效挖掘数据信息，对规划的预测和模拟提供了重要的手段与方法，为规划编制方案及实施提供了重要的决策依据。

思考题

1．生态环境数据的来源丰富，除了教材中介绍的，能否再举例说明生态环境数据的其他类型？

2．如何理解生态环境数据的特征有别于其他数据的特征？

3．生态环境空间数据质量问题表面在哪些方面？加强数据质量控制的途径有哪些？

4．阐述生态环境空间数据库构建的内容、原理与方法。

5．结合生态环境空间数据可视化的原理举例说明可视化的具体应用。

6．阐述 EGIS 在城市生态环境质量评价中应用的具体内容。

参考文献

[1]　荆平. 环境地理信息系统及其开发与应用[M]. 北京：高等教育出版社，2009.

[2]　赵勇胜，林学钰，等. 环境及水资源系统中的 GIS 技术[M]. 北京：高等教育出版社，2006.

[3]　张治国. 生态学空间分析原理与技术[M]. 北京：科学出版社，2007.

[4]　朱坚，翁燕波，高占国，等. 生态环境质量评估与数据共享研究[M]. 北京：科学出版社，2009.

[5]　汤国安，赵牡丹，杨昕，等. 地理信息系统[M]. 北京：科学出版社，2010.

[6]　张治国. 生态学空间分析原理与技术[M]. 北京：科学出版社，2007.

[7]　梅安新，彭望琭，秦其明，等. 遥感导论[M]. 北京：高等教育出版社，2001.

[8]　黄杏元，马劲松. 地理信息系统概论[M]. 北京：高等教育出版社，2007.

[9]　Kang-tsung Chang. 地理信息系统导论[M]. 北京：科学出版社，2011.

[10]　Andrew MacDona.Building a Geodatabase [M]. United States of America：ESRI PRESS，2000.

[11]　刘海燕. GIS 在景观生态学研究中的应用[J]. 地理学报，1995，50：105-111.

[12]　汤国安，杨昕. ArcGIS 地理信息系统空间分析实验教程[M]. 北京：科学出版社，2006.

[13]　吴次芳，徐保根. 土地生态学[M]. 北京：中国大地出版社，2003.

[14]　胡艳琳. 基于 GIS 下宁波天童森林生态系统服务功能价值评估研究[D]. 华东师范大学，2005.

[15]　孟庆香. 基于遥感、GIS 和模型的黄土高原生态环境质量综合评价[D]. 西北农林科技大学，2006.

[16]　高霄军. 山东半岛城市群地质生态环境空间数据库总体设计与空间数据模型的研究[D]. 青岛理工大学，2006.

[17]　陈润羊，齐普荣. 浅议我国生态环境评价研究的进展[J]. 科技情报开发与经济，2006，16（20）：169-170.

[18] 九次力，周兆叶，张学勇，等. GIS 表述的生态环境评价体系研究——以青海省为例[J]. 草业科学，2010，27（12）：45-52.

[19] Manley G. On the frequency of snowfall in metropolitan England[J]. Quarterly Journal of the Royal Meteorological Society，1958，84（59）：70-72.

[20] Owen T.W.，Carlson T.N.，Gillies，R.R. Assessment of Satellite Remotely sensed Land Cover Parameters in Quantitatively Describing the Climate Effect of Urbanization [J]. International Journal of Remote sensing，1998，19（9）：1663-1681.

[21] 赵俊华. 城市热岛的遥感研究[J]. 城市环境与城市生态，1994，7（4）：40-44.

[22] 覃志豪，Zhang M，Karnieli A，等. 用陆地卫星 TM6 数据演算地表温度的单窗算法[J]. 地理学报，2001，56（4）：456-466.

[23] 覃志豪，Li W J，Zhang M H，等. 单窗算法的大气参数估计方法[J]. 国土资源遥感，2003（2）：37-43.